숯 과 황 토 로 짓 는

황토주택 한옥

숲 과 황 토 로 짓 는

황토주택 한옥

초판 인쇄 | 2021년 08월 25일
초판 발행 | 2021년 08월 25일

저　자 | 양재홍

발행인 | 이인구
편집인 | 손정미
　글　| 김경래
사　진 | 인산
도　면 | 심삼용, 최성한
디자인 | 나정숙

출　력 | (주)삼보프로세스
종　이 | 영은페이퍼(주)
인　쇄 | (주)웰컴피앤피
제　본 | 신안제책사

펴낸곳 | 한문화사
주　소 | 경기도 고양시 일산서구 강선로 9, 1906-2502
전　화 | 070-8269-0860
팩　스 | 031-913-0867
전자우편 | hanok21@naver.com
출판등록번호 | 제410-2010-000002호

ISBN | 978-89-94997-46 9 13540
가 격 | 35,000 원

숯과 황토로 짓는

황토주택 한옥

저자 **양재홍**

한문화사

들어가는 말

가장 경제적이고 가장 친환경적인 '숯단열황토벽체' 황토주택
공장 생산 숯단열벽체를 현장에서 조립하면 단열까지 한꺼번에 해결

전원주택을 계획하는 사람이라면 누구나 한 번쯤은 황토집에 대해 생각해 보았을 것이다. 무엇보다 친환경 건강주택이라는 점과 다른 공법의 집에 비해 질그릇 같은 토속적인 멋과 운치가 배어나 편안한 느낌을 주기 때문이다. 하지만, 막상 집짓기에 돌입하여 고민하다 보면 다른 집보다 황토집 짓기가 훨씬 어렵다는 것을 알게 된다.

황토 한 가지 소재로만 벽체를 형성하면 구조적으로 위험하기 때문에 목구조나 철골구조 등을 혼합해 사용해야 한다. 특히, 최근 들어 건축법에서 건축물의 단열에 대해 많이 강조하고 있다. 흙은 현행 건축법에서 요구하는 단열 규정을 맞출 수가 없어 법에서 정한 단열재를 사용해야 한다. 그러기 위해서는 추가 공사비가 들어가기 마련이고, 결국 다른 공법의 집짓기와 비교해 건축비가 많이 들어간다. 이런 이유로 건강을 생각해 황토집을 짓고 살고 싶지만 쉽게 선택하지 못한다. 황토집에서 살고 싶지만, 건축비 부담 때문에 선뜻 용기를 내지 못하는 사람들을 위해 업계에서도 부단히 많은 연구와 노력을 기울이고 있다. 황토와 관련한 자재나 공법들이 많이 개발되었고, 황토에 목구조, 철골구조는 물론 다른 소재와 혼합한 집짓기 공법 등으로 건축비를 많이 줄여놓았다. 선택의 폭도 더욱더 넓어졌다.

이 책은 황토와 황토집, 그리고 황토집의 특장점과 황토집 짓기에 대한 다양한 공법들을 정리해 놓았다. 많은 황토집 짓기의 공법 중 최근 시중에서 인기를 끌고 있는 숯단열황토벽체에 대해 알기 쉽게 설명했다. 숯단열황토벽체는 공장에서 제작하는 벽체 구조를 현장에서 조립·설치한 후, 황토를 발라 벽체를 완성하는 공법으로 구조적으로 매우 안전하다. 벽체를 제작할 때 왕겨숯을 단열재로 충진하기 때문에 별도의 단열재 시공이 필요 없다. 주문 제작한 벽체를 세우기만 하면 단열까지 한 번에 해결된다. 시공이 빠르고 안전하며 건축비를 줄일 수 있어 경제적인 황토집을 지을 수 있다. 숯과 황토를 주요 소재로 벽체를 구성하기 때문에 가장 친환경적인 건강주택이다. 숯단열황토벽체로 지은 황토집의 구조적인 특성과 자재의 장점 등을 설명하고 숯단열흙벽체로 지은 다양한 황토집 사례들을 소개한다. 그 외에도 전원주택을 계획하는 초보자들을 위해 토지 구입 및 인허가 절차에 관해 설명하고 알아두면 좋을 집짓기에 유용한 기본적인 건축 및 한옥용어도 설명해 놓았다.

이 책이 자연과 더불어 건강한 황토주택, 건강한 전원생활, 건강한 삶을 꿈꾸는 예비 건축주들에게 희망의 길잡이가 되길 바란다.

2021년 8월

황토와나무소리 연구실에서
양재홍

contents

숲 과 황 토 로 짓 는
황토주택 한옥

숯단열벽체

속초 석현재

숲과 황토로 짓는
황토주택 한옥

CHAPTER
01 황토와 황토집

1. 흙과 인간

순천 낙안읍성. 흙벽에 곡선 초가지붕이 주는 마음의 위안은 넉넉하고 훈훈하다.

황토집을 앉힐 부지 전체를 장비로 평탄작업해 놓은 상태.

대지에서 풍기는 아늑하고 평안함에 끌려 선택한 땅. 몸과 마음이 건강한 삶을 위해 친환경 황토·기와집을 짓게 되었다.

지구상에 존재하는 동식물들이 살아가는 근본 바탕이 되는 것은 흙이다. 모든 생명은 흙에서 잉태되고 흙에서 자라고 흙에 묻힌다. 종교에서는 사람은 신이 흙으로 빚어 만들었다고 했고, 너희는 본래 흙이니 흙으로 돌아가리라고도 했다. 인간이 흙이고 흙이 곧 삶이다. 그래서 인간은 흙 없이는 살아갈 수 없다.

도시 문명에서 사는 현대인들은 흙을 직접 대하기 어렵다. 흙이 아닌 빌딩 속에 갇혀 산다. 콘크리트나 아스콘으로 포장된 도로를 걷고 자동차, 전철을 타고 이동한다. 그렇게 도심의 콘크리트 빌딩 숲에서 바삐 살아가는 현대인들은 많은 스트레스에 노출돼 있고 다양한 질병으로부터 피해를 입고 있다. 결국 코로나와 같은 팬데믹 사태를 맞게 된다. 갑작스럽게 마주한 바이러스 때문에 세계인들은 생명의 위협을 느낀다. 사회질서는 혼돈을 겪고 세계경제는 나락으로 떨어진다.

병의 원인도 자연에서 비롯되고 치유할 수 있는 길도 자연이 아닐까 여겨지지만 오리무중이다. 자연은 도시에서 발생하는 신종 돌연변이 바이러스에 무기력하게 당할 수도 있지만, 치유력 또한 무궁무진하다. 그 자체가 약이다. 특히, 흙은 예로부터 우리 몸을 치유하는 약으로 쓰였다. 흙 중에서도 황토는 인간뿐만 아니라 지구상 많은 동식물들의 생명을 유지시켜주는 근본이었고, 자연 치유력을 가진 최고의 약이었다. 인간 생활에 가장 유익하고 익숙한 도구였다. 특히, 동식물들이 몸을 숨길 수 있는 집이었고 인간에게는 다양한 건축자재의 원료로 사용됐다.

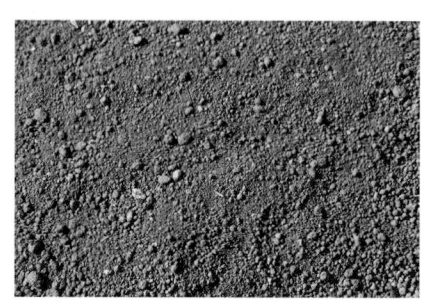

황토는 인체에 유익한 원적외선을 방출하여 생명력, 해독력, 흡수력, 자정력 등이 뛰어난 살아있는 생명체이다.

초벌이나 재벌 위에 마감을 위한 입자가 고운 정벌용 황토이다.

2. 황토와 건강

우리나라 황토 한 숟가락에는 약 2억 마리의 미생물이 살고 있다고 한다. 현대 과학은 그중 겨우 3%만 밝혔다고 한다. 황토 속의 미생물에서 인류의 병을 치료하는 약품을 개발하는 시료를 채취하고 있다. 대표적인 것이 마이신인데 흙속의 미생물에서 찾았다. 아직 밝혀지지 않은 생명의 신비가 흙속에 가득하다.

전국적으로 분포되어 있는 황토는 생태건축을 구현할 수 있는 현실적이고 실제적인 대안으로써 주목받아 마땅한 친환경 건축소재이다.

흙속에 있는 미네랄은 다른 곳에서 찾는 것과 비교해 500배 이상의 영양분을 갖고 있다고 한다. 생장 발육을 촉진하는 영양분을 가지고 있기 때문에 식물이 자라고 나무가 자란다. 다양한 미생물들과 곤충 등 생명체들이 흙 속에서 먹이를 찾고 흙에 집을 짓고 산다. 토질에 따라 자라는 식물이 다르고 속도도 다르다. 흙의 성분에 따라 생활하는 미생물들도 곤충도 다르다. 모두 흙속에 있는 영양소의 특성 때문이다.

흙 중에서 '붉고 차진 흙'을 '황토'라 부른다. 빛을 받으면 누렇게도 보인다. 공학적으로는 지름 0.01~0.05㎜의 입자로 점토보다 거칠고 모래보다 고운 흙을 황토로 정의하고 있다. 손으로 뭉쳐보았을 때 너무 찰지지도 않고 메마르지도 않을 정도다.

황토는 다공질이다. 미립자 사이에는 많은 공간이 있어 불순물과 오염물질을 흡착해 분해한다. 공기의 순환과 유통이 가능해 자연 환기와 정화기능을 갖는다. 또 열을 받으면 인체에 유익하다는 원적외선을 방사해 생체세포를 활성화시킨다. 완벽하지는 않지만 훌륭한 건축자재다. 특히 건강한 공간을 만드는 건축소재로 황토만 한 것이 없다. 건강주택을 위한 최고의 건축자재다.

황토는 아주 가는 모래가 모여 만들어진 흙으로 다양한 광물 입자로 구성되어 있다. 황토 1g에는 약 2억 마리 이상의 각종 미생물이 살고 있다. 흙속 미생물들은 식물의 영양 공급원이 되고 인간 질병을 치료하는 약품으로 활용되기 때문에 황토를 일컬어 '살아있는 생명체'라고 부른다. 또 카탈라아제(Catalase), 프로테아제(Protease), 디페놀 옥시디아제(Diphenol Oxiase), 사카라아제(Saccharase) 등 인체에 유익한 효소들이 많이 함유되어 있다. 이 가운데 카탈라아제는 흙이 갖고 있는 효소 가운데 가장 높은 활성을 보이면서 노화현상을 불러오는 과산화지질이라는 체내 독소를 중화 내지 희석시킴으로써 노화를 억제하고 젊음을 유지시켜주는 효능을 발휘하는 중요한 효소다. 뿐만 아니라, 황토에서 발생하는 원적외선은 세포의 생리작용을 활발히 하고 열에너지를 발생시켜 유해물질을 방출하는 광전효과를 보이며, 각종 질환의 원인이 되는 세균의 작용을 약화시키고 혈액순환이나 세포조직 생성을 촉진시켜준다.

황토의 우수성은 '본초강목' '한약집성방' '동의보감' 등의 의학서적은 물론이고 이규보의 '동국이상국집'이나 '조선실록' 등 다양한 옛 문헌들에

숯단열황토벽체로 지은 황토집은 단열효과가 커 추운 겨울에도 동네의 사랑방 역할을 톡톡히 하고 있다.

황토에는 각종 미생물이 살고 있어 혈액순환과 신진대사, 피로 해소, 질병치료, 불면증과 노화 예방의 효과가 있다.

이렇게 얻은 지장수는 눈이 피로해 눈곱이 생기거나 안질이 걸렸을 때 효과가 있다. 채소나 과일에 묻은 농약을 씻어낼 때도 화학세제보다 안전하다. 차를 끓이거나 요리할 때 사용하면 깊은 맛을 낼 수 있다. 신생아의 목욕물로도 좋아 태열기를 낮게 한다.

황토 속에 몸을 담고 있는 황토욕법도 있고 황토자루를 만든 후 달구어 아픈 부위에 올려놓는 황토찜질요법도 있다. 감기가 걸렸을 때 좋고 피로를 풀 때 좋다.

여성들의 피부미용을 위한 마사지 재료로도 사용할 수 있고 목욕재로 사용하면 몸의 노폐물을 제거할 수 있다.

소개돼 있다. 오동잎에 황토를 섞어 놓아두면 파리 등 해충을 막을 수 있다. 된장 항아리에 넣어두면 쇠파리나 구더기가 생기지 않는다고 한다. 오늘날처럼 상비약이 없던 조상들은 아프거나 다치면 황토를 약으로 사용했다. 민간요법에서 중요한 약재였다.

대표적인 것이 '지장수'다. 지장수는 황토를 걸러 받아낸 물이다. 지장수 만드는 방법은 매우 간편한데 오늘날 까지도 소개되고 있다.

지장수 만드는 방법은 우선 오염되지 않은 깨끗한 황토 20kg 정도를 삼베를 펼쳐놓은 소쿠리에 담아 항아리 위에 얹어놓고 지하수를 천천히 부어 황토물을 만든 다음 하룻밤 재워 흙이 가라앉은 후 얻을 수 있다.

3. 건축자재로서 황토와 황토집

황토를 소재로 한 건축자재들은 많다. 벽돌서부터 블록, 몰탈, 페인트 등 다양한 자재들이 선보이고 있으며 새로운 제품들도 꾸준히 개발되고 있다. 황토를 주요 구조부로 하여 짓는 집을 '흙집' 또는 '황토집'이라 한다. 세계적으로 황토로 집을 짓고 사는 사람들은 많다. 문명의 발상지는 황토와 같이 했고 황토를 주요 소재로 한 건축물들도 많았다.

우리의 살림집들도 예전에는 대부분 황토로 지었다. 산업화 도시화되면서 높고 큰 건물들이 필요했고, 새로운 건축공법들과 화학제품의 다양한 자재들이 생겨나면서 황토는 경제성, 효율성, 기술력 등에서 뒤로 밀려났다. 편리와 효율을 내세워 개발된 건축자재들은 자연소재보다 화학제품들이 많다. 친환경 소재와는 달이 인체에 치명적인 영향을 끼쳐 아토피 등 심각한 건강문제를 낳고 있다. 건강한 주거 공간, 건강주택을 찾는 사람들이 하나 둘 자연친화적인 친환경 건축소재인 흙에 관심을 보이기 시작하더니 근래 들어 '흙집' '황토집'이란 새로운 주택건축의 유형을 만들었다. 최근에는 황토집이 건강주택으로 자리잡고 있다.

황토집을 지을 집터에 주변의 가까운 공사현장에서 채취한 질 좋은 황토를 반입하였다.

외벽 마감도 건축주의 취향에 맞게 황토와 회벽 마감으로 색상을 달리했다.

황토집 또는 흙집이라 하면 벽체의 주요 재료를 흙으로 지은 집을 통틀어 말한다. 하지만, 구조를 튼튼하게 하고 공간 효율성을 극대화하기 위해 흙과 나무 등 다른 소재를 결합한 집짓기 공법들이 발달했다.

황토집을 원하는 사람들 중에는 각종 오폐수 등으로 자연환경이 전체적으로 오염돼 있는데 황토도 안전할까를 걱정하는 사람들이 많다. 업체들은 황토집을 지을 때 사용하는 황토는 오염되지 않은 것을 사용한다. 산이 많은 우리나라는 전국에 걸쳐 좋은 황토들이 매장돼 있고, 해발 400m 이상의 지역에 매장돼 있는 황토는 오염이 없다. 그것도 걱정된다면 황토 스스로의 정화능력과 자생력을 믿어야 한다.

우리 선조들이 대대로 지어 살던 흙집은 목구조를 세우고 벽체에 나무 심을 박은 후 앞뒤로 황토를 발라 짓는 형태가 많았다. 목구조 사이에 심을 넣어 짓는 집이라 하여 심벽이라 불린다. 오래된 시골집을 보면 흙벽 안쪽에 가는 나뭇가지나 대나무 등을 촘촘히 세우고 새끼나 칡 줄기 등으로 엮어 놓은 것을 볼 수 있는데 바로 심벽이다. 심벽보다 더 쉽게 지을 수 있는 집이 토담집이다. 흙을 벽돌 형태로 찍어 벽체를 만든 후 지붕에 서까래를 얹어 짓는 집인데 구조적으로 작게 지을 수밖에 없었다.

ㄴ자형의 평면에 겹처마 팔작지붕의 격식 있는 한옥으로 기둥 사이로 공간을 나누고 벽체는 압축 흙벽돌을 사용했다.

그 외에도 건축방식에 따라 불리어지는 황토집의 종류는 많다. 현대화되면서 공법들은 매우 다양해졌다.

4. 건축 방식에 따른 황토집의 종류

예전에 지어 살던 집부터 현대화된 공법으로 짓는 황토집까지, 황토집의 종류를 정리해본다. 벽체를 어떻게 만드는가에 따라 황토집은 다양한 이름으로 부른다. 현대화되면서 황토집도 자재와 건축공법들이 발전해 혼합한 방식들이 많다. 벽체를 구성하는 주요 특징에 따라 불리는 황토집들을 정리한다.

1) 흙벽돌집(토담집)

겹처마 모임지붕의 황토집으로 원형의 주택구조는 심적으로 안정감을 준다.

흙집이라고 할 때 가장 쉽게 연상되는 집이다. 흙으로 만든 벽돌을 쌓아 내·외부를 미장해 벽체를 만들어 짓는 집이다. 벽돌을 쌓아 짓는 공법이라 큰 집을 지으면 위험하다. 공간이 커지거나 높아지면 외부 충격에 무너질 위험이 크기 때문이다. 작고 낮은 흙집 짓기에 적당하다. 옛집의 개념으로 보면 3칸 집(10평 내외)에 적당하다. 흙은 외부에 노출돼 비를 맞으면 흘러내린다. 토담집에 살려면 수시로 보수하며 살아야 했다. 지금은 그렇게 수고로운 집에서 살려는 사람이 없다. 비를 맞아도 문제가

01

02

01,02 기와를 얹은 황토빛의 소박함이 깃든 맞배지붕의 흙벽돌집이다.

한식목구조인 기둥·보구조의 황토주택으로 투박함이 묻어나는 실내공간에 정감이 간다.

되지 않는 구조용 흙벽돌이 요즘 많이 나온다. 순수하게 흙만을 소재로 한 것이 아니고 흙에 화학제품이 첨가돼 있기 때문에 이런 소재의 흙벽돌을 사용한 집은 흙집 고유의 건강성에는 문제가 많다. 편리성과 건강성에서 선택은 건축주의 몫이다. 지붕은 흙벽돌 조적으로 벽체를 만들고 그 위에 서까래를 걸고 만들어야 하는데 흙 위에 바로 결속이 쉽지 않다. 건물의 모서리와 기둥자리에 치장 벽돌 등 구조용 벽돌로 자리를 만들고, 거기에 목재를 도리 형태로 얹고 그 위에 다시 지붕을 얹는 식으로 집을 짓는다.

2) 담틀집

나무틀을 만들어 흙을 부어 아래에서부터 다져 올라가며 벽체를 만들어 짓는 집이다. 다른 소재의 건축자재를 사용하지 않고 순수한 흙집을 짓고 싶을 때 가장 좋다. 흙의 장점을 가장 잘 살릴 수 있지만, 현장에서 흙을 다져 벽체를 만들기 때문에 노동력을 많이 필요로 한다. 현대적인 건축기법과 혼용하고 지붕은 C형강 트러스 방식이나 서까래 방식의 목조

온전히 흙으로만 짓는 담틀집은 흙의 장점을 가장 잘 살릴 수 있는 공법이다. 마사가 섞인 붉은색의 적토가 수분도 적당하고 토담치기에 가장 좋은 흙이다.

심벽(心壁)은 우리나라 건축에서 가장 많이 나타나는 벽으로 싸리나무, 수수깡 등을 이용해 중깃이나 힘살에 의지해 가로살의 눌외와 세로살의 설외로 외엮기를 하였다.

지붕을 만들기도 한다. 집의 모양이나 단열, 창호 설치, 실용적인 공간 구성 등에는 한계가 많다.

3) 한식목구조 심벽(心壁)집

목구조를 세우고 벽체의 중심에 가는 나무나 싸릿대, 대나무 등을 겨릅대로 벽체의 중심을 엮은 후 양쪽으로 흙을 붙여 짓는 집이다. 가장 안전한 벽체 구조다. 자연미를 살린 원기둥 사용이 가능하다. 한옥 고유의 결구 구조의 원칙을 지킬 수 있어 한옥의 멋과 전통을 잘 표현할 수 있다. 기둥과 도리, 보를 기본으로 하여 하방과 중방, 상방의 구조미를 살릴 수 있다. 문제는 나무 기둥과 흙벽 사이 틈이 생긴다는 점이다. 건축할 때 보완이 필요한 부분이다.

이 구조의 집은 내부 심벽을 다양한 자재의 공법으로 응용한 건축이 가능하다. 샌드위치패널 구조나 경량목구조 공법과의 응용도 가능하다. 단열이 취약한 옛집을 복원하거나 드라마세트장이나 전시장 등 한옥 느낌을

낸 집을 짓고 싶을 때도 기둥만 살리고 심벽을 다른 소재로 대치하면 쉽게 단열을 보강할 수 있고 한옥의 멋을 낼 수 있다.

심벽(心壁): 심벽은 우리나라 건축에서 가장 많이 나타나는 벽으로 기본적으로 중깃과 눌외 및 설외에 의한 외엮기에 의해 벽 틀이 만들어진다. 촘촘히 벽 틀을 짜기 위해 싸리나무, 수수깡 등을 이용해 중깃이나 힘살에 의지해 가로로 길게 가로살을 보내주는데 이를 누워있는 외, 눌외라고 한다. 또 눌외와 직교하여 세로살을 보내주는데 이를 서 있는 외, 설외라고 한다. 눌외와 설외를 엮는 것을 외엮기라고 한다. 외엮기가 끝나면 양쪽에서 흙을 바른다. 초벌은 외엮기 사이로 흙이 물려 들어갈 수 있도록 힘 있게 바르고 재벌을 위해 거칠게 바른다. 이때 진흙에는 여물 등을 썰어 넣어 갈라지는 것을 방지한다. 재벌은 초벌 위에 얇게 바르는데 진흙에 여물이나 겨 외에도 백토를 섞어 갈라지지 않게 한다. 재벌 위에는 마감을 위한 정벌을 한다.

지형에 맞춘 전벽돌담장과 심벽에 흰 회벽으로 마감한 ㄱ자형 겹처마 팔작지붕이다.

진흙에 볏짚 등을 썰어 넣어 흙벽이 갈라지는 것을 방지한다.

한식목구조에 숯단열벽체를 하고 그 위에 황토미장과 회벽으로 마감을 달리하여 대조를 이룬다.

마감 재료에 따른 심벽의 종류

1) 회벽(灰壁): 회를 발라 흰 벽을 만든다.

2) 사벽(砂壁): 진흙에 백토만을 섞어 바른다.

3) 회사벽(灰砂壁): 진흙에 백토와 회를 섞어 바른다.

4) 한식목구조 흙벽돌집

뼈대집 형태를 말한다. 단 10자 내외의 기둥 간격이지만, 하방과 중방, 상방을 거는 전통적인 뼈대집이 아니라, 공간과 공간을 나누는 형태의 기둥과 도리와 보로 집을 짜는 형태. 현대적인 주택공간을 가장 잘 소화할 수 있다. 벽체는 주로 압축 흙벽돌을 사용하는데 기후와 건축 비용 문제 등을 고려해 가변적인 선택이 가능하다. 지붕을 만들 때는 서까래 방식 하나로는 불가능하고, 처마를 만든 후 다시 전체 지붕 모양을 덧집 형태로 만들어야 하는 등 구성이 매우 까다롭다.

나무기둥과 흙벽의 단열문제를 흙벽돌 이중 쌓기로 극복한 한식목구조 겹처마 팔작지붕으로 복층형이다.

전통적인 요소(거실의 오량 천정 등)와 현대적인 건축요소(지붕의 모양, 창호, 마감재 등)의 결합이 용이해 현대 흙집의 보편적인 방식으로 확산되고 있다.

5) 혼합형 흙집

한옥 목구조 흙벽돌집과 같은 원리로 짓는 집이다. 나무 기둥과 흙벽돌의 이음매 부분이 벌어지는 문제를 해결하기 위해 기둥을 콘크리트나 H빔, 치장벽돌 조적으로 만들기도 한다. 서구식 목구조 공법의 결합도 가능하고 발전하면 경량목구조 흙집도 지을 수 있다. 이렇듯 기존의 전통 황토집이나 한옥 건축과는 다른 공법의 구조와 결합한 후 벽만 황토로 만드는 구조를 통칭해 혼합형 흙집이라 한다.

치장 벽돌로 조적해 기둥으로 했을 때 도리와 보, 지붕은 목조형태로 마감할 수 있다. 철근콘크리트공법이나 H빔 구조에서는 처마 도리와 보의 기능을 담당하는 부분도 같은 소재로 구성하고 목재판재나 인조석, 칠 등으로 마감하는 방식이 있다.

왼쪽은 경량목구조, 오른쪽은 담틀집으로 자연과 사람이 소통하는 혼합형 흙집이다.

한식목구조로 뼈대를 그대로 살리고 지붕에는 샌드위치패널을 사용한 혼합형 건축물이다.

6) 통나무 목심 흙집

실별로 서까래가 한 곳으로 모이는 모임지붕의 형태를 띠면서 벽체 사이에 통나무 목심을 넣은 흙집이다.

통나무를 30㎝ 정도의 길이로 잘라 흙과 함께 쌓아 올려 벽체를 만든다. 주로 원형의 작은 건물들을 연결해 공간을 구성한다. 벽체 구성에 따라 서까래를 걸기 때문에 지붕은 모임지붕으로 하면 쉽다. 주변 사람들의 도움을 받아 직접 지을 수 있다.

건축법에서 정한 단열재 기준을 맞추기 힘들고 특히 통나무가 수축하면서 틈이 생기기 때문에 단열에 문제가 많고 수리하면서 생활해야 한다. 그러지 않으려면 통나무를 최대한 건조한 것을 사용해야 한다. 창문을 고정창으로 해야 하기 때문에 환기에도 문제가 생긴다. 외벽은 통나무 길이를 짧게 해 쌓고 내벽은 단열재를 채워 다른 소재로 마감하는 방법도 고민해 볼 수 있다.

겹겹이 층을 이룬 박공지붕의 짜임새가 구성지다. 모든 구조는 겉껍질을 벗긴 통나무로 벽체는 숯단열황토벽체를 사용했다.

7) 귀틀집

산판 등 주변에서 구하기 쉬운 낙엽송이나 잣나무 원목을 우물정(井) 자로 쌓아 벽체를 만드는 방식이다. 숙련자가 아니라도 쉽게 지을 수 있다. 나무를 쌓은 후 흙으로 틈을 채우면 벽체가 완성된다. 지붕은 서까래 방식으로 만들면 된다. 문제는 구조벽인 귀틀 나무가 수축 변형되면서 단열과 창호에 문제가 생긴다. 단열보강 및 창틀이나 문틀 주위 나무 변형에 대해 계산하고 장치를 마련하는 것이 좋다.

통나무를 우물 정(井)자 모양으로 귀를 맞추고 쌓아 올려 벽을 만든 후 그 위에 초가지붕을 얹었다.

5. 황토집에 살 때 좋은 점

건강을 생각해 황토집을 찾는 사람들이 많다. 황토집에 살면 좋은 점들을 정리해 본다.

첫째는 새집을 지어 입주할 때 신축건물에서 나타나는 새집증후군이 없다. 일반적으로 새 아파트에 입주하거나 새 건물을 짓고 입주할 때 집안에서 나는 냄새는 6개월에서 1년 간 지속되고 다양한 질병을 유발한다. 이것을 새집증후군이라 하는데, 흙집의 경우 흙벽 자체가 자연소재이고 친환경자재로 마감됐기 때문에 이런 문제에서 자유롭다.

둘째는 일정 온도를 지켜줘 생체리듬을 안정화시킨다.
실외의 일교차는 여름철에는 2도에서 21도까지 변한다. 흙집은 여름철에 3도 이하, 겨울철에는 5도 이하로 기온차가 작다. 쾌적한 실내환경을 제공하며 항온 효과가 있다. 몸의 상태를 일정하게 유지시켜줌으로써 생체리듬을 안정화시킨다.

숯단열황토벽체는 흙벽의 장점들을 고스란히 살리면서도 단열효과가 좋아 흙벽의 건강성과 단열을 모두 만족시킨다.

셋째는 환기와 정화가 뛰어나 쾌적한 환경을 유지해준다.

창문을 닫은 상태로 담배를 피우면 일반주택에서는 연기가 자욱하고 냄새가 많이 난다. 흙집에서는 그런 것이 없다. 청국장 등 음식을 조리할 때도 일반 주택에서는 냄새가 심하지만, 황토집에서는 덜하고 시간이 지나면 자연스럽게 없어진다. 흙벽의 탈취, 정화 기능 때문이다. 또 흙벽의 미세한 미립자 사이로 공기가 순환되기 때문에 답답함이 덜하다.

넷째는 여름엔 에어컨이 필요 없다.

무더운 여름날 신축건물을 지을 때 흙벽을 쌓은 내부로 들어서면 서늘할 정도로 외부의 더위를 차단해 주는 것을 경험할 수 있다. 이것은 긴 처마와 흙벽이라는 조화가 만들어 낸 우리 건축물의 우수성이다. 아무리 무더운 여름이라도 황토집에서는 선풍기 하나면 여름을 날 수 있다.

다섯째는 겨울엔 구들방 찜질효과를 얻을 수 있다.

예전의 흙집들은 단열이 안 돼 겨울에 추웠다. 아궁이가 있는 아랫목은 쩔쩔 끓는데 윗목은 자리끼가 얼 정도였다. 요즘에 짓는 흙집들은 벽체 단열은 물론 천장 단열을 보강하고 창호도 보완해 짓기 때문에 따뜻하다. 또한 현대식 난방시스템을 채택해 바닥을 황토로 미장함으로써 구

각장판을 깐 뜨끈한 구들방에서 황토의 찜질효과를 느낄 수 있다.

자연소재인 흙, 나무, 대나무, 숯으로 짓는 친환경 숯단열황토벽체 한옥은 재생이 가능한 자연의 선순환 구조를 가지고 있다.

들방 효과를 낸다. 한번 덥혀진 방은 오래가고 쩔쩔 끓으며 자고 나면 몸이 개운하다. 옛집의 구들 찜질방 효과를 느낄 수 있다.

여섯째는 습도조절 기능이 뛰어나다.
콘크리트나 샌드위치패널 등으로 지은 집은 여름철 집안이 눅눅하고 곰팡이가 핀다. 겨울철에는 건조해 감기에 걸리기 쉽다. 하지만, 흙집은 습기가 많고 건조하면 보유하고 있는 습기를 품고 내뱉는 성질이 있기 때문에 실내가 쾌적하다. 습도조절 기능이 뛰어나 감기에 잘 걸리지 않는다.

일곱째는 소음을 막아주고 소리가 변조되지 않아 원음 그대로를 즐길 수 있다.
황토집은 소리의 변조나 굴절이 없어 원래 소리 그대로 느낄 수 있어 음악을 좋아하는 사람들에게 특히 좋다. 좋은 집은 듣고 싶은 음악이나 소리를 잘 들을 수 있어야 하고 듣고 싶지 않은 외부의 소리를 차단해 주어야 한다. 황토집은 노래를 부르거나 악기를 연주할 때도 방음 효과가 크다. 소음으로부터 안전하고 주변에 소음 피해를 주지 않는다.

여덟째 숙면을 취할 수 있고 숙취 해소에 효과가 크다.
흙집에 사는 사람들이 공통적으로 이야기하는 가장 큰 장점은 숙면이다. 깊게 잠들 수 있고 한번 잠들면 숙면을 취한다. 술을 많이 마시고 잠들어도 흙집은 다음날 일어나면 머리가 맑고 가볍다. 숙취에 좋다는 의미다. 잠을 잘 자고 나면 얼굴색도 고와지고 피부도 좋아진다. 피부미용에도 도움이 된다.

아홉째는 마음이 여유로워진다.
황토집은 싫증이 나지 않는다. 세월이 흐르고 나이가 들면 들수록 운치

를 더한다. 사는 사람들도 그렇다. 흙의 기운을 받아 살면 살수록 여유로워진다.

열째는 건축 폐기물을 줄일 수 있다.
한옥 목구조 흙집의 수명은 50년 이상이고 100년 주택이다. 수명을 다해 허물면 다시 자연으로 돌아가 재생이 가능한 자연의 선순환 구조를 가지고 있다. 건축 폐기물을 최소한 할 수 있는 친환경 생태건축이다.

6. 인체에 비유해 본 황토집

집이라는 하나의 생명이 탄생하는 과정은 인간의 탄생과정과 같다. 집을 생명체로, 인체로 보면 집 짓는 과정을 이해할 수 있다. 주택을 설계하고 완성할 때 어느 부분 하나 소홀할 수 없다. 시공과정에서 실수를 하거나 신경을 덜 쓰게 되면, 인체의 어느 부분이 약하거나 탈이 나면 몸

나지막한 동산을 배경으로 이웃과 함께 열린 흙집 동호인주택을 지었다.

기둥 위에 홈을 파서 사괘맞춤으로 결구한 한옥의 보편적 구조방식으로 자리 잡은 납도리 방식의 한식목구조이다.

단열성능이 우수한 숯단열황토벽체를 황토주택에 적용하였다. 황토주택뿐만 아니라 전통 건축물과 현대적인 건축물 등에도 적용할 수 있다.

전체가 불편하고 불치의 병을 안고 사는 것처럼 집도 그렇게 된다. 설계하고 시공할 때 어느 부분을 얼마나 중요하게 생각해야 하는가를 인체와 비교해 설명해 본다.

01. 택지 조성과 기초공사는 어머니의 자궁인 집터에 잘 착상해야 튼튼한 아이가 태어날 수 있는 것과 같다.

02. 뼈대가 견고하고 잘 맞추어져야 튼튼하고 건강한 생명이 탄생할 수 있다. 건축물의 구조공사가 여기에 해당한다.

03. 사람의 외모, 얼굴 생김에서 머리 모양은 그 사람의 첫인상을 결정하는데 큰 역할을 한다. 헤어스타일을 어떻게 하고 장발이냐 짧은 머리냐에 따라 사람의 모습이 많이 달라진다. 집을 지을 때 지붕의 모양을 만들고 치장하는 것이 여기에 해당한다.

04. 병충해 등 외부의 침입을 방어하고 더위와 추위를 견뎌내는 것은 피부다. 더우면 땀을 배출해 몸을 식혀준다. 살과 피부가 여기에 해당하며 건강해야 외부에 옷을 입어도 맵시가 난다. 아무리 좋은 옷을 입었어도 살과 피부가 건강하지 않으면 건강한 사람이 될 수 없다. 벽체공사인 흙벽돌 쌓기와 외부 마감 줄눈 공사가 여기에 해당한다.

05. 내장이 튼튼하고 건강해야 한다. 혈관도 막힘없이 튼튼해야 한다. 그래야 인체로서 기능을 잘하고 잔병치레를 하지 않고 건강하다. 전기 배선공사와 설비공사가 여기에 해당한다. 사람의 혈관과 같다.

06. 속살이 내부의 장기를 보호하고 잘 다스려야 내분비 활동이 활성화된다. 천장의 단열과 마감, 내벽 황토미장이 이런 역할을 한다.

07. 이목구비는 그 사람의 인상을 결정하며 살아가는데 가장 중요한 요소다. 대문, 창문, 방문 등 창호공사가 그렇다. 전망과 채광, 외부 사람과의 소통을 잘할 수 있도록 하는 일이다. 오래 보존하도록 칠을 하고 깔끔하게 단장하는 일도 여기에 속한다.

08. 외모를 어떻게 가꾸느냐에 따라 건강을 잘 유지할 수 있고 또한, 좋은 이미지를 만들 수 있다. 도배와 장판, 마루를 깔고 전등을 다는 일, 화장실의 세면대와 양변기, 싱크대 등 필요한 도구를 설치하는 일이 바로 그렇다. 건축주의 능력에 따라 옷을 입히고 치장하는 일이다.

7. 황토집 설계할 때 유의할 점

집을 지으려면 가장 먼저 해야 할 일이 설계다. 건축물의 설계란 건축구

부자지간에 35평, 25평의 두 집을 일자형으로 붙여 지어 정겹게 같이 살고 있다.

조, 평면구성, 지붕모양, 마감 사양 등을 정하는 일이다. 집을 계획하는 사람들 대부분 공간구성을 위한 평면 설계에 치중한다. 몇 평 건물에 방의 숫자와 각 공간의 평수를 기본으로 하여 설계한다. 그러다 보면 공간 간의 유기적인 조합이 힘들어진다.

공동공간과 개인의 프라이버시 공간을 통일시키는 설계가 좋다. 아파트의 제한적 공간에 익숙해진 현대인은 거실을 중심으로 주방과 방이 구성되는 일반적인 형태의 집을 선호한다. 요즘 짓는 집들은 서구식 목구조주택이 많아 개인의 프라이버시를 우선해 밀실형(복도형) 구성이 보편적이다. 하지만, 전원 단독주택은 생활공간(거실과 주방), 수면공간(방), 사랑방 공간(서재, 작업실, 손님방 등)이 유기적으로 결합되는 것이 좋다.

터에 맞추어 일자형, ㄱ자형, ㄷ자형, T자 블록 형태 등 집 전체의 디자인까지 고려해 공간설계를 해야 한다. 본채와 별채, 본채와 창고로 구분해 설계할 수도 있다. 복층 형태로 1층은 생활공간, 2층은 수면공간으로 구분해도 좋다.

주방을 주 공간으로 계획하면 좋다. 대부분의 집이 거실과 방을 중심으로 하고 그 사이 적당한 곳에 주방을 배치한다. 주방은 안주인만의 공간으로 주개념이 아닌 보조 개념으로 인식하기 보다는 주택의 주요한

공간 개념으로 계획하면 좋다. 자연 조망이 가능하고 채광이 밝은 부엌, 손님맞이 행사 때 불편하지 않은 동선 연결이 무엇보다 중요하다. 특히 장독과 김장독, 빨래를 널 때 드나드는 것이 편하도록 배치한다.

설계를 할 때는 가능한 많은 수납공간을 계획하고 여백을 주어야 한다. 현대건축 기술은 평면과 입면을 어떻게 설계하든 황토집도 시공이 가능하다. 그럴더라도 각 공법이 가지고 있는 장점을 잘 살려내 반영하는 것이 중요하다. 황토로만 지을 것인가, 황토와 나무를 사용할 것인가, 황토와 철골을 혼합할 것인가 등 다양한 공법의 집을 지을 수 있다. 혼합형으로 짓더라도 어떻게 결합할 것인가에 따라 집은 완전히 달라진다. 설계할 때 이러한 소재와 공법들의 장점들을 잘 살려내야 한다.

집은 용도에 따른 규모와 공간구성이 달라져야 한다. 1세대 주거용 살림집인가, 2~3세대 동거용 살림집인가, 주말주택용인가, 주말주택으로 사용하다 주거용 살림집으로 전환할 것인가, 펜션 등 영업형태의 집인가 등에 따라 공간구성이 달라져야 한다. 기능과 용도를 고려한 집짓기야 말로 허세 없는 알뜰한 집짓기를 할 수 있다.

주방을 거실과 같이 오픈천장으로 터서 주택의 주요한 공간 개념으로 계획해 동선 연결이 시원스럽다.

1. 숯단열황토벽체

우리나라 건축에서 가장 많이 나타나는 심벽(心壁)으로 전통 외엮기에 초벌바름을 하였다.

황토는 그 자체로 훌륭한 건강주택 소재지만 가장 큰 단점이 단열성능이 부족하다는 것이다. 흙 이외의 다른 소재와 결합하면 틈이 생기고 자체적으로도 터지고 갈라져 하자가 생기고 생활에 불편한 집이 된다. 특

히 건축하는 과정에서 자재가 표준화 규격화가 돼 있지 않아 수작업을 하는 부분이 많다. 그러다 보니 손이 많이 가고 노동력을 많이 필요로 한다. 결국 건축비 상승 요인이 된다. 황토집이 비싸게 되는 이유다.

이러한 단점들을 극복한 황토집 짓기 방식이 '숯단열황토벽체'다. 숯단열황토벽체는 한옥의 벽체를 만들 때 우리나라 건축에서 가장 많이 나타나는 심벽(心壁)을 이중으로 하고 그 사이에 단열, 방음, 습도조절의 효과가 있는 숯을 넣어 단열을 보강한 황토주택 벽체용 패널 제품이다. 현장 실측 또는 설계에 따라 공장에서 제작한 후 현장에서 바로 설치하고 황토미장으로 마감해 흙벽을 완성하는 공법이다. 숯단열벽체에 황토를 붙여 마감 미장하면 숯단열황토벽체가 된다.

이 벽체를 사용하면 황토집이나 한옥을 규격화 표준화할 수 있고 공장 제작을 통해 현장에서 일손을 덜 수 있다. 황토집이나 한옥에서 가장 안전한 벽체구조인 심벽을 기본으로 하기 때문에 벽체가 튼튼하고 추가 단열 없이 주택의 단열성능을 확보할 수 있다. 한옥에서 '외(椳)'는 기둥을 세운 후 벽체에 흙을 바르기 위해 나무, 대나무 등을 가로세로로 엮은 것을 말한다. 이는 지진에도 강하고 내구성은 우수하지만, 단열에 취약한 점과 현장 제작이라 과다한 인건비와 번거로움 등의 문제로 일부 한옥

한식목구조에 벽체는 심벽을 이중으로 한 수직, 수평(지진하중), 좌굴하중에 안전한 숯단열벽체를 설치했다.

기둥과 기둥 사이의 벽체를 올이 성근 바둑판 모양의 숯단열벽체로 짜임새 있게 구성하였다.

이나 문화재에만 적용되고 있다. 숯단열황토벽체는 기존의 외엮기를 이중으로 하고 가운데 왕겨숯을 넣어 단열성을 높이고 시공도 간편해 경제성도 뛰어나다. 단열재로 쓰이는 왕겨숯은 탈취기능, 방음 기능, 습도 조절, 음이온 방사 기능을 가지고 있어 건강한 생활을 할 수 있고, 열전도, 열의 대류 현상을 방지하는 우수한 환경 단열소재이다. 숯과 황토를

숯단열벽체는 미장하기 전에 전기설비와 배관을 쉽게 할 수 있도록 만들어져 있다.

벽체의 주재료로 사용하기 때문에 친환경 건강주택으로 최적화돼 있다. 숯단열황토벽체는 이런 문제를 해결할 수 있고 한옥뿐만 아니라 현대 흙집, 소형 황토집, 친환경 주택에 두루 적용할 수 있다.

숯단열황토벽체의 구조물(흙벽)은 수직, 수평(지진하중), 좌굴하중에 안전한 구조물이라 할 수 있다. 보강재(대나무, 나무 등)를 사용하여 지지틀(프레임)을 만들고 지지틀 내부에 단열재 왕겨숯 등을 채운 후 양쪽에 외를 부착한 숯단열벽체는 구조적으로 각종 하중에 안전하고 단열성능이 우수하다.

숯단열황토벽체의 구조적 원리는 철근과 콘크리트 조합에서 이해할 수 있다. 숯단열벽체를 조립해 벽체의 뼈대를 완성한 후 내·외부를 황토로 미장하면 숯단열황토벽이 된다. 콘크리트 철근 구조와 비교하면 콘크리트는 흙층에 해당하고 철근은 대나무에 해당한다. 콘크리트와 흙벽은 압축응력(누르는 힘에 대항하는 응력)은 크지만 인장응력이 작고 철근은 인장응력(늘어나는 힘에 대항하는 응력)은 크지만 압축응력은 상대적으로 작다. 철근콘크리트 구조물이 인장력을 받아 금이 가는 등 훼손될 경우 철근이 없다면 균열 사이로 구조물이 이탈 분리된다. 철근의 인장응력 때문에 분리되는 일이 없다. 숯단열황토벽도 마찬가지다. 압축응력이 있는 흙벽과 인장응력이 있는 대나무를 결합해 구조적으로 각종 하중에 안전하다.

숯단열벽체 제작 과정

▶ ▶ ▶
캐드 도면을 이용하여 숯단열벽체를 공장에서 사전 제작하여 현장에서 사용할 수 있고, 현장의 실정에 맞게 실측·제작하여 사용할 수도 있다. 전통방식인 심벽의 외엮기를 적용하고 가운데는 숯단열층을 형성해 단열 문제를 해결한 신기술인 숯단열벽체를 현장에서 바로 제작하여 설치하는 과정을 소개한다.

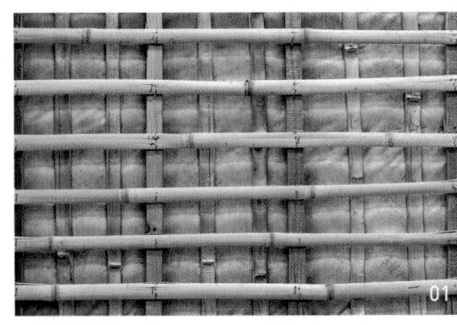

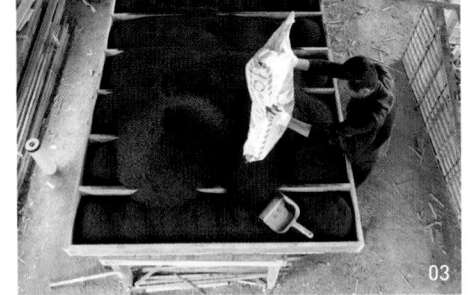

01_ 심벽의 외엮기를 적용하여 올이 성근 바둑판 모양의 벽 틀이 짜인다.
02_ 목재로 스터드를 세운 벽 틀을 만든다.
03_ 스터드 사이에 왕겨숯을 충진한다.
04_ 외압에 의한 공극을 줄이기 위해 스터드 사이에 왕겨숯을 볼록하게 고른다.
05_ 부직포를 덮는다.
06_ 부직포를 스터드에 타카로 촘촘히 고정한다.

07_ 중깃이라고 하는 버팀대를 세우고 고정한다.
08_ 중깃 간격이 넓으면 약간 굵기가 가는 힘살을 대고, 힘살과 직교하는 가시섀를 대어 타카로 고정한다.
09_ 벽체형, 창문형, 지붕형 등 용도에 맞게 벽체를 이어 나간다.
10_ 기둥과 기둥 사이의 벽체, 보와 지붕선의 합각을 숯단열벽체로 짜임새 있게 구성하였다.
11_ 외부에 노출되는 벽체에는 복합 고기능 열반사보온단열재로 단열을 보강한다.

2. 숯단열황토벽의 특장점

숯단열벽에 황토를 미장한 숯단열황토벽의 특장점은 매우 많다. 구조만 튼튼하다면 고층빌딩에도 적용할 수 있다. 숯단열황토벽의 특장점들을 정리해 본다.

01. 자연소재인 숯, 대나무, 나무, 흙으로 만들어지는 친환경 건강 흙벽이다.

02. 단열성, 방음성, 내구성이 뛰어나며 외를 이중으로 엮어 벽체를 구성하기 때문에 지진에도 강하다.

03. 공장에서 설계에 따른 주문제작을 하기 때문에 시공이 간편하며 저렴한 비용으로 건강하고 따뜻한 황토집을 지을 수 있다.

04. 전통 건축물, 한옥의 벽체에 적용하기 쉽고 두께를 다양하게 할 수 있다. 수장재가 노출돼 건축물의 외관이 아름답다.

05. 공장에서 생산해 현장에 설치한 후 흙 바르기로 벽체가 완성되므로 공사기간이 단축되며 건축비를 절감할 수 있다.

06. 부분별 특성에 맞는 벽체 제작을 통해 시공성과 경제성을 높였으며, 특히 창문형 숯단열벽체를 사용해 인방 등의 창틀 설치비용이 절감된다. 화장실 내측 부위는 시멘트 방수몰탈을 사용해 간편하게 시공할 수 있다.

07. 전기배선이나 설비공사 등을 손쉽게 할 수 있다.

숯단열황토벽체는 흙이 물려 들어갈 수 있도록 힘 있게 초벌을 바르고, 재벌은 초벌 위에 얇게 바르며 재벌 위에는 마감을 위한 정벌을 한다.

3. 숯단열벽 단열소재 왕겨숯의 특장점

숯단열벽체는 단열재로 왕겨숯을 사용한다. 건축자재로서 왕겨숯의 특장점과 단열재로써는 어떤 특장점들이 있는지 정리해 본다.

01. 왕겨숯은 참숯과 마찬가지로 다공질이다. 수많은 미세한 구멍을 가지고 있어 탈취, 방음, 습도조절 능력이 뛰어나 주택의 실내를 쾌적하게 유지해준다.

02. 왕겨숯은 다공성으로 밀도가 낮아 열전도 및 열의 대류현상을 방지해 단열성능이 매우 우수하다.

03. 주택 시공할 때 일반적으로 많이 사용하는 단열재는 유리섬유나 폼 등이다. 이러한 제품들은 인체에 직접 닿으면 유해할 수 있지만, 왕겨숯은 친환경 소재의 단열재다.

04. 흙벽의 중심부에 왕겨숯이 충진 돼 있어 단열은 물론 화재에도 강하다.

05. 숯은 음이온 방사 기능이 있어 건강에 매우 유익하다.

06. 숯은 무기물이어서 해충이나 쥐 등을 퇴치할 수 있다.

왕겨숯은 다공성으로 단열성능과 탈취, 방음, 습도조절 능력이 뛰어나다.

보강재(대나무, 나무 등)를 사용하여 지지틀(프레임)을 만들고 지지틀 내부에 단열재 왕겨숯 등을 채운 후 양쪽에 외를 부착한 숯단열벽체는 구조적으로 각종 하중에 안전하고 단열성능이 우수하다.

외부와 맞닿는 모든 창을 한식 시스템창호를 설치해 디자인과 기밀성을 모두 해결했다.

4. 숯단열벽체의 단열성

숯단열벽체의 시공방법은 간단하다. 콘크리트 기초가 되어 있는 바닥에 목구조 또는 다른 구조로 집의 뼈대를 세운 후 기둥과 기둥 사이, 보와 보 사이에 공장에서 미리 제작한 숯단열벽체를 세워 집의 골격을 만든다. 지붕도 마찬가지 방법으로 만든다. 이렇게 하면 숯단열벽체는 2주일이면 골조, 벽체, 지붕을 조립할 수 있고 바로 미장 등 후속 공사 진행이 가능하다. 일반 주택건축이나 다른 방식의 흙건축 공법에 비해 공사 진행이 매우 빠르다. 특히 벽체 자체가 단열 조건을 만족시켜주기 때문에 일반적인 황토집에서처럼 이중벽을 하고 그 사이에 단열재를 따로 충진 하는 번거로움이 없다. 비교적 저렴하게 흙집을 지을 수 있다.

숯단열벽체를 설치한 후 기둥과 벽체 사이에 틈이 생기게 되는데 이 공간은 우레탄폼으로 충진해 마무리하면 완벽한 단열을 할 수 있다. 흙과 나무는 서로 수축률이 다르기 때문에 우레탄폼을 시공하지 않고 황토미장을 바로 하게 되면 미장 후 틈새가 생겨 단열에 문제가 될 수 있다. 우레탄폼 대신 광목 등 다른 소재를 사용하기도 하지만, 단열을 생각한다면 폼이 가장 좋다.

단열은 물체와 물체 사이의 열의 이동을 막는 것이다. 열의 이동 방식인 전도, 대류, 복사를 막아 줌으로써 단열효과를 얻는다. 숯단열벽체는 낮은 전도율을 가진 왕겨숯을 흙층 사이에 넣어 전도와 대류를 막아 열의 이동을 최대한 억제한다. 단열성능을 좀 더 높일 필요가 있다면 열반사 단열재를 바깥쪽에 덧대 복사에 의한 열 이동을 막아 주면 된다.

밀도가 낮으면 열전도율도 낮아져 단열성능이 좋아진다. 물질의 종류마

지붕에 왕겨숯층을 형성해 단열재 역할을 하면서 열전도를 막아 단열성능이 뛰어나다.

다 열전도율 값은 다르다. 황토는 시멘트에 비해 낮은 전도율을 갖지만, 황토벽돌은 비교적 밀도가 높아 별도의 단열층이 없을 경우 열전도가 바로 된다. 드라이아이스를 두고 반대쪽에 손을 대면 차가운 기운이 그대로 느껴지는 것을 알 수 있다. 반면 숯단열 흙벽은 낮은 열전도율을 가진 왕겨숯층이 단열재 역할을 해 열전도를 막아 단열성능이 뛰어나다. 공간에서는 대류에 의한 열 전달을 막아 같은 두께의 다른 흙벽과 비교하면 차이가 현저하다. 그만큼 단열성능이 좋다는 이야기다. 숯단열벽체는 열의 차단성보다는 숨 쉬는 보온 벽체로 생각해야 한다. 숯단열벽체로 시공하고 황토마감을 한다면 보온력이 뛰어나 집이 숨을 쉬면서도 답답함이 없다. 가령 옷을 바람이 안 통하는 비닐로 만든다면 바람은 안 통하지만 추울 것이다. 오리털이나 거위털로 옷을 만들면 바람이 통하고 숨을 쉬지만 춥지 않은 이치와 같다.

두께가 다른 숯단열황토벽체와 황토벽돌의 단열 비교시험 샘플

5. 황토벽돌과 숯단열황토벽체 단열 비교시험

실내온도 20도에서 왕겨숯을 단열재로 쓴 숯단열황토벽체와 단열층이 없는 황토벽돌 사이에 드라이아이스를 넣고 실험한 결과 숯단열황토벽체 바깥면은 18~19도이고 황토벽돌 바깥면은 영하 2~3도로 큰 차이를 보인다. 결과적으로 밀도가 높은 황토벽돌은 냉기가 열전도에 의해 전

숯단열벽체는 설계에 따른 주문제작을 하기 때문에 공장에서 생산해 현장에서 바로 설치할 수 있어 공사기간을 단축하고 건축비를 절감할 수 있다.

달되는 반면, 숯단열황토벽체는 밀도가 낮은 왕겨숯의 단열효과 때문에 열전도가 안 되기 때문이다. 그래서 황토벽돌의 경우엔 단열을 위해서는 반드시 두줄 쌓기를 하고 사이에 단열층을 두어야 한다.

숯단열황토벽체 마감은 황토몰탈 마감, 타일 마감, 시멘트 마감, 초벌바름 후 전돌, 파벽돌, 스톤코드 등 다양한 마감을 할 수 있다. 또한, 전기, 통신, 수도배관은 산자 사이에 넣어 손쉽게 시공할 수 있는 장점이 있다. 숯단열벽체는 전통 건축물뿐만 아니라 황토주택과 흙집, 현대적인 건축물 등에도 적용할 수 있게 개발한 제품으로, 황토집을 직접 짓고자 하는 건축주를 위해 기본도면을 제공하고 숯단열벽체를 구매하여 벽체와 지붕에 설치한 후 직접 미장과 마무리 공사를 할 수 있는 DIY 개념의 벽체이다.

6. 숯단열벽체의 종류

숯단열벽체는 마감 두께별로 90mm, 120mm, 150mm, 200mm를 기본으로 제작하며 필요한 두께로 주문 제작이 가능하다.

공장에서 생산하는 숯단열벽체는 용도에 따라 창문형, 벽체형, 박공형, 지붕형, 리모델링형(한쪽만 흙바름층이 있음) 등이 있다. 이들 벽체는 마감 두께 기준으로 90mm, 120mm, 150mm, 180mm, 200mm, 230mm, 260mm를 기본으로 하며, 단열층 두께와 흙층을 조절하는 각재의 두께를 변형하면 다양한 두께의 숯단열벽체를 주문 생산할 수 있다.

7. 숯단열흙벽과 다른 흙건축 공법의 비교

01. 경제성: 자재비, 시공 인건비, 운송비, 기타 부대비용을 포함하면 숯단열흙벽의 시공비는 다른 흙벽 시공비와 비슷하거나 조금 저렴하다. 숯단열벽체는 운송비가 저렴하며(30평 전원주택일 경우 5톤 1차로 모든 벽체 운송 가능) 설치 후 공사 현장에 남는 자재가 없어 후처리 비용도 없다. 황토벽돌이나 블록 등을 사용할 때는 운송비가 많이 들고 하차 비용, 후처리 비용, 운송비 등의 비용이 추가로 발생한다.

02. 실용성: 숯단열벽체의 경우 1~2일이면 벽체를 완성할 수 있다. 황토벽돌이나 담틀공법, 통나무흙벽 등 다른 흙벽공법으로 할 경우에는 시공성이 떨어지는 것도 있지만, 양생 되는 시간도 필요해 10~20일 정도 소요된다. 숯단열흙벽은 심벽 구조다. 벽체의 중심에 숯단열벽이 설치되기 때문에 벽체의 대나무 사이로 배관 설치를 할 수 있어 벽면 배관 설치가 용이하다. 또한 마감 후 숯단열흙벽의 두께는 90~250mm로 내부 공간 활용도도 높다. 심벽(외엮기)은 60~100mm, 황토벽돌은 200~400mm, 흙부대, 스트로베일, 담틀공법, 통나무흙벽 등은 단열을 별도로 해야 하기 때문에 400~500mm 정도로 두껍다. 숯단열흙벽과 비교했을 때 그만큼 내부 공간 효율성이 떨어진다.

03. 단열성: 숯단열흙벽은 단열성능이 우수하다. 황토벽돌은 반드시 두줄 쌓기 사이에 단열재를 넣어야 한다. 통나무흙벽도 단열재를 별도로 충진하려면 두 줄 쌓기를 해야 하고 또한, 나무와 흙의 수축률 차이로 갈라지고 틈이 생기므로 단열에 있어 매우 취약하다. 담틀공법과 같이 흙

점토벽돌로 합각과 고막이벽을 마무리하고, 숯단열벽체로 작업을 마친 측면 모습.

건물 벽체 내·외부에 황토미장을 하고 있다.

격식 있는 겹처마 팔작지붕의 한옥으로 벽체를 숯단열벽체에 황토미장으로 마무리한 건물의 정면과 측면.

으로만 벽체를 만들었을 때도 흙 자체로 단열을 해야 하기 때문에 단열 성능은 미비하다.

04. 축열성: 흙벽 두께가 두꺼우면 흙벽의 축열로 인해 외부 온도 변화에 둔감해지지만, 반면에 실내 쪽 흙벽이 두꺼우면 축열을 해야 하기 때문에 난방비 부담이 증가할 수 있다. 숯단열흙벽은 심벽 구조라 벽체에서 황토가 차지하는 두께가 얇다. 벽에서 축열로 인한 열 소비가 적어 난방비 부담이 크지 않다.

05. 내구성: 숯단열흙벽은 심벽과 같이 벽체를 외를 엮은 후 그 위에 황토를 붙여 마감하는 공법이기 때문에 구조적으로 안정성이 매우 높다. 지진같은 흔들림에도 안정성이 높다. 반면 황토벽돌처럼 황토로만 벽체를 만들었을 때는 황토 자체가 압축강도가 크지 않아 수직, 수평하중에 약하다. 지진 등 흔들림과 충격에 취약할 수밖에 없다.

다락에서 바라본 오량가의 벽체로 짜임새가 구성지다.

8. 숯단열흙벽체로 지은 황토집

군더더기 없이 아담하고 깔끔한 외관을 갖춘 ㄱ자형 집

경남 양산의 아파트에 살다 전원생활을 하려고 멀리 강원도 속초 설악산 품에 한옥식 황토집을 짓고 이사를 왔다. 어린이집을 운영하던 오세민 구미경 씨 부부는 은퇴 후 전원생활이 꿈이었다. 집 짓고 살만한 땅을 구하려 발품을 많이 팔았다. 그러다 우연히 알게 된 인터넷 커뮤니티를 통해 연을 맺게된 집터다. 첫인상부터 편안한 느낌이 좋아 고민 없이 결정했다. 설악산 내의 주봉산이 집 주변을 포근히 감싸고, 앞으로는 실개천이 흐르는 자연 속의 편안한 땅이다.

전원생활 터 찾아
경남 양산서
강원도 속초로

위 치	강원도 속초시 도문동
건축형태	한식목구조주택
대지면적	992㎡(300.08py)
건축면적	207.55㎡(62.78py)
건축설계	주신건축사사무소
건축시공	황토와나무소리

참고 자료_전원주택라이프

전체 대지의 80%를 마당으로 조성해 시원한 공간미가 있다.
현무암 판석보도와 강돌로 쌓아 올린 돌담이 조화를 이룬 넓은 잔디마당이다.

대문 앞 진입로 전경. 마당 앞에는 실개천이 흐르고 현지에서 수집한 강돌로
보기 좋게 쌓아 올린 돌담이 한옥 석현재와 조화를 이룬다.

평소 나무를 좋아하는 자연 친화적인 성품의 부부는 이곳에 한옥을 짓기로 했다. 전통건축방식의 한옥을 지으려 알아보니 비용이 만만치 않았다. 대안을 찾기 위해 건축박람회를 여러 차례 방문했다가 알게 된 집, 바로 '황토와나무소리'에서 짓는 황토주택 실용한옥이었다. 무엇보다 예상했던 비용 범위 내에서 짓고 싶은 한옥의 건축미를 살리면서, 단열 문제를 해결하고 실생활의 편리함도 잘 담아낼 수 있겠다는 생각에 이내 마음이 쏠렸다. 이렇게 시작된 황토한옥 집짓기 공사는 1년여의 공사 끝에 마무리되고 '석현재(錫賢齊)'라는 현판을 달았다. 도시에 살고 있는 아들과 딸의 이름에서 한자씩 따다 붙인 이름이다.

나무와 흙이 좋아 지은 한옥이지만, 막상 살면서 관리에 이런 저런 어려움이 따른다면 불편한 집이 될 터, 그래서 건축주는 한옥만의 독특한 건축미는 최대한 살리면서 실생활에 불편함이 없도록, 아파트와 흡사한 평면구조 취하면서 최대한 한옥의 느낌을 살렸다. 우선 벽체를 과감하게 한 단 더 올려 천장을 높이니 실내는 아파트에서 느낄 수 없던 시원한 공간감이 실렸다. 가족이 함께하는 공용공간은 요즘 아파트의 트렌드인 대면형, LDK(Living Dining Kitchen)구조로 구획해 거실과 주방, 식사하는 곳을 한 공간에 둬 실내의 개방감을 높이고 가족 간 소통의 장이 되도록 했다.

전체적으로 실내 마감은 천장의 서까래를 그대로 노출하고, 편백, 삼나무 루버와 황토미장, 한지 등 친환경 마감재를 적절히 혼용했다. 전통 분위기를 살리면서 천연 소재에서 오는 자연스러운 멋과 색감으로 온화한 분위기를 연출했다. 내부 창호는 세살무늬 한식시스템창호를 사용하고, 한식 문양을 넣어 자체 제작한 가구를 필요한 곳에 적절히 배치해 인테리어 효과를 높였다. 안주인이 오래전부터 모아온 다양한 전통소품들이 그 진가를 발휘할 수 있도록 요소요소 적절하게 장식함으로써 아기자기한 멋을 더했다. 한옥의 전통미와 생활의 편리함이 조화를 이룬 편안한 실내 공간이다. 외관의 특징은 공간별로 단차를 둔 지붕이다. 전면에서 보면 사선으로 높이를 달리 한 네 개의 지붕이 있어 단조로울 수 있는 외관에 변화를 줬다. 침실 앞으로 누마루를 설치해 입면은 물론 평면에도 변화를 줬다.

돌담과 갤러리 분위기 조경, 이웃과 함께하는 힐링 공간

조경은 집짓기의 완성이라 할 만큼 주택 외관을 결정짓는 중요한 요소다. 누마루에서 한눈에 조망할 수 있도록 꾸민 마당의 조경, 강돌로 정교하게 쌓아 올린 돌담이 시선을 끈다. 마당은 가운데를 비워 여백미를 살리고, 담 주변으로 몇몇 정원수와 아기자기한 조경소품으로 간결하게 연출하여 갤러리 같은 분위기다. 뒷마당에는 장독대와 부뚜막, 굴뚝, 휴게공간을 두어 시설물 간의 상호 연계성과 이용의 효율성을 높였다. 집 주변을 감싸고 있는 자연풍광과 갤러리 같은 말끔하고 잘 정돈된 조경으로 석현재는 한결 더 품격있고 편안한 분위기를 선사한다.

집을 짓고 남편 오세민 씨 먼저 입주해 집을 가꾸며 지내는 주말부부다. 아내는 양산에서 유아원을 운영하고 있어 주말에만 온다. 아내는 일주일이 무척 기다려진다고 한다. 석현재의 맑은 공기를 마시며 따뜻한 구들방에서 쌓인 피로를 풀면서 또 일주일을 위해 재충전한다. 도시에 살고 있는 두 자녀도 틈을 내어 부모님이 계신 '석현재(錫賢齊)'로 달려온다.

전통한옥은 단열에 문제가 있어 겨울에는 춥다. 요즘에는 전통한옥식으로 집을 짓더라도 단열을 보강해 겨울에 춥고 여름에 더운 것이 없다. 석

현재는 숯단열벽체의 우수한 단열효과 덕에 가족뿐 아니라 이웃들도 좋아하는 집이 되었다. 특히 겨울이면 동네에서 가장 따뜻한 집으로 소문나 이웃 사람들의 사랑방이 된다. 건축주는 '주택의 완성은 이웃'이라며 웃음 짓는다. 담을 사이에 두고 마을을 이루며 생활하는 전원주택단지에서는 이웃들과의 관계가 그만큼 중요하다. 이런 의미에서 석현재는 이미 마을의 사랑방 역할을 톡톡히 해내며 이웃들과 오순도순 잘 지내고 있으니 온전한 전원주택을 완성한 셈이다.

현관 옆 아궁이가 딸린 구들방. 구들과 보일러를 반반씩 설치해 필요에 따라 선택해 사용할 수 있다. 구들방 앞으로는 툇마루를 두어 방의 확장감과 함께 전통의 멋도 살렸다.

건축개요

대지위치	강원도 속초시 도문동	건물규모	1층 168.79㎡ (51.06평)
지역·지구	보전녹지지역		다락 38.76㎡ (11.72평)
건축구조	한식목구조주택	용적률	20.92%
대지면적	992.00㎡ (300.08평)	설계기간	2018년 3월~4월
건축면적	168.79㎡ (51.06평)	공사기간	2018년 5월~2019년 5월
건폐율	17.02%	설계	주신건축사사무소
연면적	207.55㎡ (62.78평)	시공	황토와나무소리

건축자재

외부마감
지붕-세라믹 한식형 기와
벽-왕겨숯단열벽체에 미장
데크-방부목
내부마감
천장-편백 루버
벽-편백 루버
바닥-원목마루(거실, 주방·식당)
한지 장판(침실)
주방가구 자체 제작

단열재
지붕-왕겨숯단열벽체 시공 후 황토미장
벽-왕겨숯단열벽체 시공 후 황토미장
창호재
내측-전통 세살 목창
외측-시스템창호(LG하우시스)
현관문 빅하우스 BW5005
위생기구 대림바스
조명기구 제일전기
난방기구 가스보일러(경동 나비엔)

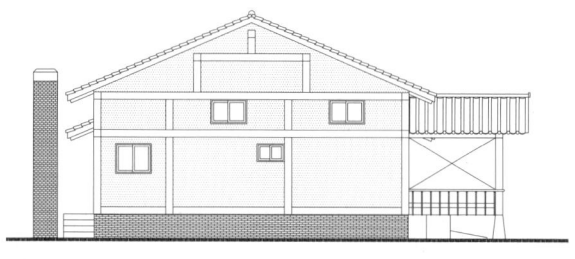

좌측면도

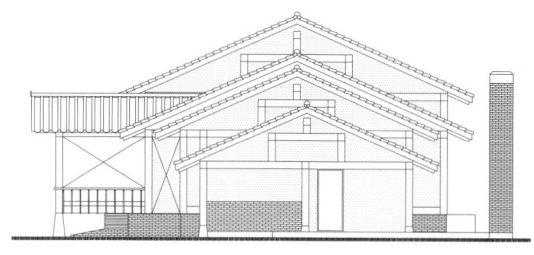

우측면도

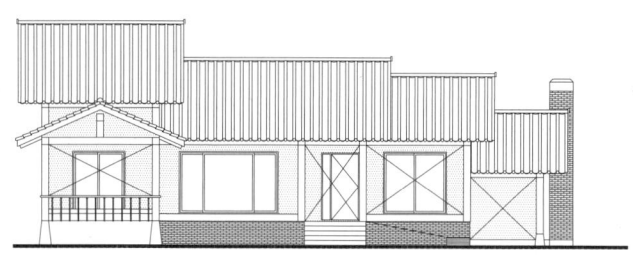

정면도

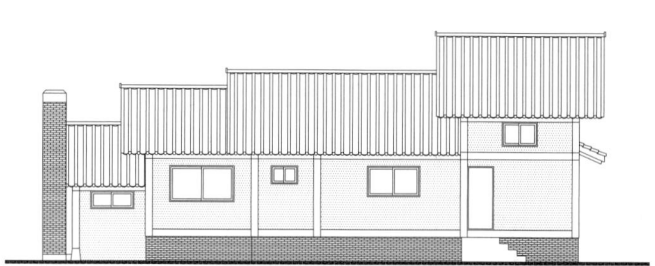

배면도

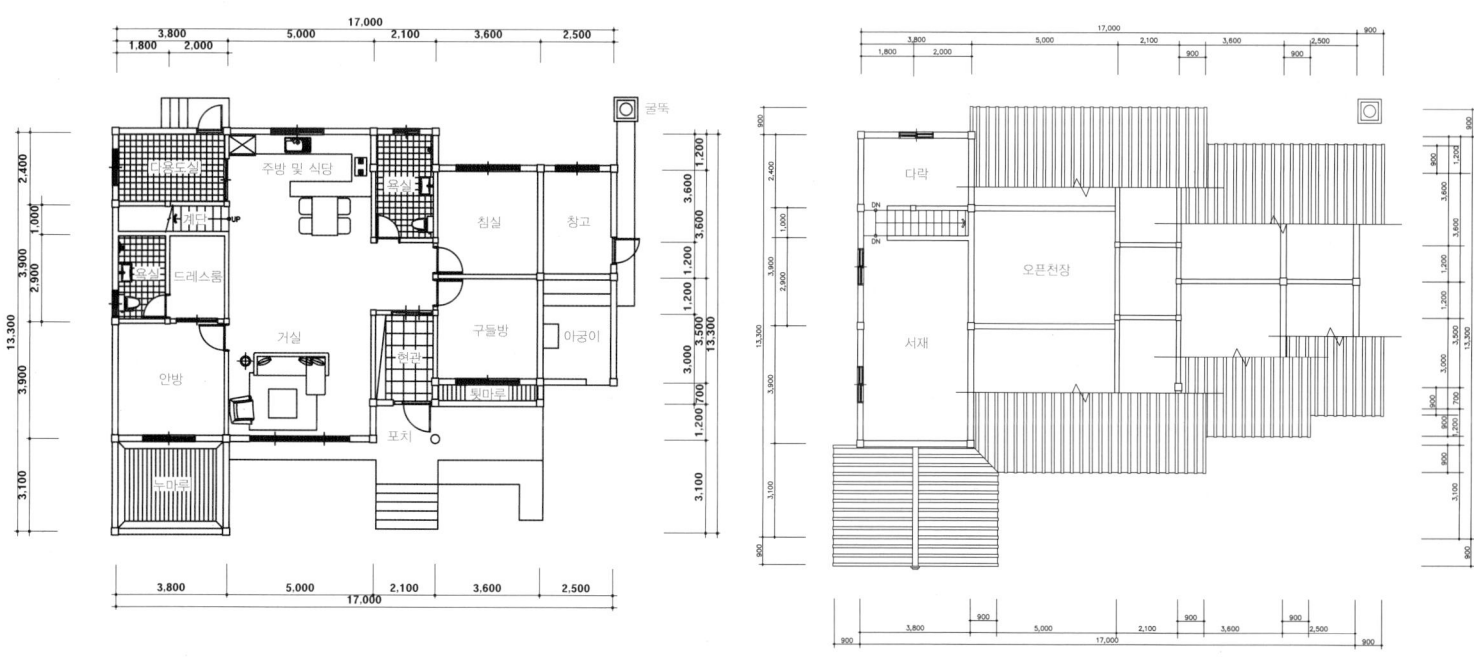

1층 평면도

2층 평면도

01_ 석현재의 외관은 건축주의 특별 주문으로 단조롭지 않게 4단 계단식 지붕으로 이루어져 한옥의 웅장한 멋이 있다.

02_ 어느 각도에서도 단조롭지 않은 외관이다. 안방과 외부공간으로 동선을 연결하여 편리하게 이용할 수 있도록 배치한 누마루는 석현재의 주요 포인트다.

03_ 석현재 후면으로 뒷마당에 부뚜막과 굴뚝, 장독대, 휴게공간 등 생활 시설물들을 배치하였다.

04_ 깔끔하게 처리한 회벽 마감과 목구조가 조화를 이룬 측면, 한 단 더 높게 쌓아 올린 벽체의 웅장함을 느낄 수 있다.

05_ 설악산 내에 있는 주방산 자락에 둘러싸인 편안하고 안온한 분위기의 석현재, 옹기종기 모여 있는 이웃집들 가운데 더욱 돋보이는 한옥이다.

01_ 누마루는 안방과 외부계단으로 동선을 연결하여 안팎에서 언제든 쉽게 드나들며 이용할 수 있다.
02_ 누마루 위에 자녀들이 오면 교육차원에서 한 번씩 읊조리게 한다는 '尙峻盈睍(상준영현)' 현판이 걸려있다.

03_ 누마루에 편히 앉아 탁 트인 주변 풍광을 즐기노라면 신선놀이가 따로 없다는 생각이 절로 들 만큼 편안한 곳이다.

04_ 석축과 계단으로 깔끔하게 마감한 현관 출입부, 한옥의 중후한 멋과 색감이 함께 조화를 이룬다.

05_ 겹겹이 보이는 처마 밑 기단 위로 현무암 석재데크를 깔아 실용적으로 마감한 현관 출입부의 구성미가 돋보이는 측면이다.

01_ 황토방에 아궁이가 딸린 아기자기한 측정. 황토방의 반은 구들, 반은 보일러를 설치해 필요에 따라 선택 사용할 수 있도록 했다.

02, 03_ 돌담을 따라 후정으로 길게 이어지는 화강석 디딤돌.

04_ 구들방 연도를 후정으로 연결하여 가마솥을 거는 아궁이와 함께 사용할 수 있게 만든 전축굴뚝이다.

05_ 대문에서 현관 계단까지 율동감 있게 디자인한 현무암 판석 보도.

06_ 현무암 , 화강암, 강돌, 벽돌 등 다양한 석재를 이용해 감각있게 구성한 현관 출입부다.

07_ 구들방 앞에 작은 툇마루를 설치해 한옥의 멋을 더하고 내·외부공간의 확장감을 더했다.

01_ 다양한 돌을 이용해 질서정연하게 연출한 뒤뜰 포장로. 후정에 장독대와 굴뚝, 야외테이블 등 주로 생활에 필요한 시설들을 배치했다.

02_ 대문 전면의 모습. 철재와 목재로 디자인한 현대식 대문으로 한옥과의 접목이 그다지 어색해 보이지 않는다.

03_ 서까래와 편백 루버로 마감한 천장, 황토미장과 한지 마감 벽체, 한식시스템창호 등으로 전통분위기를 낸 거실이다.

04_ 벽체를 한 단 더 높여 시원한 공간감이 돋보이는 거실. 전면창에 한식시스템창호를 채택해 전통미와 기밀성을 모두 잡았다.

05_ 아파트와 비슷한 LDK구조로 주방과 식당, 거실을 한 공간에 두어 동선의 효율성과 개방감을 높였다. 한식 짜 맞춤 주방가구로 한옥 인테리어 효과를 높였다.

06_ 창고가 딸린 주방 옆 다용도실. 후정으로 나가는 문을 설치하여 장독대, 부뚜막 등 외부시설을 쉽게 이용할 수 있다.

07_ 만살문을 사이에 두고 누마루와 연결된 안온한 분위기의 안방이다.

01_ 안방 안쪽에 딸린 드레스룸과 욕실,
한식문양을 넣은 붙박이장을 자체 제작 설
치하여 전통의 멋을 더했다.

02_ 현관 입구 쪽에 배치한 욕실. 전통문
양의 문과 한식시스템 창으로 멋을 냈다.

03_ 나무를 좋아하는 건축주 부부의 취향을 대변하듯, 인테리어는 주로 나무 소재를 이용하였다.
실마다 전통 한식문을 설치하고 가구도 직접 제작하여 한옥과의 조화를 끌어올렸다.
04_ 아들이 사용하는 다락으로 오르는 계단에 목재 문을 설치해 필요에 따라 개폐할 수 있다.
05_ 아들이 오면 머무는 방. 천장고가 높고 쾌적하여 2층과 다름없는 다락방이다.

01_ 현관 출입부. 좌측에 화장실, 딸 방, 아궁이가 딸린 구들방, 현관 중문 순으로 배치하였다.
02_ 현관 천장 위에 있는 창고용 다락방으로 오르는 접이식 계단. 필요시에는 펼쳐서
사용하고 평소에는 천장 속으로 밀어 넣어 깔끔하게 정리할 수 있다.
03_ 벽면에 붙박이장을 설치하고 천장을 편백 루버로 마감한 넉넉한 공간의 현관이다.

04_ 전통 분위기와 잘 어울리는 식탁 위의 사각삼배펜던트등이다.
05, 06_ 장인의 훌륭한 솜씨로 만들어낸 나비 장식등이 한옥 분위기를 한 층 더 고조시킨다.

속초 석현재 시공과정

▶▶▶

기초부터 완성까지 한식목구조 황토한옥 짓는 시공과정에 대해 공정별 순서대로 간략하게 소개한다. 대지의 기초를 다지는 토공 및 기초공사, 기둥·보·서까래 등의 주요 구조부가 목재로 구축되는 목구조공사, 기와를 얹는 지붕공사, 창호공사, 단열 및 외장공사, 수장공사, 조경공사 등을 진행하여 집을 완성한다.

01_ 설악산 내의 주봉산이 집 주변을 포근히 감싸고, 앞으로는 실개천이 흐르는 편안한 땅에 터를 잡았다.

02_ 집의 정확한 위치와 치수를 실측하고 토지정리 작업을 시작한다.

03_ 거푸집과 설비 및 기본배관을 위한 자재를 준비한다.

04_ 대문 위치에 자연석계단을 계획하고, 담장 쌓을 곳에 자연석으로 석축을 쌓고 미리 자재를 반입하였다.

05_ 기초공사 첫 단계인 터파기를 시작한다.

06_ 벽체를 쌓는 하부 구조는 줄기초로 기초바닥에 거푸집을 설치하고 철근 배근을 마무리하며 콘크리트 타설을 준비한다.

07_ 건축물이 대지에 뿌리내리는 기초공사인 줄기초로 콘크리트 양생을 끝내고 거푸집을 철거하였다.

08_ 기초에 초석 놓고 기둥 세우고 대들보·도리의 조립, 중보·중도리·대공·종도리, 서까래와 박공, 합각을 조립하여 집의 규모와 수명을 결정하는 한식목구조를 만들어 가고 있다.

09_ 기둥·보 구조의 팀버프레임(Timber Frame)이 굵고 긴 선을 드러내며 실내에 시원한 개방감을 보인다.

10,11_ 천장은 서까래가 노출된 지붕선을 그대로 살려 삼나무로 개판을 깔고 그 위에 숯단열층을 위해 격자 형태의 지붕틀을 만들었다.

12_ 왕겨숯층 위로 부직포를 덮고 지붕틀에 타카로 고정하여 깔끔하게 마무리하였다.

13_ 지붕 작업을 위해 기와를 올려놓은 모습이다.

14_ 암키와와 수키와의 바닥기와 잇기를 마무리하여 지붕을 완성하고 외부와 맞닿는 모든 창을 한식 시스템창호를
설치해 디자인과 기밀성을 모두 해결했다.

15_ 중간중간 기준틀을 세우고 현지에서 수집한 강돌로 돌담을 쌓고 있다.

16_ 벽체는 건강에도 좋고 단열효과가 뛰어난 숯단열벽체로 현장에서 실측 후 공장에서 제작하여 현장에서 공사 기간을
단축할 수 있는 장점이 있다. 벽체에 미리 배관 삽입 작업을 해놓은 상태에서 바로 입선작업을 할 수 있다.

17_ 건물 내외부에 마감재를 사용하여 바닥, 벽, 천장을 아름답게 꾸미는 수장공사가 이어진다.

18_ 단조롭지 않게 4단 계단식 맞배지붕으로 이루어진 웅장한 한옥에 강돌로 정교하게 쌓아 올린 돌담이 시선을 끈다.

19_ 건축물의 외벽, 내벽, 바닥, 천장 등의 미장공사로 1년여의 황토한옥 집짓기 공사는 마무리 단계에 있고, 단정하게 잘
정돈된 마당의 조경을 준비하고 있다.

20_ 안방과 외부계단으로 동선을 연결한 누마루는 탁 트인 주변의 풍광을 완상할 수 있는 최적의 장소이다.

21_ 다양한 조경 소재를 이용해 아기자기 하게 연출한 진입로, 후정에는 장독대와 부뚜막, 굴뚝, 야외테이블 등 주로
생활에 필요한 시설들을 배치하였다.

22_ 공간별로 단차를 둔 네 개의 지붕이 있는 일자형 외관에 누마루가 돌출된 ㄱ자형 황토한옥이다. 자연풍광과 갤러리
같이 정돈된 마당의 조경으로 석현재는 한결 더 아름답고 편안한 집이 되었다.

CHAPTER

03 좋은 집터 찾기와
좋은 집짓기

1. 좋은 집터 찾기

초보자들이 토지를 구입할 때 서류 이외에도 주의할 점들이 많다. 좋은 집터를 찾고자 할 때 살펴봐야 할 내용들을 정리해 본다.

집 앞으로는 강이 흐르고, 뒤로는 산이 있는 배산임수의 전망 좋은 언덕의 집터다.

공중에서 본 전원마을의 모습으로 길 따라 들어선 전원주택들의 여유로운 풍경이 그려진다.

1) 자연적 여건

(1) 지형

예로부터 선조들은 좋은 땅을 말할 때 '배산임수(背山臨水)'라는 말을 흔히 썼다. 뒤로는 산이 있고 앞으로는 개울이 흐르는 땅을 말하는데 거기에 남향의 부지가 최적의 입지조건이다. 주의해야 할 것은 하천 등이 주택부지와 너무 가까운 곳은 피해야 한다. 평상시에는 물이 넘치지 않는다 하더라도 여름철 장마 때는 일시적으로 범람할 수 있기 때문이다. 그러므로 사전에 그런 문제를 방지하기 위해 지역에 대해서 잘 아는 인근 지역 주민들의 의견을 충분히 수렴하는 것이 좋다.

지반의 상태는 가급적이면 본 땅이 좋다. 풍수에서 "수맥이 통과하는 곳이나 수맥이 모이는 장소에는 기(氣)가 빠져 아프거나 안 좋은 일들이 생긴다."라고 했다. 지반의 상태를 점검할 때 잊지 말아야 한다.

(2) 경사도

경사도는 완만한 것이 최적이다. 임야에서는 급경사일 경우 전용허가를 얻기가 쉽지 않고 토목공사비도 많이 들어 개발비의 증가 요인이 된다. 반대로 주변보다 낮은 지역에 위치하는 경우에는 성토를 해야 한다.

(3) 토질

토질에 자갈이 너무 많거나 토질이 부석부석하고 검은 진흙이 많으면 가급적 피하고 굳고 단단한 땅이 좋다.

(4) 형세

산의 형세가 삐뚤거나 부서진 모양을 한 곳은 좋지 않고 무엇보다도 산줄기가 끊어지지 않아야 한다. 산에는 임상(산림의 하층에서 생육하고 있는 관목·초본·이끼 등의 하층식생의 총칭)이 너무 많으면 개발이 쉽지 않으므로 피해야 한다.

(5) 기후

너무 춥거나 너무 더운 지역, 일조시간, 강수 및 강설량, 안개 등 지역적으로 기후 조건에 차이가 있을 수 있다. 본인의 취향을 고려해 선택해야 한다.

(6) 경치

저수지, 강, 계곡 등 물이 있는 곳이면 풍경이 아름답고 사람들이 모이는 곳이라 지역적으로 토지 가격이 높게 형성돼 있다. 반면 습도가 많고 안개 때문에 일조량이 떨어지는 취약성도 있으므로 신중히 검토해야 한다.

2) 사회적 여건

(1) 도로여건

주택을 건축하려면 모든 건축물은 4m 이상 도로에 접해야 한다고 규정하고 있다.

도시로 출퇴근해야 하는 경우 출퇴근 시간이 1시간 이내여야 하고 도로망이 잘 정비되어 있어야 한다. 그러므로 고속도로 톨게이트나 국도로 쉽게 접근할 수 있는 지역이 좋다. 만약 주도로가 하나일 경우에는 교통체증이나 교통사고 시 많은 시간이 소요될 수도 있다. 대체도로가 있는지를 살펴보는 것도 좋다.

(2) 대중교통여건
출퇴근은 대부분 자가용으로 하겠지만, 매일 자가용을 운행할 수 없는 경우에는 버스나 지하철 또는 기차 등 대중교통 수단과 연계될 수 있는지를 꼼꼼히 살펴보는 세심함도 필요하다. 급한 일이 생겼을 때는 대체도로가 필요하다.

(3) 교육여건
초·중·고등학교 등이 근방에 있으면 좋다. 누구나 전원생활을 꿈꾸지만, 막상 실행하지 못하는 이유 중 가장 큰 요인이 자녀의 교육문제이다.

(4) 의료시설 여건
의료시설의 접근성은 상당히 중요한 요인이 될 수 있다. 갑작스러운 비상사태가 생길 수 있기 때문이기도 하지만, 인근에 있으면 부가가치를 높이는 요인이 될 수도 있다.

(5) 위험·혐오시설
위험한 물질을 제조하는 공장, 소음을 많이 발생시키는 공장, 악취를 배출하는 공장 등이 인근에 있으면 주택지의 가치를 떨어뜨리게 된다. 따라서 위험, 혐오시설의 입지 여부를 꼼꼼히 살펴보아야 한다.

(6) 근린상업시설의 입지
생필품을 원활하게 조달할 수 있도록 배후지역에 근린상업시설들이 잘 발달해 있으면 좋다.

3) 인문적 여건

(1) 지역주민의 성향
사람은 혼자서 살 수 없으므로 전원생활은 지역주민과의 교류가 상당히 중요하다. 농촌지역은 도시와 달리 외지인에게 배타적인 성향이 있을 수도 있다. 지역주민과 융화할 수 있는 마음가짐이 필요하다.

(2) 주변의 개발 여부
주변지역에 대규모 개발계획이 있으면 도로여건이 좋아지고 지역이 발달하게 되어 투자가치가 그만큼 증가하게 될 것이다.

(3) 레저휴양 시설 등

나들이를 할 수 있는 장소, 경관이 좋은 곳이 가까이 있으면 좋다. 너무 가까우면 관광객들로 번잡할 수 있다는 점도 염두에 두어야 한다.

4) 개발 여건

(1) 정사각형의 부지
직사각형이나 부정형 부지의 경우에는 여유 공지 등이 많아 좋기는 하지만, 주택을 짓기에는 적당하지 않다. 물론 평형을 어떻게 하느냐의 여부에 따라 달라지지만, 주택의 폭은 최소 8~10m 이상은 확보해야 한다. 따라서 부지가 정사각형이나 이와 비슷한 부지의 형태가 사용하기 좋다. 꼭 사각형이 아니라도 부지 모양에 따라 설계만 잘하면 오히려 재미있고 독특한 공간구성을 할 수 있다.

(2) 대지의 최소 폭
일반적으로 살림집의 경우에는 10~12m 이상의 주택 폭이 나오는데 그 이하가 되면 평면 계획이 흐트러질 수도 있다. 따라서 대지의 최소 폭은 조경과 주차여건 등을 감안한다면 최소한 25m 이상을 확보할 수 있는 부지가 좋다.

(3) 도로 폭
주택을 건축하려면 최소한 4m 이상의 도로와 접해 있어야 한다. 도로가 없는 맹지의 경우에는 건축허가를 받을 수 없다. 건축법에서는 모든 건축물은 4m 이상 도로에 접해야 하고 도로에 접한 대지의 길이는 2m 이상이어야 한다고 규정하고 있다. 마을 도로는 법에서 정한 도로 폭 4m를 충족하는 경우가 많지 않기 때문에 단독주택 개발의 경우 지역 실정에 맞는 도로 조건을 따로 정해 적용하고 있다.

(4) 부지 방향

한옥의 장점에다 현대주택의 편리성을 접목하여 몸과 마음이 편하면서 살기 좋은 황토주택 한옥이다.

잔디마당과 데크 사이에 이동의 편리성을 위해 내구성이 좋은 현무암판석 보도를 만들었다.

부지 방향은 전통적으로 남향을 선호한다. 남향 중에서도 정남향보다는 남동향이 좋다고 하지만, 최근에는 방향보다는 풍경을 선호하는 경향이 두드러진다.

방향은 원래 냉난방시설이 변변치 못한 예전의 이야기로 치부한다. 냉난방시설 발달로 방향은 중요한 고려 사항에서 멀어지고 있지만, 그래도 전원주택에서는 볕이 잘 드는 남향이 좋다.

5) 행정적 여건

(1) 지적공부 확인
토지이용계획확인원, 지적도 그리고 토지대장 등은 반드시 확인해야 하고 관리지역인지도 반드시 확인해야 한다. 특히 산지의 경우 전용이 가능한 지역일지라도 임상이 좋거나 경사도가 심한 경우에는 실무에서 산지전용 허가를 받기가 매우 까다롭다. 이는 지역별로 법률 적용이 다르므로 반드시 확인해야 한다.

(2) 현황지목 파악
지목이란 토지의 이용 상황을 표시하는 것으로 토지대장과 지적도 또는 임야도에서 확인할 수 있다. 지적공부에 등재된 지목은 공부상 지목이고 실제로 이용하고 있는 지목은 현황 지목이다. 공부상 지목과 현황지목이 다를 수 있으니 반드시 현황 지목에 대한 개념을 알아야 한다.

(3) 소유권 이전 여부
아무 토지나 취득을 자유롭게 할 수 있는 것은 아니다. 농지의 경우에는 농지취득자격증명을 발급받아야 취득할 수 있다. 이처럼 토지를 매입 후 소유권 이전이 가능한지를 알아보아야 한다.

(4) 특별한 규제
법률에 따라, 지역마다 적용되는 특별한 규제가 있다. 특히 수도권 팔당 상수원 인접 지역과 같은 강변이나 국립공원 등 자연환경보전지역, 상수원보호구역, 군사시설보호구역, 문화재보호구역 등은 세심한 주의가 필요하다.

2. 부지 선정에서 건축까지

집짓기는 일반적으로 부지선정, 인허가, 기반공사, 주택설계, 견적과 시공 선정, 시공, 준공과 등기, 관리 등의 과정을 거친다. 단계별로 체크해야 할 사항들이 있다. 부지에서 건축까지 과정과 단계별로 주의 깊게 검토할 내용들을 정리하였다.

1) 부지 선정
부지를 선택할 때는 지리적으로 안전한 곳인지, 주변에 생활편의시설 이용이 편리한지, 기반시설이 잘 갖춰져 있는지, 어떤 이웃들이 살고 있으며 자연경관은 좋은지 등을 보게 된다. 주변에 유해시설이 없어야 하고 소음도 체크해봐야 한다. 살면서 프라이버시도 중요하다. 이런 것을 확인하기 위해 현장답사를 한다. 쉽지는 않지만 계절별, 시간대별로 확인해보는 것이 좋다.

저습지, 매립지, 부식 토질 등은 피해야 하며 일조가 좋고 통풍이 잘돼야 한다. 북쪽이나 북서쪽은 야산이 막아주고, 남쪽이 트인 남향의 배수가 잘되는 곳으로 모양은 남북으로 긴 장방형 대지가 좋다. 북쪽에 건축물을 배치하고 남쪽에 정원을 만들 수 있기 때문이다. 크기는 500~990㎡ 정도가 적당하다. 도심지 단독주택은 비교적 작고 농촌지역의 전원주택은 부지가 크다. 작으면 답답하겠지만, 너무 크면 조경 비용이 부담되고 관리에 무리가 따른다.

2) 토지 인허가
부지가 정해지면 인허가를 거쳐야 한다. 지목이 대지로 돼 있을 때는 인허가가 필요 없다. 건축법에 따른 건축신고 혹은 건축허가를 받으면 건축이 가능하다.

분양하는 전원주택단지와 같이 택지개발이 된 곳도 따로 인허가를 받지 않아도 된다. 개발사업자가 허가를 받고 공사를 한 후 분양을 하기 때문이다.

대신 농지(전, 답, 과수원)나 산지(임야)인 경우에는 인허가를 받아야 한다. 소규모로 개발할 때는 개발행위허가가 필요하고 농지는 농지전용허가, 산지는 산지전용허가를 받아야 한다. 농촌지역에서 허가를 쉽게 받을 수 있는 땅은 '국토의 계획 및 이용에 관한 법률'에서 정한 용도지역 구분 상 관리지역 땅이다. 관리지역은 계획관리지역, 생산관리지역, 보전관리지역 등 세 종류가 있다. 도로 등에 문제가 없다면 어느 곳이든 개발행위허가, 전용허가 등을 통해 단독주택 개발이 가능하다.

개발행위허가 등을 마쳤다면 착공 후 기반공사를 하게 된다. 부지 정지 작업과 도로포장을 하고 오폐수 관로, 상하수도 공사 등을 한다. 물을 얻고, 전기도 끌어와야 한다. 물은 상수도를 사용할 수 있다면 좋겠지만, 그렇지 않으면 지하수를 개발해야 한다. 지하수는 얼마 깊이에서 물을 얻을 수 있는가에 따라 비용이 달라진다.

전기도 끌어와야 한다. 200m 이내(전봇대 4개 설치)에서는 비용이 들지 않지만, 그 이상일 때는 비용이 발생한다. 전화선과 인터넷도 설치해야 한다. 이런 일들은 집을 다 짓고 난 후 할 수도 있겠으나 미리 염두에 둬야 나중에 문제가 생기지 않는다.

3) 건축 신고 및 허가

토지 인허가가 끝났다면 건축물에 관련해 신고하거나 허가를 또 받아야 한다. 관리지역, 농림지역, 자연환경보전지역 안에서는 연면적 200㎡ 미만, 3층 미만의 주택(제2종 지구단위 계획구역 안에서의 건축물은 제외)은 허가 없이 신고로 집을 지을 수 있다. 농촌지역에서 짓는 전원주택은 대부분 신고사항이다.

도시지역에서는 100㎡를 넘으면 건축허가를 받아야 한다. 건축신고나 허가를 받기 위해서는 설계도면이 필요하다. 설계를 먼저 한 후 신고나 허가를 받아야 하는데 이때 설계는 신고나 허가를 위한 설계를 하는 경우도 있다. 실제 주택 건축 공사를 할 때 제대로 된 도면을 다시 만들어 변경한 후 시작하는 경우도 많다.

4) 주택 설계

설계를 꼼꼼하게 잘하고 그대로 실행하는 것이 좋은 집짓기의 기본이다. 설계는 배치, 평면, 입면계획을 잡는 것이다. 배치계획은 부지에서 건물을 어디에 앉힐 것인가를 정하는 것이다. 옆집과의 관계, 프라이버시, 채광, 통풍, 재해 등을 고려한다. 평면은 실내 공간 구성이다. 각 실의 쓰임에 맞는 동선과 크기, 위치를 결정한다. 입면계획에서는 집의 모양을 고민한다. 외관에만 신경 써 모양을 내다보면 건축비 상승과 하자의 원인이 될 수 있다.

설계할 때는 가족 수와 라이프 스타일을 우선 고려해야 한다. 주택 내부 공간 결정에서는 방향이 매우 중요하다. 추운 북쪽은 화장실 등을 배치하는 것이 좋다. 남쪽은 여름에는 빛이 실내 깊이 들어오지 않아 시원하고 겨울에는 깊이 들어와 따뜻하다. 거실, 어린이방, 테라스, 발코니 등이 적당하다. 침실, 식당, 부엌 등은 아침에 햇살을 많이 받는 동향이 좋다. 음식물이 상하는 것도 막을 수 있다.

탈의실이나 욕실, 세면장, 건조실 등은 서향으로 배치한다. 이층집의 1층에는 주로 거실, 주방, 식당, 노인방 등을 앉히고 2층에는 자녀방이나 부부 침실 등을 계획한다.

경우에 따라 달리 배치할 수도 있다. 집에서 하루 종일 작업을 해야 한다면 작업실을 빛을 많이 받는 남쪽으로 둘 수 있고 동쪽으로 경관이 좋다면 거실을 동쪽에 둘 수도 있다.

설계할 때는 주택 구조와 각 부위별 자재, 냉난방 시설을 어떤 것으로 할 것인가도 결정해야 한다. 특히 전원주택에서는 난방시스템을 신중하게 선택해야 겨울철 난방비를 줄이고 따뜻하며 편하게 날 수 있다.

5) 건축업체 선정 및 시공

설계를 끝내고 나면 시공비가 얼마나 들 것인지 견적을 내야 하고 누구에게 맡겨 어떤 방식으로 지을 것인가를 결정해야 한다.

건축비는 구조와 각 부위별 자재, 기능, 공사범위 등에 따라 차이가 크다. 단순한 설계라면 비용을 줄여 지을 수 있고, 복잡하게 설계된 집은 비용이 많이 든다.

공정별로 자재 종류와 공사방법 등이 다양하기 때문에 비용도 천차만별이다. 제대로 된 자재를 정확한 공법으로 시공해야 하자 없는 좋은 집이 된다. 집을 다 짓고 나면 시공업체로부터 건물을 인도받는다. 살면서 집에 문제가 생길 수 있기 때문에 하자보수공사를 위해 시공한 사람들의 연락처를 받아두어야 한다. 특히 상수도, 전기, 정화조 등의 설비와 관련된 시공자들의 연락처와 도면을 받아 두는 것이 좋다.

기존 마을에 터를 구하고 외부와의 연계성을 높여 주변 환경에 맞는 황토집을 설계하였다.

마당에서 주택을 바라보면 높낮이가 다른 맞배지붕의 중첩으로 궁궐 같은 규모감이 느껴진다.

6) 사용승인 및 보존등기

건축물이 완성되면 건축도면과 정화조 등 관련 시설들을 공사한 서류를 챙겨 사용승인을 받아 사용한다. 건축물대장이 만들어지고 그것을 기준으로 등기하고 세금을 내면 집짓기는 끝이 난다.

3. 전원주택 만들기 4가지 방법

집을 만드는 방법으로 가장 쉬운 것은 물려받는 것이다. 부모님이 사시던 집을 무상으로 주면 가장 쉽고 간단하게 내 집을 만들 수 있다. 등기 이전하고 상속세만 내면 된다. 이게 안 되는 대부분의 사람들이 집을 마련하는 방법은 남이 지어놓은 집을 사는 방법, 지목이 대지인 땅을 사서 집만 짓는 방법, 다른 사람이 인허가를 받아 놓은 토지를 사 집을 짓는 방법, 농지(전, 답, 과수원)나 산지(임야) 등 대지가 아닌 토지를 구입해 허가를 받아 집을 짓는 방법 등이 있다.

1) 남이 지어놓은 집을 사는 방법

다른 사람이 지어놓은 집이 마음에 든다면 돈을 주고 사면 된다. 그러면 복잡한 인허가 절차, 건축 절차, 준공절차 등을 거칠 필요가 없고 등기 이전하고 취득세 내면 되기 때문에 아주 간단하다. 실제 집짓기는 골치 아프다며 지어놓은 집을 찾아다니시는 분들도 많다. 하지만, 다녀보면 내 마음에 쏙 들게 지어져 있는 집을 찾기는 힘들다.

그래서 조금 고쳐서 살겠다는 생각으로 있는 집을 사는 사람들도 있다. 막상 고치려고 작정을 하고 손을 대면 생각했던 것보다 비용이 많이 든다. 고쳐 쓸 생각으로 지어진 집을 구입한다면 이런 점도 유의해야 한다. 고치는 비용이 새로 짓는 것보다 더 들 수 있다.

2) 지목이 대지인 토지에 짓는 방법

지목이 대지인 토지를 구입해 집을 짓는 방법도 있다. 지목이 '대지'라면 바로 집을 지을 수 있다. 집 지으라고 만들어 놓은 토지다. 허가를 받아 대지로 만들어놓고 토지를 매매하는 경우도 있고 또 예전에 집이 있던 토지였는데 집이 없는 경우도 있다.

최근에 새로 대지로 만든 것이라면 그럴 염려가 없지만, 다 쓰러지는 낡은 집이 있는 대지이거나, 화전민들이 살다 떠난 집이 없는 집터와 같은 오래전에 만들어진 대지인 경우에는 진입도로가 없는 경우도 있다. 도로가 없으면 지목이 아무리 대지라 해도 집을 지을 수 없다. 지목이 대지인 토지에 집을 지으려 해도 건축법에 따른 건축신고나 건축허가를 받아야 한다. 농촌지역에서 200㎡가 넘으면 건축허가를 받고 그 미만은 건축신고로 집을 짓는다. 대부분 건축신고 대상이라 보면 된다. 건축신고를 하든 허가를 받든 이때는 법률에서 정한 일정 폭의 진입로가 있어야 가능하다. 하지만, 농산촌의 오래된 대지의 경우 지목만 대지이지 실제 도로가 없는 경우도 많다.

3) 인허가 받아 놓은 토지에 짓는 방법

전원주택단지나 전원마을 등의 이름으로 전원주택을 지을 수 있는 택지로 만들어 판매하는 땅들이 여기에 해당된다. 이렇게 조성해 놓은 토지를 대지로 생각하는 경우가 많지만, 실제로 대지가 아닌 농지나 산지를 인허가 받은 후 집을 지을 수 있도록 기반공사를 한 후 판매하는 것이 대부분이다.

농지나 산지를 구입하는 것보다 비싸지만 개발업체가 개발허가 등 복잡한 절차와 건축신고를 마무리 지어 놓았기 때문에 곧바로 집을 지을 수 있다. 또 혼자 뚝 떨어져 사는 것이 싫다면 마을이 형성되기 때문에 외롭지 않은 장점도 있다.

이런 토지를 구입할 때는 기반조성공사가 확실히 돼 있는가를 우선 보아야 한다. 전기, 수도, 통신, 오폐수 관로, 정화조, 도로포장 등이 바로 집만 지으면 될 수 있게 돼 있어야 가장 좋다. 안 돼 있다면 구입한 후 개별적으로 해야 하는데 그것이 가능한지, 비용은 얼마나 더 들지 등을 따져

집도 자연의 일부로 나지막한 산을 등지고 바다를 바라보는 터에 올망졸망 모여 주변 환경과 잘 어울리는 전원마을이다.

뜻을 같이하는 지인들과 같이 유한회사를 만들어 평소 바라던 황토주택 전원마을을 조성하였다.

마음이 편안한 곳을 찾아 바람을 막아주는 산을 뒤에 두고 강을 바라보는 그림 같은 풍경이 펼쳐진 터에 건강한 황토집을 지었다.

야 한다. 개인적으로 하고 싶어도 공동지분관계가 있어 복잡할 수 있다. 이런 토지를 구입한 후 집을 지어 준공을 내면 되는데 그 과정에서 설계 변경 등의 절차가 필요하다. 준공 후 토지는 대지로 변경된다.

4) 농지나 산지 등에 허가받아 짓는 방법

집을 지을 수 있는 토지(대지)가 아닌 농사짓는 땅, 나무 심을 땅에 집을 지으려다 보니 아주 복잡하다. 우선 개발행위허가, 전용허가 등을 거쳐야 하고 그러려면 내 땅에 이런 허가가 가능한지를 알아보아야 한다. 또 건축법에 따른 건축신고나 허가도 동시에 해야 하기 때문에 이것도 가능한지를 확인해야 한다.

용도지역, 도로여건, 각종 규제사항 등에 따라 내가 원하는 집짓기 허가를 받지 못하는 경우도 많기 때문에 반드시 측량사무소, 건축사사무소, 전문가 등의 도움을 받아 진행해야 한다. 각종 허가와 신고를 하고 착공신고 후 허가와 신고한 대로 토목 및 건축공사를 하고 각각의 준공을 받으면 그때 토지는 대지로 변경을 할 수 있다.

4. 전원주택 계획에서 입주까지 단계별 절차

전원주택을 계획하고 토지 구입과 인허가, 건축 후 입주까지 단계별 절차를 정리해 본다. 이들 절차는 개인 상황에 따라 차이가 날 수도 있다.

1) 계획 단계
- 지역 선정(어디로 갈 것인가?)
- 예산규모(얼마나 투자할 것인가?)
- 가족의 의견(가족들의 생각은?)
- 시기(언제 갈 것인가?)

2) 현장답사 단계
- 목적(토지 및 주택의 용도)
- 지리(교통, 자연재해, 향, 주변 편의시설)
- 할 수 있는 일(창업, 취미 등)
- 인심 및 민원(이웃과의 관계)
- 산수(경치)
- 기반시설(물, 전기, 전화, 정화조 등)

3) 토지계약 단계
- 면적과 지목(토지대장)
- 도로(지적공부상, 현황)
- 용도지역 및 규제사항(토지이용계획확인원)
- 권리관계(등기부등본 등)
- 지상권 확인(건축물 수목 등 확인)
- 자금계획(계약금, 중도금, 잔금)

4) 토지 등기이전 단계

- 잔금과 등기 이전(법무사 위탁 또는 직접 가능)
- 취득세 납부

5) 토지 인허가 단계
- 개발행위허가(토목측량설계사무소 협의)
- 농지(산지)전용허가(토목측량설계사무소 협의)

6) 주택설계 단계
- 건폐율과 용적률(대지 대비 건축물의 면적)
- 건축의 유형(어떤 집을 지을 것인가?)
- 배치도(땅의 모양, 향, 도로)
- 평면도(용도, 가족 수, 거주자 연령, 편리성)
- 입면도(외관 모양)
- 구조설계도(내진설계도면)
- 자재(관리비, 내구연수)
- 건축비(설계에 따른 견적)

7) 건축 신고(허가) 및 시공 단계
- 건축신고 혹은 허가(건축사사무소 협의)
- 현장관리인 선정
- 산재보험 가입
- 착공신고(건축사사무소 협의)
- 건축시공업체 선정(적정한 건축비, 기술과 경험)
- 계약(자재 및 공사범위, 건축기간, 건축비 등)
- 건축공사비 지불방법(계약금, 중도금, 잔금)
- 하자보수(하자에 대한 보수 기간은?)

8) 사용승인 및 보존등기 단계
- 사용승인(건축물대장 생성, 지목변경 등)
- 보존등기(취득세 납부, 법무사와 협의)

9) 주택관리 및 전원생활 단계
- 주택 관리 및 A/S

기초공사는 건축물이 대지에 뿌리내리는 일로 토질과 지반에 따른 기초 방식을 선택해야 한다.

집의 규모와 수명을 결정하는 한식목구조를 만들어 가고 있다.

한식목구조에 숯단열황토벽체를 결합함으로써 구조 문제와 단열, 주택의 현대식 창호 결합과 공간 구성 문제를 해결한 2층 한옥이다.

인테리어의 중요한 선택 기준은 친환경적인 소재로 오래 시간이 지나도 질리지 않는 편안한 느낌이 들어야 한다.

5. 알기 쉬운 건축 및 한옥 용어해설

집을 지으려면 설계에서부터 준공까지 많은 행정적인 절차가 필요하다. 건축법 등 다양한 법률 적용을 받으며 소재도 시멘트, 나무, 철, 흙 등 종류가 많다. 그러다 보니 어려운 건축법률행정용어와 공학적인용어들이 쓰인다. 황토집의 경우 우리의 전통 목구조 형태를 많이 따르기 때문에 현장에서 한옥용어를 많이 사용한다. 한옥은 주택의 시공방법, 자재, 공간별로 전문가가 아니면 이해하기 어려운 용어들도 많다.
건축주들이 알아두면 좋을 기본적인 건축 및 한옥 용어들을 정리해 본다.

1) 기본적인 건축용어

(1) 대지면적
건축법상 건축할 수 있는 대지의 넓이를 말한다. 하늘에서 내려다보는 대지의 수평투영면적으로 한다.

(2) 건축면적
건축물이 땅 위를 차지한 면적으로 건폐율을 산정하는 데 사용되며 법적으로는 외벽기둥의 중심선으로 둘러싸인 수평투영면적을 말한다. 건축물의 외벽에 처마, 차양, 부연 등은 외벽으로부터 1m를 제외한 나머지를 건축면적에 합산한다. 그러나 한옥은 처마길이 예외 인정으로 2m까지 건축면적에 합산하지 않는다.

(3) 연면적
사람이 실제 사용하는 부분의 면적으로 각층 바닥면적의 합계를 연면적이라고 한다. 동일 대지 내 2동 이상의 건축물이 있는 경우 각종 연면적을 합한 것을 연면적의 합계라고 한다. 용적률을 산정할 때는 지하층 면적과 지상층에 설치한 건축물 부설 주차장의 면적을 제외한 나머지 지상층 연면적만으로 산정한다.

(4) 건폐율
대지 크기와 비교하여 건물이 차지하고 있는 비율이다. 즉 건물이 들어선 대지면적에 대한 건물의 건축면적 비율이다. 예를 들어 330㎡(약 100평)짜리 대지에 바닥면적이 132㎡(40평)인 단독주택이 들어섰다면 건폐율은 40%가 된다.

건폐율=건축면적/대지면적 × 100

(5) 용적률
땅 크기와 비교하여 얼마나 많은 건물면적을 이용하고 있는지를 나타낸

다. 대지면적에 대한 건축물의 연면적 비율을 의미한다. 다만 지하실 면적은 용적률에서 제외된다. 예를 들어 330㎡(약 100평) 대지에 각 층의 바닥면적이 165㎡(약 50평)인 2층 집을 지었다면 연면적 330㎡(약 100평)이며 용적률은 100%다.

$$용적률 = 연면적/대지면적 \times 100$$

(6) 평면도
건물을 층의 중간에서 수평으로 자르고, 내려다보고 그린 도면으로 각 실의 배치, 출입구, 창의 위치와 벽의 배치를 표시한 도면이다.

(7) 입면도
건물의 외관을 동서남북의 각 면에서 본 것을 그린 도면으로 때에 따라서는 배경이나 음영을 그려 넣어 입체감이나 이미지를 강조하기도 한다. 건물의 남쪽에서 본 도면은 정면도, 동쪽은 우측면도, 서쪽은 좌측면도, 북쪽은 배면도라 하고 일반적으로 치수는 기재하지 않는다.

(8) 단면도
건물을 수직으로 절단하고, 그 면을 수평 방향에서 본 것을 그린 도면으로 지붕물매, 층높이, 천장높이, 창 높이 등의 높이 관계의 치수, 차양, 처마 등의 돌출치수를 기재한 도면이다.

2) 한옥용어 해설

(1) 가구(架構)의 구성
01. 기둥: 지붕과 수직으로 놓여 지붕의 무게를 지면에 전달하는 부재다.
02. 대공: 종보 위에서 종도리를 받치는 부재로 다양한 형태가 있으며 조선시대부터 판재를 사다리꼴로 여러 개 겹쳐 만든 판대공이 가장 일반적으로 쓰였다.
03. 대들보: 지붕의 하중을 받아 기둥으로 전달하는 부재로 도리, 장여에 직교 방향으로 기둥과 기둥 사이에 건너지른 큰 들보이다.
04. 도리: 서까래 바로 밑에 놓이는 부재로 서까래를 타고 내려온 지붕의 하중을 먼저 받는다. 모양과 위치에 따라서 달리 부르는데 민도리집에서 납작한 모양으로 만들어 사용한 납도리, 안채나 사랑채 등의 주요 건물에 사용한 둥글게 만든 굴도리가 있다.
- **주심도리(주도리, 처마도리)**: 기둥의 중심 위에서 서까래를 받치고 있는 도리
- **중도리**: 오량가인 경우에 동자기둥에 얹어서 서까래나 지붕널을 받치는 가로재
- **종도리**: 종보 위의 동자기둥에 얹히어 두 개의 서까래를 받치는 가로재

07. 서까래: 마룻대에서 도리 또는 보 위를 건너지르는 부재로 '연목'이라고도 한다. 삼량가의 경우는 주심도리와 종도리 사이에 걸고 오량가의 경우는 주심도리에서 중도리까지 걸치는 '장연'과 중도리에서 종도리까지 걸치는 '단연'으로 구분한다.

08. 선자서까래(선자연): 처마 모퉁이 추녀 옆에 중도리의 교차점을 중심으로 하여 부챗살 모양으로 나란히 배치한 서까래로 아주 치밀한 계산에 의한 설치를 해야 한다. 개수는 건물에 따라 다르지만 보통 12~15개 정도 되는데 모두 치수가 다르다.

05. 동자주(동자기둥): 들보 위에 세우는 짧은 기둥이다. 오량가 이상의 집에서 대들보나 중보 위에 올라가는 짧은 기둥이다. 살림집에서는 사각기둥을 동자주로 사용하는 경우가 많다.

06. 보아지: 기둥의 머리나 주두에 끼워서 보의 하부에 위치해 보와 기둥의 짜임을 보강하는 역할을 하는 부재다. 사찰이나 궁에서는 조각해 화려하게 만들기도 한다. 익공집에서는 익공과 한 부재로 바깥쪽은 익공이고 안쪽은 보아지가 되는 경우도 많다.

09. 종보: 대들보 위의 동자기둥 또는 고주(高柱)에 얹히어 중도리와 마룻대를 받치는 들보다.

(2) 지붕과 가구(架構)의 구성

01. 망와(望瓦): 지붕의 용마루 끝이나 내림마루, 추녀마루의 끝을 마감하기 위해 암막새를 뒤집은 듯한 장식기와를 망와라 한다.

02. 부연: 겹처마에서 서까래 끝에 덧얹는 네모 모양의 짧은 서까래다. 날렵하고 힘 있어 보이게 하려고 소매걷이를 하며 끝동부리 부분은 비스듬히 잘라 낸다. 서까래의 단면이 원형인 데 비해 부연은 역사다리꼴 모양을 하고 있어 시각적인 무게감과 함께 착시현상을 잡아준다. 일반적으로 서까래와 수가 같으나 추녀와 많이 벌어져 보이는 경우 세발부연을 더할 때가 있다.

03. 사래: 부연을 거는 겹처마 집에 사용되는 부재로 추녀 위에 조립하며 치목 방법은 추녀와 같다.

04. 소로: 주두와 같은 모양이나 크기가 작은 부재로 첨차와 첨차, 살미와 살미 사이에 놓인다. 행소로가 가장 보편적으로 쓰이며 위치에 따라 모양이 다르다. 소로의 종류로는 행소로, 삼갈소로, 사갈소로, 단갈소로, 양갈소로, 대접소로가 있다.

05. 장여(장혀): 도리 밑에서 도리를 받치고 있는 길고 모진 부재로 도리보다 폭이 좁으며 장혀라고도 한다.

06. 주두: 공포의 제일 아랫부분에서 공포를 타고 내려오는 지붕의 하중을 전달하는 역할을 한다. 공포 하나에 한 개의 주두를 사용하나 이익공 형식에서는 주두를 두 개 사용하여 이를 대주두(大柱頭)와 주두(小柱頭) 혹은 초주두(初柱頭)와 재주두(再柱頭)로 부른다. 시대에 따라 모양을 달리하였으며 굽 받침이 있는 예도 있다. 주두의 윗부분에서 첨차와 살미가 십자로 맞춰지기 때문에 십자 모양으로 윗부분을 트는데 이를 '갈'이라 하고 사갈을 텄다고 말한다.

07. 창방: 한식목구조 건물의 기둥 위에 건너질러 장여나 소로, 화반을 받는 가로재로 오량집에 모양을 내기 위하여 단다. 민도리집에는 창방 없이 도리가 바로 기둥머리에 결구하여 서까래를 받는다. 익공형에서는 기둥머리를 사갈로 트고 익공과 창방이 십자를 만난다.

08. 추녀: 지붕 만들 때 가장 먼저 거는 부재로 주심도리와 중도리 위 지붕 모서리에 45° 방향으로 놓는다. 추녀의 외목 밑면은 약간 둥글게 깎아 주고(소매걷이) 끝부분에 게눈각을 새긴다.

09. 합각벽: 팔작지붕 옆면에 박공이 인(人)자 모양의 삼각형을 이루고 있는 벽으로 판벽이나 벽돌로 쌓고 무늬를 넣기도 한다.

(3) 가구법

01. 삼량가: 목조가구식 체계에서 가장 작은 규모다. 앞뒤 기둥에 주심도리를 얹고 보를 건너지른 후 보 중앙에 대공을 세워 종도리를 올리고 양쪽에 서까래를 얹은 집이다. 서민 살림집과 중상류주택의 행랑채, 문간채, 광채 등 부속채에 많이 쓰이고 맞배지붕이 대부분이다.

2고주 5량가

02. 오량가(무고주5량가, 1고주5량가, 2고주5량가): 한옥에 가장 많이 사용되는 가구형식으로 주심도리와 종도리 사이에 중도리를 하나 더 거

는 구조다. 이때는 서까래도 한 줄 더 내밀어 걸게 되는데 종도리와 중도리 사이에 단연을 걸고 중도리와 주심도리 사이에 장연을 걸어 처마가 길어지도록 한다.

이외에도 사량가(평사량가, 고주사량가)와 사찰이나 궁궐 등 큰 건물에 주로 이용되는 칠량가와 구량가로 툇보에도 도리가 걸려 있다.

(4) 걸쇠: 들어걸개 형식으로 만들어진 대청이나 누마루의 분합문을 들어 올려 거는 철물로 대부분 서까래에 고정한다. 걸쇠는 끝이 말발굽처럼 생긴 고리가 달린 것과 각목을 건너질러 고정시킬 수 있도록 네모난 고리가 달린 것이 있다.

무고주 5량가

(5) 고막이벽: 하방의 아래쪽에 초석 높이만큼 공간이 뜨는데 이곳을 막는 것을 고막이라고 하며, 벽돌, 기와, 잡석 등으로 막고 통풍구를 설치한다. 민가에서는 마루가 놓이는 곳은 나무가 틀어지는 것을 방지하기 위해 고막이를 설치하지 않고 기단 위에 디딤돌을 놓는 경우가 많다.

(6) 난간: 층계, 다리, 마루 따위의 가장자리에 일정한 높이로 막아 세우는 구조물로 사람이 떨어지는 것을 막거나 장식으로 설치한다.

01. 평난간: 난간 상방 위에 바로 하엽을 올리고 하엽 위에 난간대를 걸어 만든 난간으로 살대의 모양에 따라 아자교란, 완자교란, 빗살교란 등이 있다.

(7) 내외담: 남자들의 공간인 사랑채와 여자들의 공간인 안채 사이에도 시선 차단을 위해 세운 가림벽으로 공간 구분 개념의 담이다. 현대는 시선 차단뿐만 아니라 장식을 겸하는 내외담을 설치하기도 한다.

(8) 당골벽: 도리 위 서까래 사이의 틈을 메우는 벽을 말하고, 틈을 흙이나 회를 바르는데 넓을 경우 싸릿대, 기와 조각, 대나무 등으로 힘살을 넣고 바른다.

02. 계자난간: 닭 모양인 계자각(鷄子脚)을 세운 난간으로 조선시대에 널리 사용되었다. 마루 귀틀 위에 난간하방을 놓고 난간동자의 역할을 하는 계자각을 일정 간격으로 세우고 난간청판을 사이에 끼우고 난간상방을 걸어 마무리한다.

(9) 댓돌과 디딤돌: 댓돌은 집채의 낙숫물이 떨어지는 곳 안쪽으로 돌려

가며 놓은 기단을 구성하는 돌이고, 디딤돌은 집의 앞뒤에 오르내리기 쉽도록 놓은 돌이다.

(10) 마루: 위치에 따른 마루 분류로는 대청, 툇마루, 쪽마루, 누마루가 있고 모양에 따른 마루 분류로는 우물마루, 장마루가 있다.

01. 대청: 안방과 건넌방 사이에 놓이는 큰 마루로 조상의 제사를 지내는 장소이기도 하므로 비교적 넓게 만든다. 대개는 4칸 정도이고 크게는 6칸도 있다. 앞은 트이게 두고 뒤쪽에는 판문을 단다. 방과 대청 사이에 분합문을 달아 여름에는 이 문을 열어 방과 대청을 하나의 공간으로 넓게 쓰기도 한다.

02. 툇마루: 툇간에 깔리는 마루이기 때문에 고주와 평주 사이에 놓이며 방이나 부엌을 연결하는 통로가 되기도 한다. 쪽마루와 혼동하기 쉬우나 평주 안에 놓인다는 점이 다르다. 툇마루 중에서도 아래쪽에 아궁이를 설치하기 위해 높게 설치한 마루를 고상마루라 한다.

03. 쪽마루: 평주 바깥쪽에 덧달아 만든 마루로 툇마루보다 폭이 좁아 장마루로 만드는 경우가 많다. 동바리 기둥을 사용해 받치며 보통 측면이나 뒷면에 창호가 있는 부분에 만든다.

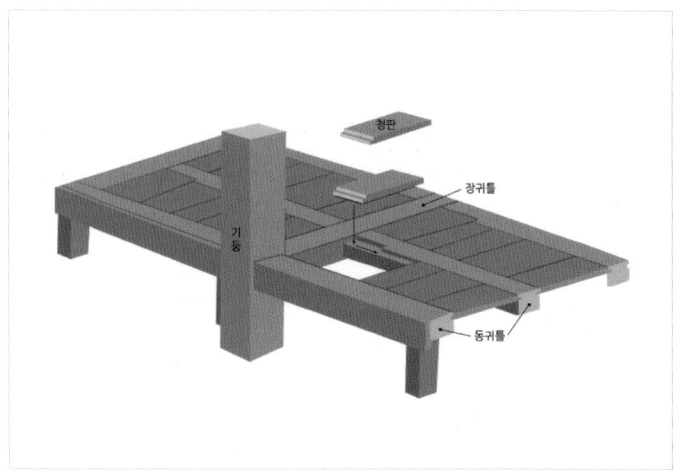

04. 누마루: 지면에서 높이 띄워 만든 마루로 중층건물에 마루를 깔아 누마루만으로 구성된 건물도 있으나 조선 후기부터는 사랑채에 누각이 붙어서 사랑채 전면에 한 칸 튀어나오게 하여 시서화를 즐기거나 공부를 하는 곳으로 사용하였다.

05. 우물마루: 기둥 사이에 장귀틀을 놓고 청판(마루널)을 끼워 넣을 동귀틀을 놓아 우물 정(井)자 모양이 되는 마루다. 보와 같은 방향으로 기둥에 결구한 장귀틀에 양쪽 끝 너비가 다른 동귀틀을 장부맞춤하고, 동귀틀에 길게 파 놓은 홈으로 넓은 쪽 끝에서 좁은 쪽으로 청판을 밀어 넣어 조립한 다음 마지막 청판은 동귀틀을 따내어 위에서 혹은 아래서 덮는다. 한옥에서만 보이는 고유한 형식이다.

06. 장마루: 폭이 좁고 긴 마룻널을 나란히 붙여 깔아 만든 마루로 이층마루, 누마루, 광, 다락 같은 곳에 쓰이고 쪽마루와 같이 좁은 마루를 만들 때도 많이 쓰인다. 한옥에서는 우물마루가 많이 쓰이지만, 중국이나 일본에서 많이 쓰이는 형식이다.

(11) 머름: 창 아래 설치한 높은 문지방으로 높이는 앉은 사람이 팔을 걸쳤을 때 가장 편안한 높이인 30~45㎝ 정도이다. 머름은 신체적 편안함과 함께 심리적 안정감을 주며 사생활 보호 역할도 한다.

（사진 상단 도면의 레이블）

상인방

문선(문설주)

중인방

어의동자

머름상방

동자기둥   머름청판

머름하방

(12) 문의 종류: 문은 외부와 내부를 구분 짓고 출입할 수 있게 하는 요소다. 문 앞에 입춘방이나 처용 얼굴을 그려 붙여 길함을 들이고 흉함을 막는 장소이기도 하다. 한옥 문은 현대의 문과는 달리 안으로 열린다. 이는 가족뿐 아니라 손님도 따뜻하게 안으로 받아들이는 관습이 있기 때문이다.

01. 일각문: 대문간이 따로 없이 담장에 두 개의 기둥을 세워 판문을 달

고 지붕을 올려 만든다. 이때 기둥 양쪽의 담장에 여모판이라는 조각 판재로 막는다.

02. 사주문: 담장에 대문을 설치할 때 기둥 네 개를 세워 만든 맞배지붕 대문이다.

03. 평대문: 기와지붕의 서민주택과 중상류주택의 몸채나 행랑채에 설치했다. 행랑채와 높이를 같이해 만들었다.

04. 솟을대문: 행랑채의 지붕보다 높이 솟게 지은 대문으로 종2품(從二品) 이상의 관료가 타고 다니던 초헌을 탄 채로 지나갈 수 있도록 한 문이다. 조선시대에는 양반의 상징처럼 여겨져 양반가에서 많이 설치했다.

(13) 사괴석담장: 방형으로 가공된 사괴석을 벽돌처럼 쌓고 내민줄눈으로 윤곽을 뚜렷하게 만드는 담이다. 하부는 장대석을 놓고 상부에는 전돌(전통벽돌)을 쌓아 시각적 안정감을 주기도 한다.

(14) 전축굴뚝: 벽돌로 정성스레 쌓고 여기에 각종 장식을 베풀며 기와지붕까지 덮어 고급스럽게 치장하는 예가 많다.

(15) 와편굴뚝: 기와 조각과 흙을 함께 쌓아 올린 굴뚝으로 와편을 이용해 문양을 넣으면서 만들기도 한다. 살림집에서 주로 볼 수 있으며 사찰에도 보인다.

(16) 와편담장: 흙담에 기와를 섞어 넣은 형식으로 기와를 온 장으로 쓰지 않고 반 정도 갈라 쓰기 때문에 붙여진 이름이다. 암·수키와를 섞어 사용하면 다양한 문양을 넣을 수 있어 살림집과 사찰 등에 많이 쓰였다. 기와만을 얹어 만든 담도 있다.

(17) 장대석기단: 장대석이란 일정한 길이로 가공된 화강석인데, 이것을 쌓아 만든 기단이 장대석기단이다. 아래에는 무겁고 긴 돌을 쌓고 위로 갈수록 무게와 크기를 줄인 돌을 뒤로 조금씩 물려가며 전통적인 성벽 쌓기 방법인 퇴물림하며 기단을 쌓는다.

02. 우진각지붕: 용마루와 추녀마루로 구성된 네 면에 지붕이 있는 것으로, 초가집은 대부분 우진각지붕이고 기와집 중 안채는 우진각지붕인 경우가 많다. 사찰이나 궁궐에는 거의 사용되지 않고 살림집이나 성곽 등 특수용도에 사용되었다.

03. 팔작지붕: 우진각지붕 위에 맞배지붕을 얹은 것처럼 생긴 팔작지붕은 측면에 삼각형 모양의 합각이 생기기 때문에 합각지붕이라고도 한다. 용마루, 추녀마루, 내림마루를 모두 갖춘 형태로 측면서까래 끝부분이 내부에서 보이기 때문에 대부분 우물천장을 설치했다.

(18) 지붕의 종류

01. 맞배지붕: 추녀가 없이 용마루와 내림마루로 구성된 지붕으로 비교적 간단하지만, 측면지붕을 많이 빼주지 않으면 비바람에 약하다. 행랑채나 부속채 등의 건물이나 측면이 단칸일 때 많이 썼다. 조선시대에는 풍판을 달아 비바람을 막기도 했다.

(19) 문얼굴 계획

창, 문, 벽을 달거나 끼울 수 있도록 문의 양옆과 위아래에 이어 댄 테두리를 일반적으로 문얼굴이라 한다. 문얼굴에는 개폐 및 탈착을 자유롭게 할 수 있게 가동성(可動性)을 살린 창호로 외부공간과의 소통과 차단이 이뤄지고, 벽에 의해 소음, 빛, 출입 등 외부의 침입에 대한 모든 것에 대하여 완전한 차단을 하게 된다. 창호는 개폐방식, 살 모양, 창호지의 위치, 창호의 구성방식에 따라 구분되는데 최근 들어 재료나 창호의 구성방식이 다양해지고 있으며, 벽 또한 재료가 다양해지고 있다.

문얼굴을 계획하기 위해서는 문얼굴의 성격, 위치, 구분, 형태, 개폐방식, 재료에 대한 6가지를 차례로 결정해야 한다.

1단계, 문얼굴의 성격: 문, 창, 벽에 대해 분류한다.

2단계, 문얼굴의 위치: 문얼굴 중앙을 기준으로 통문(창), 분합, 좌·우·중앙·양쪽에 있는 창호로 분류한다.

3단계, 문얼굴의 구분: 외문(창), 2분합, 3분합, 4분합, 6분합, 벽으로 나눈다.

4단계, 문얼굴의 형태: 벽에 대한 창호의 형태로 세살, 격자, 아자, 완자, 교살, 가로세살, 용자, 판자판장, 머름, 만살, 궁판, 불발기, 화방벽에 대한 세부 디테일을 정한다.

계획

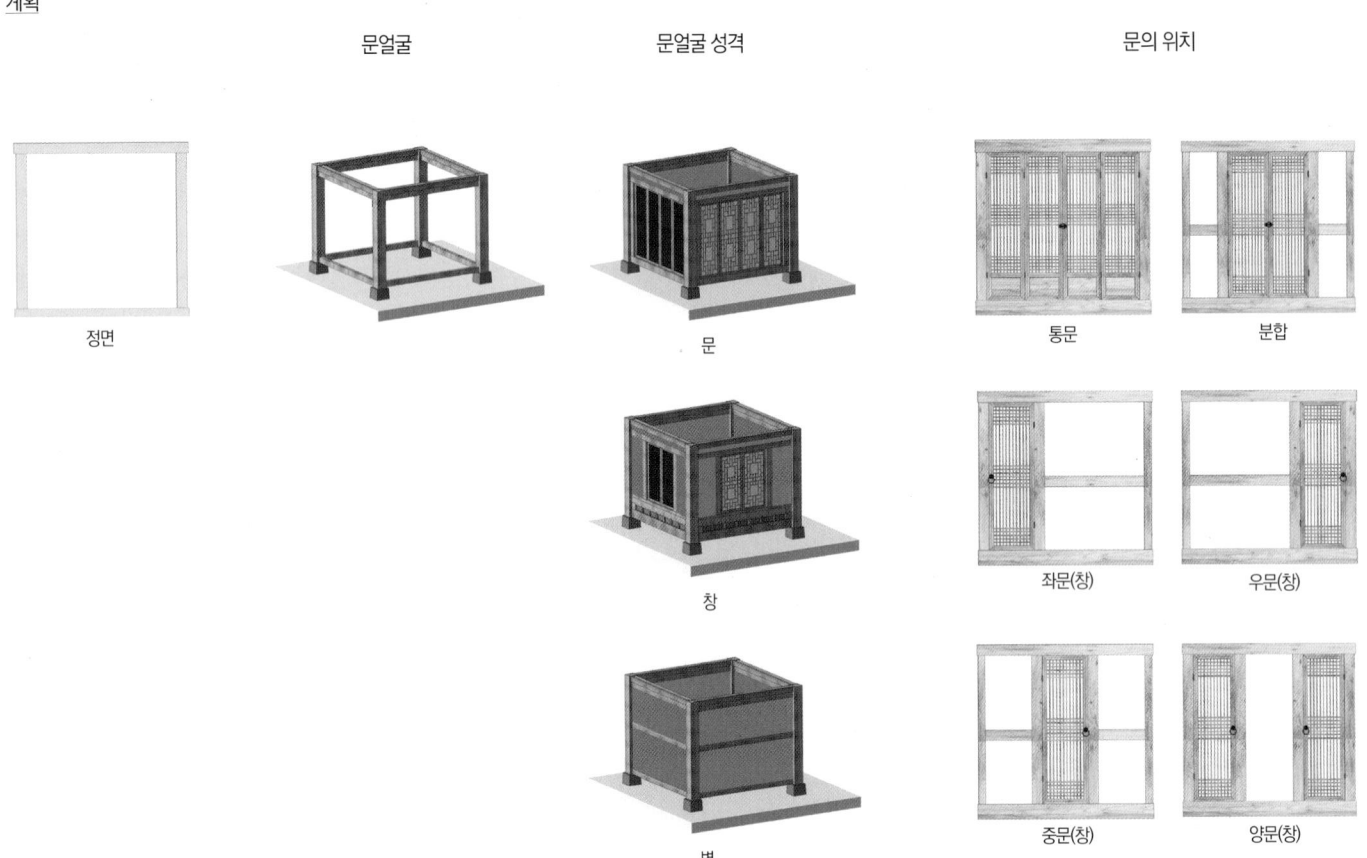

정면	문얼굴	문 (문얼굴 성격)	통문 / 분합 (문의 위치)
		창	좌문(창) / 우문(창)
		벽	중문(창) / 양문(창)

벽체시공

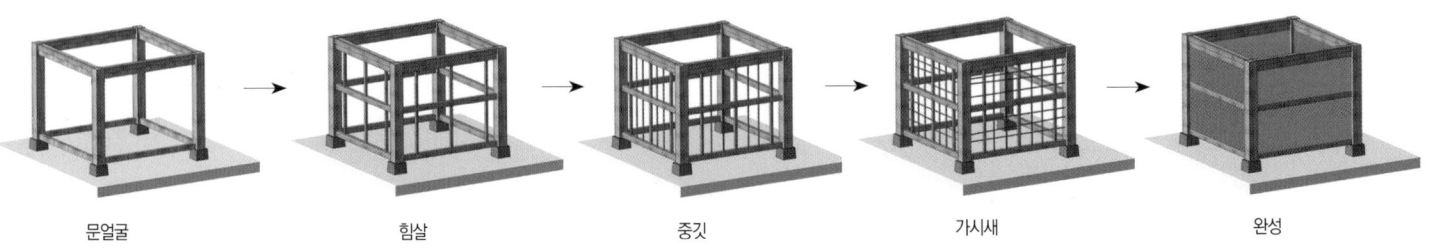

문얼굴 → 힘살 → 중깃 → 가시새 → 완성

5단계, 문얼굴의 개폐방식: 여닫이, 미닫이, 미서기, 들어걸개, 안고지기, 고정창호 등이 있다.

6단계, 문얼굴의 재료: 목재, 철재, 알루미늄, 흙, PVC 등이 있다.

미장공사는 건축공사에서 벽이나 천장, 바닥에 흙이나 회, 시멘트 등으로 표면을 마감하는 것이다. 한옥의 마감은 전통방식과 현대방식이 많은 차이를 보이고 있다. 전통방식은 문얼굴에 힘살, 중깃, 가시새 등을 설치하고 수수깡이나 싸리나무 등으로 외엮기를 한 다음 심벽치기를 하여 속을 채우고 모래가 많이 섞인 흙으로 벽을 하고 진흙으로 초벌과 재

벌, 정벌을 하면 마무리가 된다.

기둥과 흙벽 사이의 틈이 많아 벌어지고 풍화작용으로 내구성이 떨어지는 전통방식의 단점을 보완하기 위해 진흙으로 벽면을 채우는 방식 외에도 최근에 지어지는 한옥은 합판, 석고보드, OSB 등을 사용하여 내부 벽면을 만들고 벽면과 벽면 사이에는 단열재, 벽돌, ALC 등으로 채우고 외벽을 마무리하기도 하는데 특히, 숯단열황토벽체는 우리나라 건축에서 가장 많이 나타나는 한옥의 벽체를 만들 때 사용하던 외엮기한 심벽을 이중으로 만들고 그 사이에 숯 단열층을 구성하여 단열을 보강한 제품으로 전통방식의 부족한 점을 극복할 수 신기술이다.

문의 갯수   창호의 종류

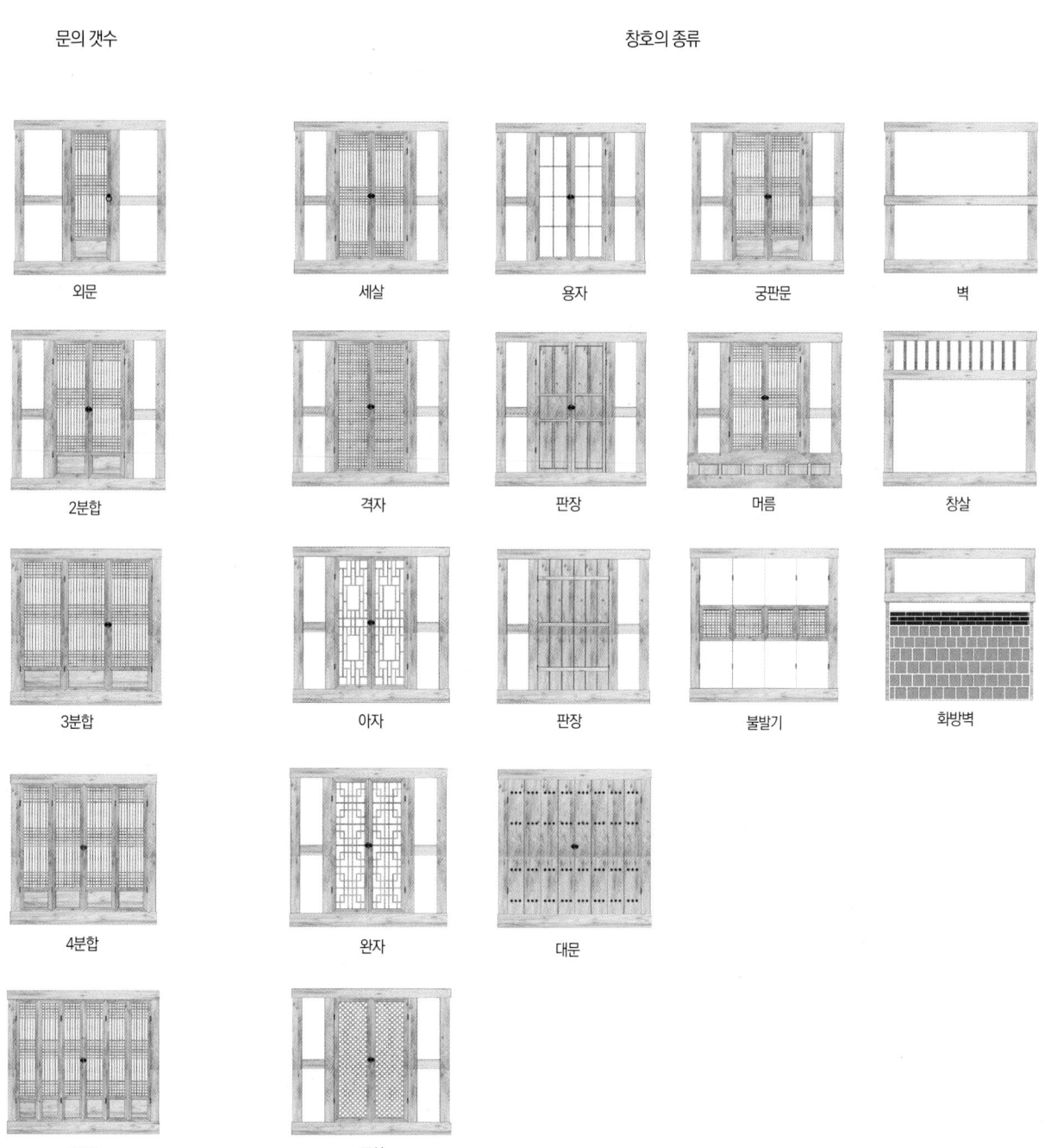

외문   세살   용자   궁판문   벽

2분합   격자   판장   머름   창살

3분합   아자   판장   불발기   화방벽

4분합   완자   대문

6분합   교살

(20) 창호의 종류

(가) 개폐 방식에 따른 분류

01. 여닫이: 문선과 문짝의 울거미 선대에 돌쩌귀를 달아 돌쩌귀를 회전축으로 하여 여는 것으로 안여닫이와 밖여닫이가 있다.

02. 미닫이: 문틀의 상하에 홈을 판 홈대를 놓고, 문이나 창 따위를 홈대를 따라 미끄러지면서 벽이나 두껍닫이 속으로 밀어서 여닫는 방식이다.

03. 미서기(미세기): 문틀 아래·위에 홈대를 놓고 문짝을 끼워 한편으로 밀어 겹쳐서 여닫는 문으로 두 짝, 세 짝, 네 짝 미서기 등이 있다. 미세기라고도 부른다.

04. 들어걸개: 방과 대청 사이나 대청 전면에 설치되는 분합문은 간(間)의 크기에 따라 세 짝에서 많게는 여덟 짝까지 설치되는데, 두 짝 이상이 겹치게 열 수 있고 필요한 때 모두 열 수도 있으며 두 짝 이상씩 포갠 후 천장에 매달 수도 있다. 공간을 넓게 쓰기 위해 여러 짝을 포개 위로 올려 천장에 매달아 열 수 있는 방식을 들어걸개라고 한다.

05. 벼락닫이: 주로 창에 쓰이는 개폐법으로 위쪽이 고정되어 있기 때문에 아래쪽을 밖으로 밀어 나무막대로 받쳐 고정하는 방식이다. 나무를 빼는 순간 벼락같이 닫친다 하여 이름 붙여진 것인데 들창(걸창)의 방식이 이러하기 때문에 벼락닫이창과 들창을 같은 것으로 본다.

(나) 살창의 종류

얇은 살대를 울거미 속에 짜 넣은 문을 살창이라 한다. 대체로 분합문에는 세살(細箭)과 만살(萬箭)을 쓰고, 장지문에는 아자살(亞字箭), 완자살(完字箭), 숫대살 등을 사용하며, 영창에는 용자살(用字箭)을 쓰는 반면, 흑창은 빛이 들어오지 못하도록 창호지를 여러 겹 바르거나 벽지를 바르기 때문에 따로 도듬문이라 부른다. 대체로 다음과 같은 문양을 많이 쓰나 창의적인 창호도 많다.

세살창

세살창

아자살청판문

용자살창

(다) 알아 두어야 할 우리의 창호

01. 광창(廣窓): 환기, 채광 등을 목적으로 옆으로 긴 창호를 붙박이로 다는데 이를 광창이라고 한다. 필요에 따라 벼락닫이나 미서기로 만들고 크기도 다양하다. 사창(斜窓)이나 교창(交窓)도 채광을 목적으로 한

창으로 살의 모양에 따라 분류하였다.

02. 눈꼽째기창: 문 전체를 열지 않고도 밖을 내다볼 수 있도록 창호 옆 벽면에 작은 창을 내거나 창호에 작은 창을 낸 것으로 크기가 작다 하여 붙여진 이름이다.

03. 도듬문: 주택의 다락문, 두껍닫이, 두껍닫이 속의 덧문에 주로 이용하는 문으로 장지, 갑창 따위의 둘레에 테를 남기고 안쪽을 종이로 두껍게 발라 만든다.

04. 문얼굴: 문짝 양옆의 문설주와 위아래의 문상방과 문하방으로 짜인 문짝을 달기 위한 방형의 문틀이다.

05. 분합문: 대청과 방 사이 혹은, 대청 전면에 설치하는 문이다. 네 짝

일 때는 가운데 문의 울거미 선대에 돌쩌귀를 달고 양 끝 문은 윗울거미와 문틀 상인방에 돌쩌귀를 단다. 문을 열어 포개어 연등천장에 매단 들쇠에 매달아 놓는 들어걸개 방식이다. 여섯 짝의 경우 가운데 두 짝은 각각 들어걸개로 걸쇠에 매단다.

06. 불발기창: 두꺼운 한지로 도배한 분합문은 빛의 투과가 어렵기 때문에 중앙에 사각, 팔각, 원형 등 다양한 문양의 울거미를 짜 넣고 창호지를 발라 빛이 잘 투과되도록 한 것이다. 이 부분을 불발기라 하는데 주로 대청에 있는 분합문에서 많이 보인다.

07. 사창: 창호지 대신 비단을 바른 창이라 붙여진 이름으로 올이 성근 비단으로 만든 창을 끼워 방충망으로 사용한다.

08. 우리판문(골판문, 당판문)
우리판문은 정교하게 문울거미를 짠 후 얇은 널판을 끼우고 띳장을 여러 개 댄 것으로 덧 창호나 대청의 측면과 후면창호 또는 고방에 사용한다. 당판문은 골판문보다 두꺼운 널판으로 만든 것으로 주로 궁궐 침전에 쓰였다.

09. 장지(장지문): 큰 방이나 연이어 있는 방의 공간을 나눠 쓰기 위해 방과 마루 사이에 설치는 문이다. 필요하면 공간을 터서 넓게 사용할 수 있으며 주로 미서기문으로 한다.

(21) 천장의 종류

한옥의 대청에는 천장을 가설하지 않지만, 방에는 심리적 안정이나 소리, 열 등을 차단, 흡수하거나 빛을 반사하여 실내환경을 좋게 하려고 천장을 만든다. 회반죽으로 서까래 사이를 마무리하거나 종이천장을 하는 때도 있으며 구조물을 만들어 가설하기도 한다.

01. 연등천장: 천장을 따로 가설하지 않고 서까래가 그대로 보이게 해 놓은 천장이다. 살림집 대청마루는 대부분 연등천장이며 보통 서까래 사이를 앙토(진흙을 산자에 치받아 올려서 바른 것)한 겉에 생석회를 발라 마무리한다.

02. 우물천장: 우물마루를 만들 때와 마찬가지로 장귀틀과 동귀틀을 격자로 짜고 반자청판을 끼운 것으로 우물 정(井)자 모양이기 때문에 붙여진 이름이다. 궁궐이나 사찰 등에서 주로 사용되며 각종 문양의 단청을 넣어 장식하기도 한다.

03. 종이반자: 서까래에 달대를 걸고 여기에 수평재를 우물 정자 모양으

로 짠 것을 반자라고 한다. 방에 다는 반자는 종이 마감이 많으며 기둥,
보 등을 모두 종이로 발라 마무리하면 따뜻한 느낌이 든다.

04. 눈썹천장: 건물의 양쪽 측면 외기에 구성되는 작은 천장으로 외기천
장이라고도 한다. 팔작지붕은 천장이 없으면 내부에서 외기 부분의 서
까래 끝부분이 보여 복잡해 보이므로 이것을 가리기 위해 가설한 작은
천장이다. 측면 2칸 이상의 팔작지붕 건물에 많다.

(22) 초석

(가) 가공석초석: 주초(柱礎), 주춧돌이라고도 불리는 초석은 기둥 밑에
놓여 지면의 습기가 기둥까지 가는 것을 차단하고 건물의 하중을 지면
에 전달하는 역할을 한다. 가공석초석에는 사다리형, 원형, 방형, 다각
형의 모양이 있다.

01. 사다리형초석: 초반과 운두 구분이 없이 사다리꼴 모양으로 만들었
는데 18세기 이후 살림집에서 많이 사용되었다.

원형초석

02. 원형초석: 주로 원기둥에 쓰이고 궁궐, 사찰 등에 많이 사용한다.

03. 육모초석, 팔모초석: 정자에 쓰이는 육각, 팔각기둥을 받치는데, 고구려 유적에서는 운두 없는 팔각초석이 많이 발견되었다.

팔모초석

(나) 자연석초석: 가공 없이 그대로 사용한 초석으로 덤벙주초라고도 한다. 자연 그대로의 모양이기 때문에 기둥의 밑면이 초석에 잘 맞도록 그렝이질 하는 것이 일반적이나 때에 따라 기둥과 맞닿는 주좌 면만을 가공하기도 하였다. 살림집에 주로 사용되었고 절 같은 건물에 쓰인 경우도 많다.

(23) 함실아궁이: '군불아궁이'라고도 하는데 부뚜막이나 부넘기 없이 구들 밑으로 불을 땔 수 있도록 방 한쪽을 깊이 파고 그 부분에 두꺼운 구들장을 놓은 것이다. 구들장에 직접 불길이 닿기 때문에 비교적 적은 땔감으로 빨리 방을 데울 수 있다. 고래의 더운 기운을 오래 보존하기 위해 아궁이 입구를 막아두는 데 철제문을 달기도 한다.

(24) 회첨: 처마가 ㄱ자 모양으로 꺾이어서 지붕이 서로 만나는 부분에 만들어지는 회첨이 있다. 이 부분의 윗면에는 지붕면의 비가 잘 내려갈 수 있도록 골을 만들고, 아래쪽에는 평고대와 연함 및 개판을 삼각형 모양으로 만들어 주는데 이를 '고삽'이라 한다.

고삽

CHAPTER

04 숯단열흙벽체로 지은
황토집 사례

한 대지에 부모 집, 자녀 집 나란히

경기도 광주 오포 능평리에 있는 이 집이 있는 마을을 '수레실'이라 부른다. 조선시대 수원 방면에서 남한산성으로 통하는 대로가 이 마을을 지나갔다고 한다. 그래서 우마차가 수어청(守御廳)으로 가는 짐을 싣고, 이 마을에 도달하면 쉬어 갔다 하여 붙여진 이름이다. 수레실 마을에 있는 이 집은 마당 하나에 집이 두 채다. 전면에서 우측은 부모님이 살고, 좌측은 자녀가 사는 집이다. 전체 60평 규모로 부모님 집이 35평, 자녀 집이 25평인데 마당을 앞에 두고 一자자형으로 배치하였다.

01 광주 능평리주택

동과 동 사이 띄어
프라이버시 보호한
─자형 한옥

위 치	경기도 광주시 오포읍 능평리
건축형태	한식목구조주택
대지면적	1,025㎡(310.06py)
건축면적	218.67㎡(66.15py)
건축설계	주신건축사사무소
건축시공	황토와나무소리

전면에서 우측은 부모님이 사는 35평의 집,
좌측은 자녀가 사는 25평 집으로 전체 60평 규모의 한옥이다.

마당을 앞에 두고 한 대지에 부모와 자녀 집을 나란히 배치한 ─자형 실용
한옥이다.

한옥 구조에 숯단열황토벽체로 지은 집이다. 두 채 모두 가운데 지붕은 높이고 양쪽으로 단을 낮춰 변화를 준 군더더기 없이 깨끗한 외관을 보인다.
두 집을 적당한 간격으로 띄어 놓았다. 마당의 조경과 화단도 두 세대간 분리감이 느껴지도록 입체감 있게 조성하였다.
전통적으로 채와 채 사이를 떨어뜨려 공간의 여백미를 주는 것이 한옥의 특징이다. 한옥은 독립적인 구성과 상생이 함께 어우러져 자연과 조화를 이루는
주거형태로 발전하여 왔다. 채와 채 사이에 일정한 공백을 두고 떨어뜨림으로써 서로 바라보는 관계 속에서 여백미가 형성된다. 이러한 공간은 프라이버

시를 보호해주는 역할도 한다. 심리적 부담과 시각적 피로를 덜어주고 심신의 여유를 갖게 해준다. 또한 바람길이 되어 공간과 공간 사이에서 풍경작용이 일어난다. 비울수록 여유가 생긴다는 마음의 깨달음을 얻게 하는 것이 한옥에 깃든 정서적인 멋이다. 한옥 공간은 막힘없이 순환하는 바람의 통로가 되기도 한다. 자연의 현상과 통하니 육체가 건강하고 사람과 통하니 마음과 정신이 건강해진다.

주방은 작게 다용도실은 크게

거실은 서까래가 그대로 노출된 옛집의 대청마루와 같은 느낌이 나는 연등천장이다. 두 채의 실내 구조는 비슷한데 36평은 방 2개, 화장실 2개, 다용도실, 드레스룸, 다락 등으로 이루어진 평면구조다.

전면에 있는 주택 현관을 열고 들어서면 좌측에 구들방이 있다. 방 한 칸은 언제든 뜨끈한 바닥에서 노곤한 심신을 풀 수 있는 구들방을 만들었다. 거실과 주방을 가운데 두고 양쪽으로 침실을 배치하고, 구들방과 나란히 둔 작은방 맞은편에 안방을 배치했다. 안방에는 드레스룸과 욕실이 딸려 있다.

주방은 디자인보다는 기능적인 면에 촛점을 두고 실용적인 공간으로 구성했다. 대신 다용도실을 크게 두었다. 요즘 주방이 작아지는 미니멀리즘 현상은 단순함과 간결함을 추구하는 현대문화의 흐름이다. 꼭 필요한 최소한의 것만 갖추는 것이다. 이 집 또한 주방은 작게 현대적인 분위기로 꾸미고, 한쪽에 넓은 다용도실을 두고 여러 가지 생활용품들을 보관한다. 주방 위쪽에는 다락이 있는데 거실에서 바로 진입할 수 있다.

곳곳에 세심한 정성을 기울여 지은 한옥은 구들방의 온기만큼이나 부모와 자녀간, 부부간의 따뜻한 사랑과 정이 배어있는 편안한 집이다.

동과 동 사이를 띄어 두 세대 간 프라이버시를 보호하고 동시에 여백미도 살렸다.

지붕의 형태는 기와를 얹은 오량가 목구조의 홑처마 맞배지붕. 벽체마감은 순황토를 발라 건강에 좋은 실내공간을 이루었다.

건축개요

대지위치	경기도 광주시 오포읍 능평리	건물규모	A동 1층 115.70㎡ (35.00평)
지역·지구	보전녹지지역		다락 20.25m (6.13평)
건축구조	한식목구조주택		B동 1층 82.72㎡ (25.02평)
대지면적	1025.00㎡ (310.06평)	용적률	21.33%
건축면적	198.42㎡ (60.02평)	설계기간	2019년 3월~4월
건폐율	19.36%	공사기간	2019년 7월~2020년 7월
연면적	218.67㎡ (66.15평)	설계	주신건축사사무소
		시공	황토와나무소리

건축자재

외부마감
지붕-세라믹 한식형 기와
벽-왕겨숯단열벽체에 미장
내부마감
천장-편백 루버
벽-편백 루버
바닥-강마루(거실, 주방·식당)
　　　한지 장판(침실)
주방가구 자체 제작

단열재
지붕-왕겨숯단열벽체 시공 후 황토미장
벽-왕겨숯단열벽체 시공 후 황토미장
창호재
내측-전통 세살 목창
외측-시스템창호(LG하우시스)
현관문 빅하우스 BW5005
위생기구 대림바스
조명기구 제일전기
난방기구 가스보일러(경동 나비엔)

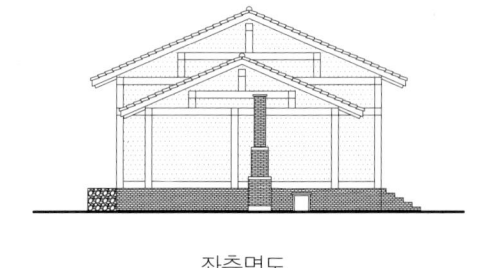

좌측면도

우측면도

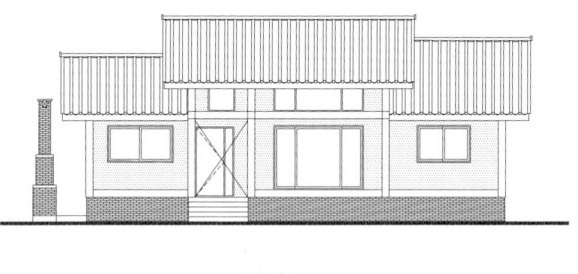

정면도

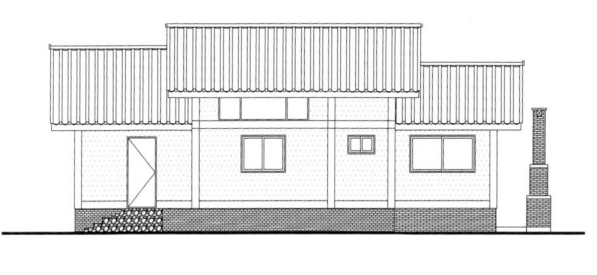

배면도

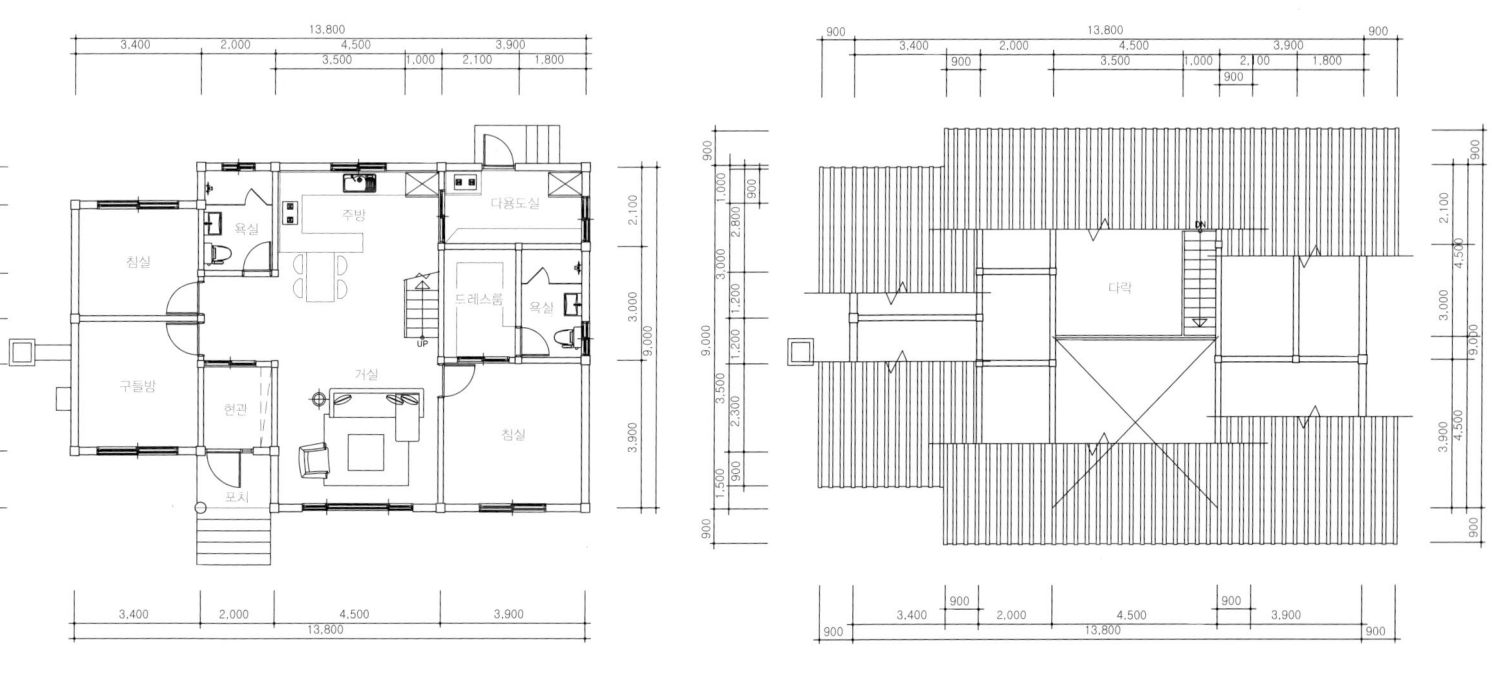

1층 평면도   2층 평면도

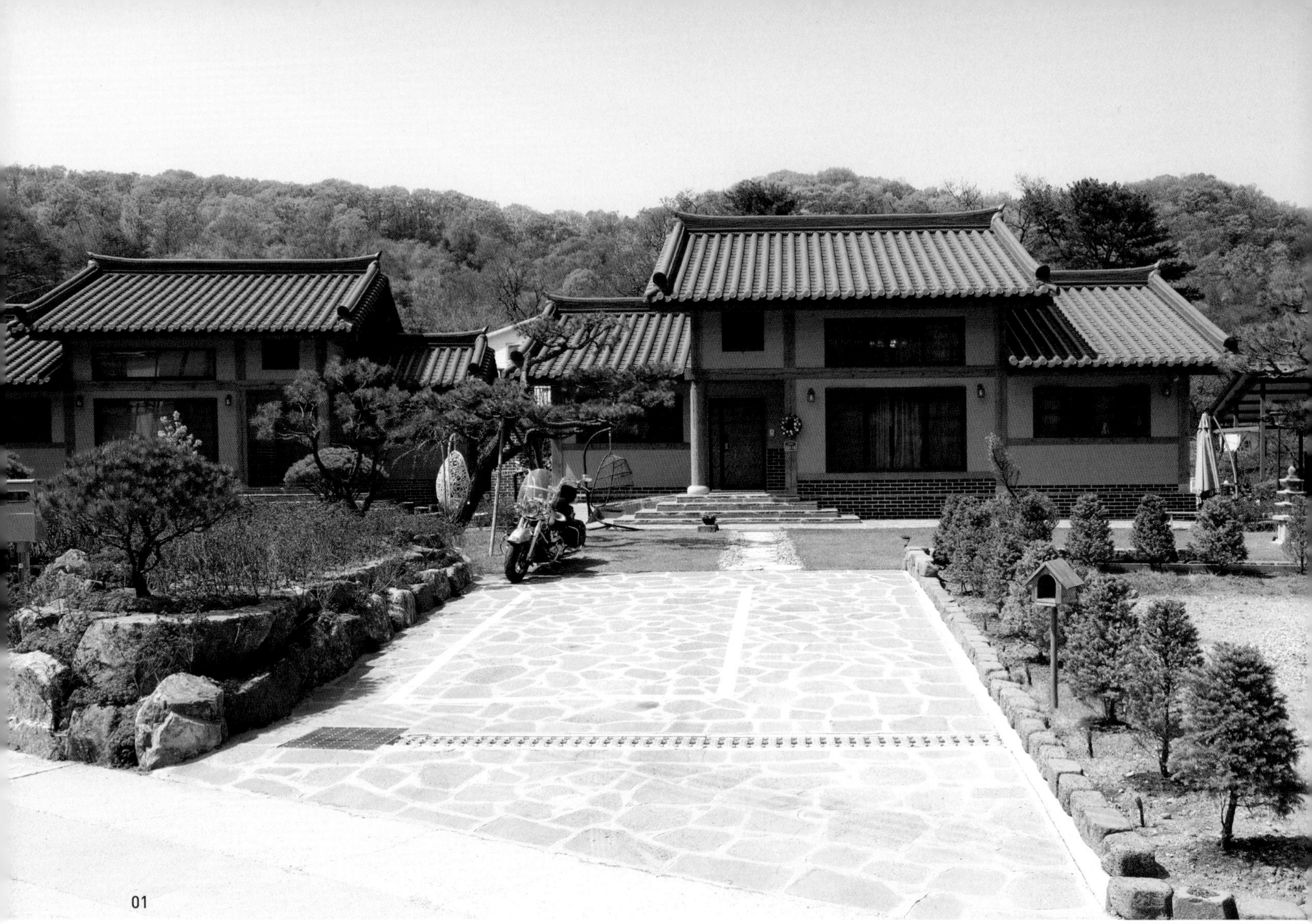

01

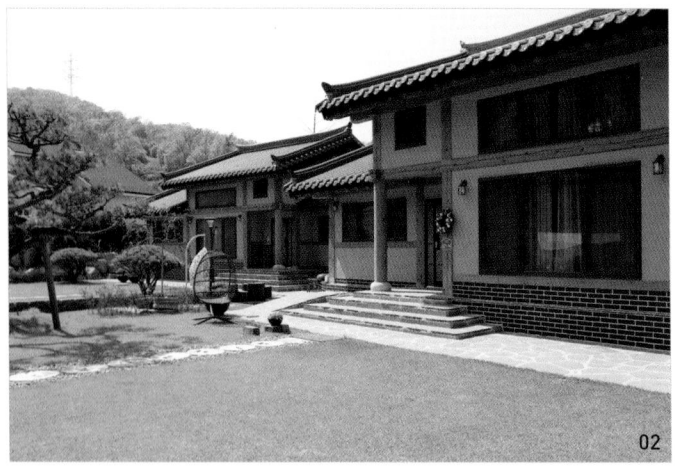

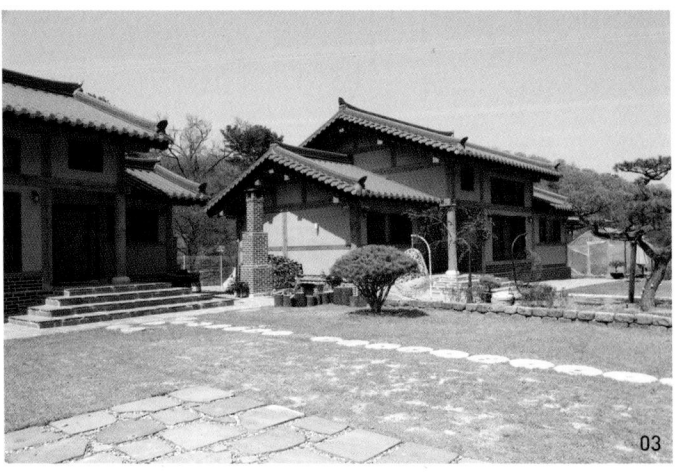

01_ 마당에는 주변환경과 조화를 이룬 화단을 볼륨감 있게 조성하여 세대 간 분리된 느낌을 준다.

02_ 외부로 노출된 기둥과 보의 사괘맞춤, 한식 중목구조의 무게감과 중후함이 느껴지는 외관이다.

03_ 한옥의 채와 채 사이는 바람길이 되고, 공간과 공간 사이에는 풍경 작용이 일어나 비우면 비울수록 마음도 여유로워진다.

02

03

04_ 현관에 기둥이 튼실한 포치를 설치하여 비나 직사광선을 차단하고 현관의
고급화와 인지도를 높이는 효과를 냈다.

05_ 구들방이 위치한 측면에는 점토벽돌로 정성스레 쌓은 전축굴뚝과 함실아궁
이가 있다. 처마 밑에 땔감용으로 쌓아 놓은 장작이 한옥의 운치를 더한다.

06_ 전통적인 한옥에 잘 어울리는 맷돌은 최근 디딤돌로 많이 이용하고 있다.

01_ 두 채 모두 가운데 지붕은 높이고 양쪽으로 단을 낮춰 변화를 주었다. 마치 궁궐의 솟을대문과 같은 위용으로 군더더기 없이 간결한 외형이다.

02_ 장방형의 마당은 판석을 깐 노천 주차장과 잔디 마당으로 꾸며 간결하고 공백미가 느껴진다.

03_ 다락에서 내려다본 거실. 아트월을 구성한 편백 루버, 온돌마루, 주문 제작한 거실장, 숫대살 벽체 조명 등으로 장식한 나무향 가득한 편안한 공간이다.

04_ 거실·식당·주방을 한 공간에 둔 LDK구조로 개방감을 높이고 가족
간의 대면과 소통을 고려한 공간구성이다.

05_ 한옥의 분위기와 스타일에 맞춰 전통 문양으로 디자인한 2단 샹들리에
펜던트등으로 분위기를 더했다.

06_ 거실 천장은 서까래를 그대로 노출한 연등천장이다. 옛집의 대청마루
같은 시원스러운 개방감이 한옥 거실의 장점이자 매력이다.

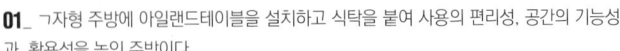

01_ ㄱ자형 주방에 아일랜드테이블을 설치하고 식탁을 붙여 사용의 편리성, 공간의 기능성과 활용성을 높인 주방이다.

02_ 주방·식당은 간결하게 꾸미고 좌측으로 생활용품을 보관할 수 있는 다용도실을 넓게 두었다. 우측 전면에는 안방이 배치되어 있다.

03_ 주방·식당 위에 들인 다락, 계단과 다락 난간의 공간 구성미가 돋보인다.

04_ 현관부터 주방·식당으로 이어지는 공간 위에 다락을 넓게 넣어 수납공간뿐만
아니라 서재나 취미실 등 다용도로 활용하기에 부족함이 없다.

05_ 다락은 개인적인 취미 공간이나 사무실, 침실로 활용하기도 하고, 휴식공간이나
놀이방 등 사용자의 목적에 따라 다양한 공간으로의 변신이 가능하다.

06_ 주택 현관을 열고 들어서면 좌측에 뜨끈한 바닥에서 노곤한 심신을 치유할 수
있는 구들방이 있다.

07_ 차분하고 트렌디한 느낌의 널찍한 회색 타일을 바닥에 깔고 흰색 톤의 타일로
벽을 마감한 현대적인 분위기의 간결한 욕실이다.

군더더기 없이 깔끔하고 아담한 외관의 一자형 집

현관과 거실을 가운데 두고 양쪽으로 대칭을 이룬 一자형 집의 첫인상은 단아한 안정감과 군더더기 없는 외관의 깔끔함이었다. 이동수 씨가 나고 자라서 공직생활로 은퇴하기까지 한 번도 떠나 본 적이 없는 옛집 바로 그 옆에 새집을 지었다. 그동안 공무원 외길로 성실하게 살아온 자신, 맞벌이하며 함께 오랜 세월을 열심히 살아준 아내, 그 삶의 노고에 대한 보답이자 부부의 노후를 위해 지은 선물이다.

이동수 씨는 83년도에 나고 자란 고향 면사무소에서 9급 공무원으로 공직생활을 시작했다. 평일엔 집과 직장을 오갔고 휴일엔 가족과 함께 시간을 보내

나에겐 선물 아내에게는 배려 어머니께는 효도한 '취향당'

위 치	경기도 광주시 초월읍 산이리
건축형태	한식목구조주택
대지면적	1.071㎡(323.98py)
건축면적	195.71㎡(59.2py)
건축설계	주신건축사사무소
건축시공	황토와나무소리

참고 자료_전원주택라이프

외형은 맞배지붕 한식목구조 내부는 현대식 설계다. 건축의 기본 소재는 나무·숯·흙이며 마감자재까지 자연소재를 사용하여 한옥과 건강을 함께 지었다.

주소 한번 옮기지 않고 나고 자라온 곳에서 35년간의 공무원 정년퇴직을 앞두고 성실하게 살아온 자신과 맞벌이로 동고동락한 아내를 위해 지은 실용한옥이다.

는 모범적인 가장이었다. 아내도 두 아들을 키우며 맞벌이를 했다. 정년퇴직을 앞두고 지내온 세월을 돌이켜보니 스스로 대견스럽고 아내에게는 감사하고 고마운 마음뿐이었다. 그래서 노후를 행복하게 함께 보낼 수 있는 집을 지어야겠다고 생각했다. 마침 사는 집 바로 옆 대지가 매물로 나와 망설임 없이 구입했다. 집 지을 계획으로 자료조사를 위해 건축박람회를 여기저기 찾아다니며 보고 듣고 자문도 얻었다. 노후에 살 집인 만큼 건강을 최우선으로 생각해 한옥을 짓기로 한 것이다.

어릴 적에는 벽돌집에 살았고 결혼해서는 콘크리트 집에서 30년간 살았다. 벽돌집에 살 때는 겨울에 추웠다는 기억이 있고, 콘크리트 집에 살 때는 시멘트 가루가 늘 눈에 거슬렸다. 그래서 노후에는 한옥을 짓고 살아야겠다는 생각을 하곤 했다. 전문 시공사를 찾아다녔다. 한옥의 가장 취약한 부분인 단열 문제를 해결하면서 난방비가 많이 들지 않게 할 수 있는 집은 없을까, 의문을 가지고 집중적으로 알아보던 차에 '황토와나무소리'가 짓는 실용한옥을 알게 되었다.

실제 지은 집을 보고 싶어 경상남도 진주에 있는 집을 방문해 주인에게 시공사에 대한 얘기를 들었다. 완공된 지 1년이 지난 집과 3년이 넘은 집도 방문했다. 건축주 모두 만족해했고 시공사에 대한 평도 좋았다. 특히, 단열성에 신경 써 짓는 벽체 시공방식이 마음에 들었다. 벽과 벽 사이에 왕겨숯을 채워 벽을 만들고 양쪽으로 외엮기를 한 후 벽체 안팎을 황토미장으로 마감해 단열성은 물론 친환경적 주택이란 점도 좋았다. 평소 원했던 한옥에다 걱정했던 단열 문제까지 해결할 수 있다니 더 이상 망설일 필요가 없었다.

현관부의 포치는 비나 직사광선을 피하고 현관의 고급화와 인지도를 높여주는 구성요소다.

2층 형태의 넓은 다락은 수납공간으로 활용해

집터는 동서로 긴 다각형 모양이다. 주택은 북동쪽 끝에 ―자로 배치해 앞마당을 넓게 두었다. 뒤로는 백마산이 자리하고, 앞으로 산이천이 흐르는 전형적인 배산임수 터다. 주차장에서 돌계단을 오르면 마당이 나오고 마당에서 몇 계단을 오르면 현관이다. ―자 모양인데도 단을 나눠 외관이 단조롭지 않고 웅장함마저 느껴진다. 현관 입구엔 '취향당(翠香堂)'이란 현판이 걸려있다. 푸르고 향기로운 집이라는 뜻인데, 광주학연구소장 겸 시인인 허현무 씨가 당호와 시를 써서 선물한 것이다.

내부는 거실과 주방·식당을 중심으로 좌측 전면에 현관과 찜질방을, 후면에는 작은방과 공용 욕실을 배치했다. 안방은 우측 전면에 부부 욕실과 드레스룸은 뒷면에 나란히 배치하고, 주방·식당 옆으로 다용도실을 두었다. 현관부터 주방, 식당, 드레스룸과 다용도실까지 이어지는 공간 위로는 다락을 넓게 넣어 수납공간뿐만 아니라 별도의 공간으로 활용하기에 부족함이 없다. 특이점은 현관에서 거실로, 안방에서 거실로 들어서는 두 곳에 중문을 설치하였는데, 아들 내외가 왔을 때 서로 욕실을 편하게 이용할 수 있도록 프라이버시 보호를 위한 것이라고 한다.

건축주는 이 집의 외관이나 실내 구성 등에 대해 대부분 만족하고 있다. 그 가운데서도 가족이 한곳에 모이는 거실을 최고로 꼽는다. 거실은 천장고가 높아 위로 한껏 더 넓어진 탁 트인 개방감이 들어 좋다고 한다. 거실과 주방·식당은 넓게 합쳐서 통합공간으로 설계했는데 아내가 매우 만족해한다. 또 기존 집에서는 수납공간이 부족해 여기저기 물건을 쌓아두기 일쑤였는데, 지금은 다락 공간이 넉넉해 그런 걱정이 없다. 찜질방도 들였는데 특히 옆에 사시는 어머님과 아내가 매우 좋아한다고 한다. 주택 안팎과 주변 곳곳에 아내와 어머니를 위한 배려심과 효성심이 지극한 모두를 위한 집, 취향당이다.

건 축 개 요

대지위치	경기도 광주시 초월읍 산이리	건물규모	1층 149.58㎡ (45.25평)
지역·지구	제1종일반주거지역		다락 46.13㎡ (45.25평)
건축구조	한식목구조주택	용적률	18.27%
대지면적	1071.00㎡ (323.98평)	설계기간	2017년 9월~10월
건축면적	149.58㎡ (45.25평)	공사기간	2017년 11월~2018년 10월
건폐율	13.97%	설계	주신건축사사무소
연면적	195.71㎡ (59.2평)	시공	황토와나무소리

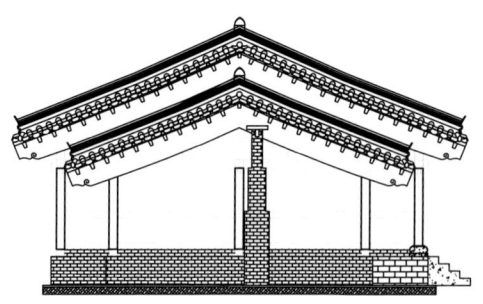

좌측면도

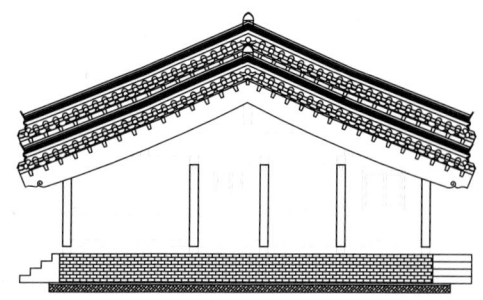

우측면도

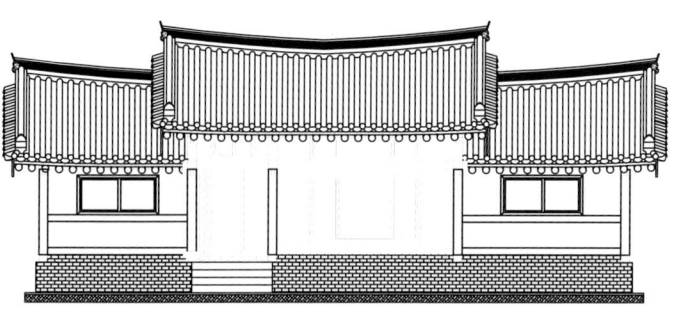

정면도

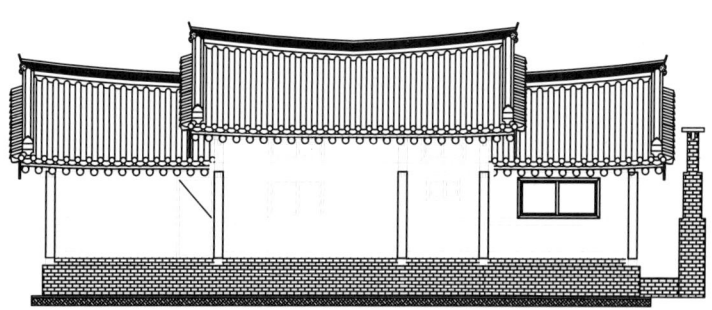

배면도

건 축 자 재

외부마감

지붕-세라믹 한식형 기와

벽-왕겨숯단열벽체에 미장

내부마감

천장-편백 루버

벽-편백 루버

바닥-강마루(거실, 주방·식당)

      한지 장판(침실)

단열재

지붕-왕겨숯단열벽체 시공 후 황토미장

벽-왕겨숯단열벽체 시공 후 황토미장

창호재

내측-전통 세살 목창

외측-시스템창호(LG하우시스)

현관문 빅하우스 BW5005

주방가구 자체 제작

위생기구 대림바스

조명기구 제일전기

난방기구 가스보일러(경동 나비엔)

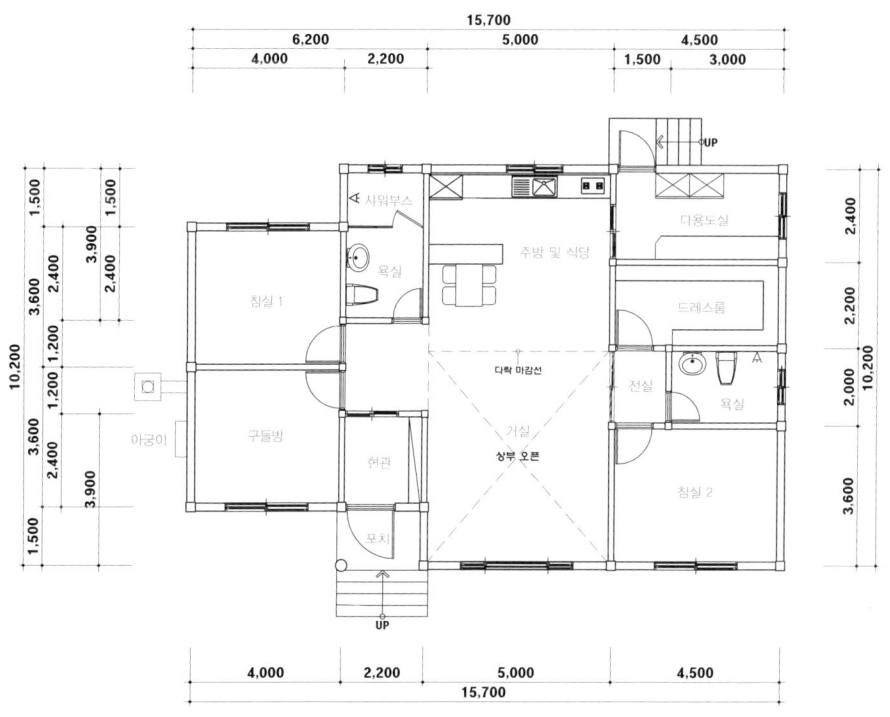

1층 평면도

01_ 어릴 적 살던 집 바로 옆에 동서로 긴 다각형 모양의 토지를 마련하여 一자형 집을 앉히고 마당을 넓게 두었다. 취향당은 나지막한 백마산 배경과 앞으로 실개천이 흐르는 배산임수 터에 자리하고 있다.

02_ 소박하고 절제된 단아한 주택의 후면으로 성실하게 살아온 공직자의 삶을 대변하는 듯하다.

03_ 자연석 계단에서부터 현관까지 높은 내구성이 있는 화강석 판석을 넓게 깔아 동선을 유도한다.

04_ 주차장에서 자연석 계단을 올라 마당에 들어서면 박공지붕에 기와를 얹은 한옥이 한눈에 들어온다.
ㅡ자형인데도 지붕 단에 변화를 주어 외관이 단조롭지 않고 웅장함이 느껴진다.

05_ 건물 좌측에는 함실아궁이와 아궁이의 연도를 연결하여 높게 쌓은 전축굴뚝이 마당을 장식한다.

06_ 전통의 멋을 낸 현관 입구에 푸르고 향기로운 집이라는 의미의 '취향당(翠香堂)' 현판이 걸려있다.

01_ 가족이 한 곳에 모이는 최고의 공간으로 꼽는 거실, 천장고가 높아 마음까지도 한층 더 넓어지는 느낌이다.

02_ 다락에서 내려다본 거실은 원목마루, 나무 벤치와 장식장, 다양한 문양의 한식창호로 나무 향이 가득하다.

03_ 거실의 아트월 후면에는 현관과 구들방, 우측에는 침실과 공용 욕실을 배치되어 있다.

04_ 나뭇결이 살아 있는 서까래와 개판이 그대로 노출된 거실의 높은 연등천장으로 실내의 개방감은 최고다.

05_ 특히 현관에서 거실로, 안방에서 거실로 들어서는 두 곳에 중문을 설치한 것은 아들 내외가
왔을 때 욕실을 편하게 이용할 수 있도록 프라이버시 보호 차원이다.
06_ 현관부터 주방과 식당, 드레스룸과 다용도실까지 이어지는 공간 위에 다락을 넓게 두어 부족한
수납공간을 보완하고, 다른 공간으로의 활용성도 열어 두었다.
07_ 숫대살과 완자살 문양을 넣어 전통미를 살린 자유로운 동선의 시원스러운 ─자형 주방이다.

01_ 거실과 주방·식당을 넓게 통합한 구조로 주방 옆에는 다용도실이 있다.

02_ 미닫이 세살창에 한지 장판으로 바닥을 마감하고, 편백 징두리판벽을 허리 높이 이하로 낮게 마감하여 시각적인 안정감을 주었다.

03_ 계단 옆, 아래의 자투리 공간을 이용하여 붙박이 장식대, 수납장, 냉장고장을 일괄 제작 배치하여 공간의 활용도와 기능성을 높인 주방이다.

04_ 건물 오른쪽 전면에 안방을 두고 부부 욕실과 드레스룸은 뒤쪽으로 나란히 배치했다. 드레스룸 상부 경사지붕 아래 수납공간용 다락을 만들고 접이식사다리를 이용해 오르내린다.

05_ 다락의 난간동자 사이를 청판 대신에 완자살로 엮어 난간대를 걸었다. 완자살에 그림을 걸어 갤러리 같은 분위기다.

06_ 편백 루버 천장 아래로 화이트, 그레이 톤으로 마감한 차분하고 넓은 욕실이다.

07_ 기둥·보 구조의 굵고 긴 선을 드러낸 팀버프레임(Timber Frame)이 시원한 공간감과 자연미를 더해준 거실 연등천장이다.

부모와 자녀 세대의 편한 주거공간 위해 층별로 설계에 신경써

전남 여수시 소라면 현천리에 있는 55평 규모의 2층 한옥이다. 1층이 38평, 2층이 17평이다. 건축비가 4억 4천만원 정도 들었다. 터를 구하고 설계하는 것은 집에 생명을 불어넣는 일이다. 대지의 폭과 길이, 향, 경사도를 고려해 주변 환경에 맞는 집을 설계하는 것이 중요하다. 구성원에게 맞는 용도와 기능에 따른 설계 및 전원주택의 필수인 외부와의 연계성을 잘 살려 설계해야 한다.

이 집은 자녀들과 함께 거주하는 공간으로 계획했다. 1층은 공동 및 부부를 위한 공간이고 2층은 자녀를 위한 공간으로 분리했다. 우리의 전통 살림집은

부모와 자녀 세대를
위한 2층 한옥

| 위   치 | 전라남도 여수시 소라면 현천리
| 건축형태 | 한식목구조주택
| 대지면적 | 751㎡(227.18py)
| 건축면적 | 181.47㎡(54.89py)
| 건축설계 | (주)종합건축 샤인
| 건축시공 | 황토와나무소리

회벽마감으로 말끔하게 단장하고 모습을 드러낸 복층 한옥에 행인들의 이목이 쏠린다.

나지막한 야산을 배경으로 힐 사이드에 형성한 전원마을에 터를 잡았다.

층간 이용성을 달리 한 2층 형태의 복층한옥이 드물다. 이는 농업 중심의 산업 형태와 겨울에 구들 난방을 주로 했던 주거문화와도 깊은 연관이 있다. 이전에는 채 나눔의 평면구성이 보편적이었지만, 택지가 좁고 세대별 공간 구성의 분리가 필요하면서 전망을 중시하는 현대인들은 복층 한옥을 선호하게 되었다. 이는 층수와 관계없이 온돌 난방이 가능한 기술 발달과 한식목구조 방식으로도 안정적인 구조체를 형성할 수 있어 전혀 문제가 되지 않는다.

먹을거리에 있어 신토불이 유기농산물이 몸에 좋듯, 살림집에 있어 황토집은 신토불이 유기농 주택이다. 황토집은 나무와 흙, 돌 등 천연 자재로만 건축

한다. 때문에 요즘 문제가 되는 새집증후군을 유발하는 독성이 없다. 새 집도 오래된 옛집처럼 자연스럽다. 흙벽은 통기성이 있어 밀폐된 건축물이 아니기에 인간의 신진대사를 방해하지 않는다. 습도 조절과 탈취 작용, 숙면 기능까지 황토집은 최상의 조건을 갖춘 인간의 주거 양식이다. 황토방은 열에 작용해 인체에 유익한 원적외선을 방사함으로써 신체 리듬을 활성화시키고 신진대사를 촉진시켜 몸에 좋을 수밖에 없다. 그래서 황토집이 건강에 좋은 집이다.

한식목구조 사괘맞춤 방식의 견고한 뼈대에 우리 살림집만이 갖고 있는 처마 지붕의 멋을 살리고, 몸에 이로운 숯단열황토벽체와 황토방으로 건강을 지켜주는 집, 현대적 공간구성과 마감으로 살기 편한 집, 구들방과 어울리는 집이 되기 위해서는 돈을 더 주고 유기농산물을 사듯 그만한 비용을 지불해야 하는 것이 아닌가 한다.

보조주방 겸 다용도실 키우고 현관 옆에 창고 배치

오래 두어도 싫증나지 않는 내부 마감이 필요하다. 인테리어에 예민한 현대인들은 고급 사양의 마감재를 원한다. 특히 벽지, 마루, 화장실의 타일이나 위생기, 싱크대, 전등 등 눈에 보이는 마감재에 욕심을 내기 마련이다. 하지만, 중요한 선택 기준은 친환경적인 소재로 오래 두어도 질리지 않는 편안한 느낌이 들어야 한다는 점이다. 거실은 가족의 생활공간으로 맛을 내고, 방은 숙면을 취할 수 있는 편안한 분위기, 화장실과 주방은 기능성 위주의 배치를 하면 좋다.

이 집은 이러한 요소들이 잘 반영되었다. 현대생활이 가능한 구조에 생활 편의시설들을 배치하고 전원주택의 멋을 내는 자연친화적 자재를 사용했다. 외부와 연결되는 편리한 동선도 고려했다.

설계적인 특징은 거실을 전면으로 돌출시켜 개방감을 키우고, 주방 옆에

한식 디자인 현관문으로 한옥과 조화를 이룬 포치 형태의 현관 진입부.

보조주방 겸 다용도실을 넓게 계획하여 외부로 연결한 것이다. 현관 옆에 창고를 계획한 것도 색다른 아이디어다.

벽돌로 쌓은 전축벽과 조화를 이룬 현관 진입부로 차분한 안정감을 준다.

건 축 개 요

대지위치	전남 여수시 소라면 현천리	건물규모	1층 125.37㎡ (37.92평)
지역·지구	제1종 일반주거지역		2층 56.10㎡ (16.97평)
건축구조	한식목구조주택	용적률	24.16%
대지면적	751.00㎡ (227.18평)	설계기간	2018년 9월~10월
건축면적	125.37㎡ (37.92평)	공사기간	2018년 11월~2019년 6월
건폐율	16.69%	설계	(주)종합건축 샤인
연면적	181.47㎡ (54.89평)	시공	황토와나무소리

건 축 자 재

외부마감
지붕-세라믹 한식형 기와
벽-왕겨숯단열벽체에 미장
데크-방부목
내부마감
천장-편백 루버
벽-편백 루버
바닥-강화마루(거실, 주방·식당)
　　　한지 장판(침실)
주방가구 자체 제작

단열재
지붕-왕겨숯단열벽체 시공 후 황토미장
벽-왕겨숯단열벽체 시공 후 황토미장
창호재
내측-시스템창호(알파칸)
외측-시스템창호(알파칸)
현관문 빅하우스 BW5005
위생기구 대림바스
조명기구 제일전기
난방기구 가스보일러(경동 나비엔)

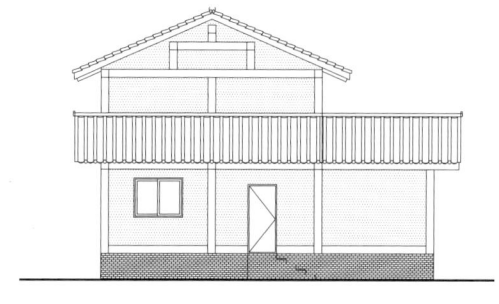

좌측면도

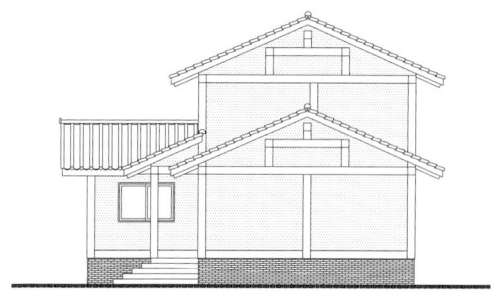

우측면도

정면도

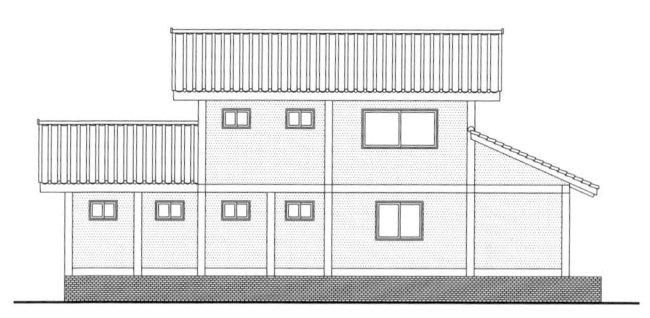

배면도

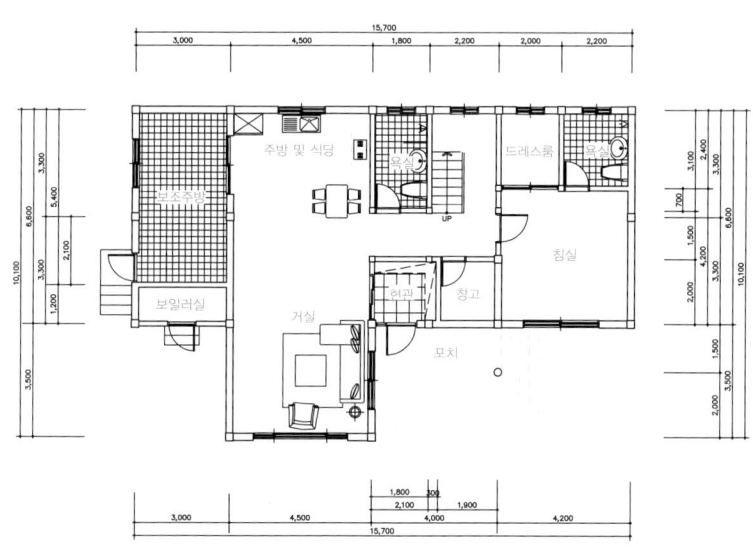

1층 평면도

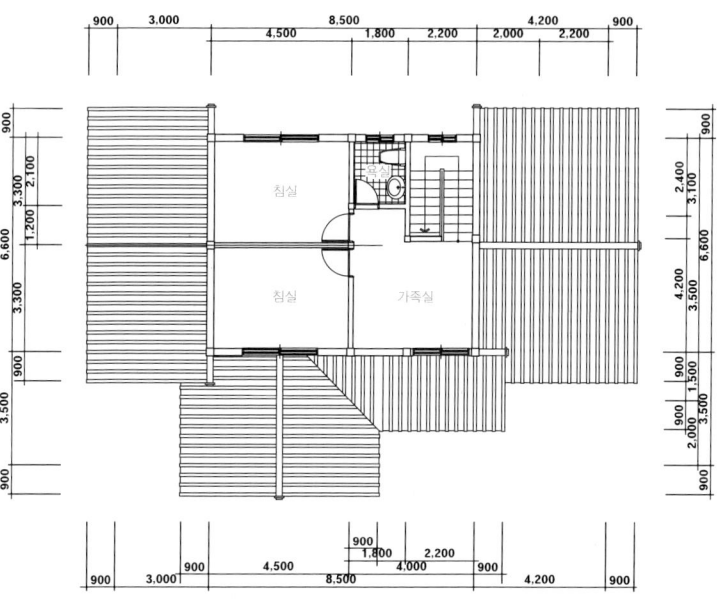

2층 평면도

01_ 부모와 자녀 세대를 위해 설계한 보기 드문 2층 한옥, 돌담과 조경으로 주변을 꾸며 한옥의 중후한 멋과 외관미가 더욱 돋보인다.

02_ 잔디와 현무암 판석으로 마감한 넓은 마당, 전통한옥의 흙이나 마사토 마당과는 달리 활동과 관리의 편리함을 추구한 현대한옥의 마당이다.

03_ 안정감 있는 구조로 차분하면서도 중후한 외관미를 갖춘 복층 실용한옥이다.

04_ 현관 출입부에 현무암 계단과 경사로를 구성하여 이용자에 따른 편리함을 고려했다.

05_ 맞배지붕과 외쪽지붕으로 짜임새 있게 구성한 외관과 조화롭게 잘 정돈된 장독대가 자리잡은 측정이다.

01, 02_ 흰색 회벽 마감으로 깔끔함이 돋보이는 후면, 도로와 맞닿은 면에 돌담을 견고하게 쌓고 시스템창호를 설치해 단열과 안전을 고려했다.

03_ 화려한 문양의 주물대문으로 한옥 이미지와는 다소 생경한 느낌이나, 현대인의 요구와 생활상을 반영하며 다양한 변화와 시도를 거듭하는 현대한옥의 일면을 대변한다.

04_ 한옥에서 굴뚝은 하나의 상징물처럼 빠지지 않는 구성요소다. 아궁이 연도로써의 기능뿐만 아니라, 예술을 표현하는 하나의 작품으로 한옥의 외관미를 더한다.

![05]

05_ 편백 루버와 한지로 마감한 아늑하고 편안한 분위기의 1층 거실이다.

06_ 화이트 콘셉트로 연출한 모던한 분위기의 주방, 동선을 줄여 효율성을 높인 ㄱ자형 주방이다.

07_ 넓게 구획한 보조주방, 현대인의 삶을 기준으로 한옥의 건축미와 생활의 편리함을 조화롭게 창출하기
위한 한옥의 변화와 시도는 끊임없이 이루어지고 있다.

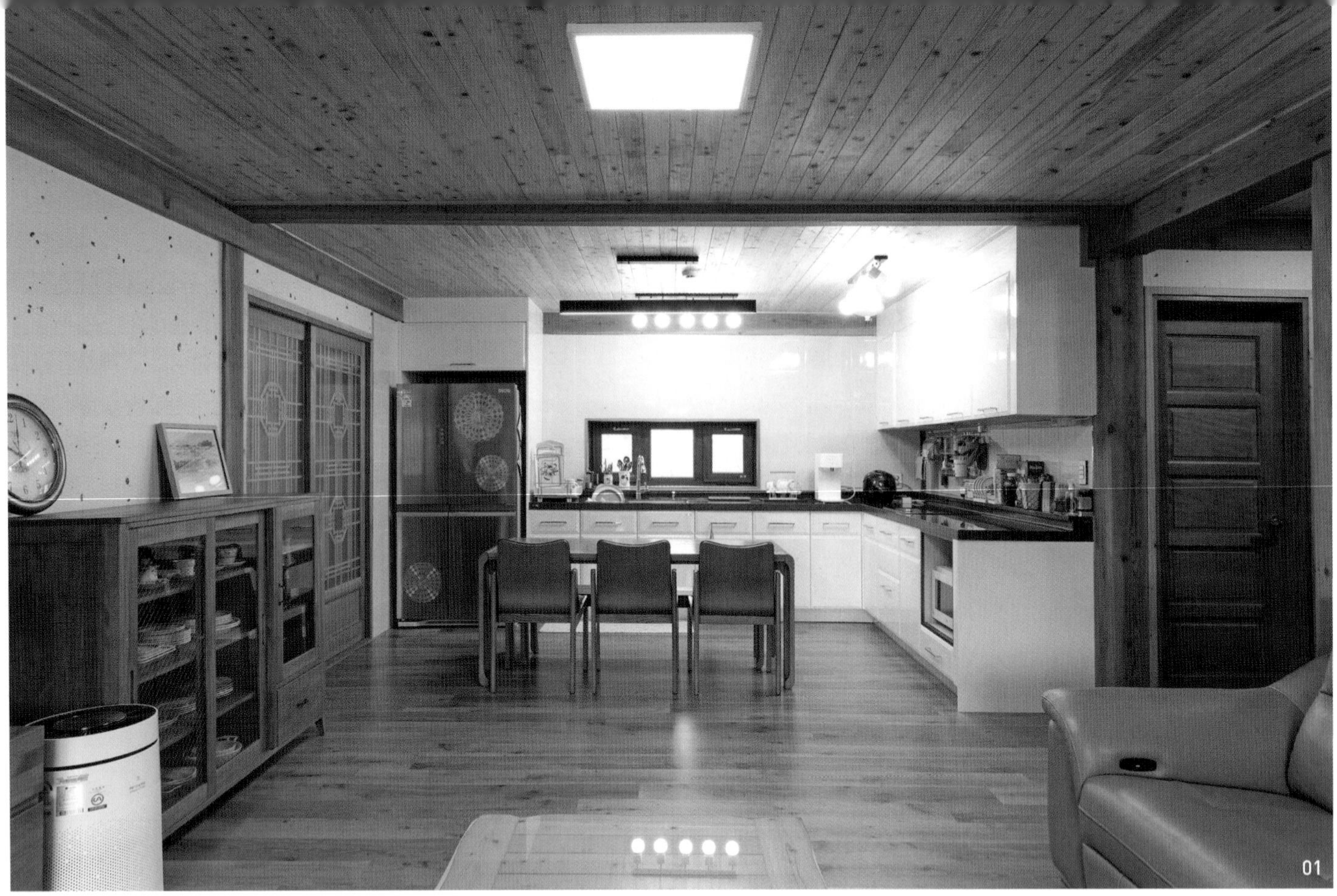

01

02

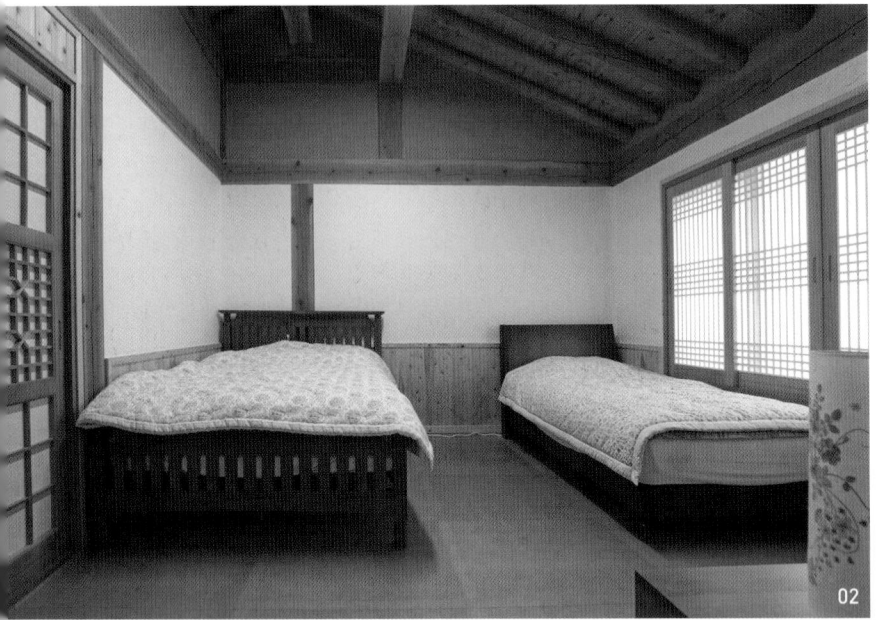

01_ 넓게 개방한 현대식 구조로 주방·식당·거실을 한 공간에 둔 대면형 주방이다.

02_ 건강에 좋은 황토, 편백, 한지 장판 등 천연소재로만 마감해 숙면에 도움을 주는 아늑한 분위기의 침실이다.

03_ 가족의 단란한 휴식시간을 위해 만들어진 2층 가족실, 프라이버시를 최대한 보호하면서 채광과 전망이 좋은 방향에 배치하였다.

03

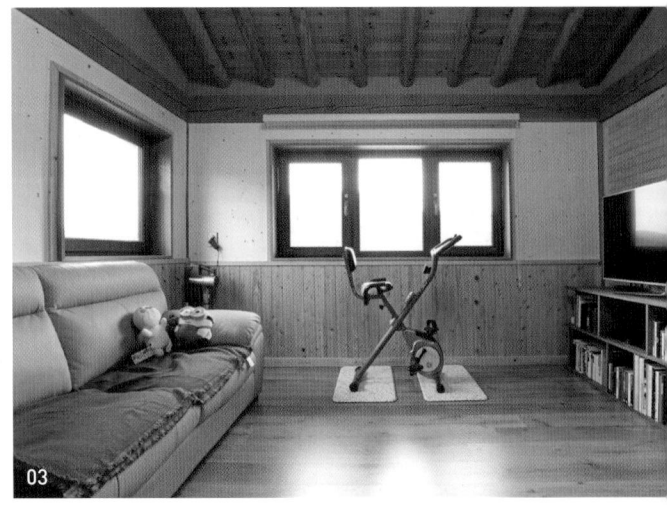

04_ 한옥에서만 볼 수 있는 종도리 상량문과 서까래가 노출된 2층 가족실의 높은 연등천장이다.

05_ 현대식 아파트와 비슷한 평면구조로 공간을 분리한 복도식 현관 출입부다.

06_ 2층으로 오르는 계단과 계단 밑 자투리 공간에도 수납 창고를 들여 빈틈없이 공간을 활용하고 있다.

07_ 사선 무늬 헤링본(Herringbone)패턴 타일과 화이트 톤 포세린 타일을 매치하여 기능성과 실용성 위주로 말끔하게 마감한 욕실이다.

세심하게 기록하고 살피며 애쓴 지 1년, 꿈꾸던 주택 만나

평생 기계와 씨름했던 엔지니어가 흙으로 지은 집이다. 집주인 명윤태, 노정연 씨 부부가 집으로 들어서면 마당 앞 시냇가 물소리가 먼저 주인의 눈과 귀를 시원하게 해준다. 거제 삼거동에 있는 이 집은 냇가에서 들려오는 물소리가 참 좋다. 거제도는 지형상 골짜기의 시냇물 소리 듣기가 힘든 지역이다. 부부는 이곳에 집을 짓기 위해 수년간 땅을 찾고, 텃밭을 가꾸며 전원 살이 연습을 했다.

엔지니어가 꿈꾸던
자연주의 황토주택

| 위   치 | 경상남도 거제시 삼거동
| 건축형태 | 한식목구조주택
| 대지면적 | 997㎡(301.59py)
| 건축면적 | 179.15㎡(54.19py)
| 건축설계 | 주신건축사사무소, 두리건축사사무소
| 건축시공 | 황토와나무소리

참고 자료_ 월간 전원속의내집

—자형 평면구조로 좌측에 배치한 누마루가 안마당을 감싸고 있어 ㄱ자형 외형을 이룬 한옥이다.

평생 기계와 씨름했던 엔지니어는 흙을 만지며 살겠노라는 마음으로 황토 흙집을 짓고 정원과 텃밭을 가꾸며 가족들과 함께 건강한 삶을 산다.

처음에는 철근콘크리트로 집을 지으려 했다. 전통적인 자연소재는 으레 구조와 단열에 취약할 것이란 편견을 가지고 있었기 때문이다. 특히, 수십 년간 엔지니어로 살아온 건축주는 철근콘크리트 구조가 주택으로 가장 견고하고 경제성도 좋으리라는 생각을 하고 있었다. 하지만, 건축박람회에서 '황토와나무소리'의 숯단열벽체를 보고 부부의 생각이 바뀌었다.

친환경 소재이면서 단열성 등 주택의 성능까지 최고로 갖출 수 있다는 점을 알고 다른 고민이 필요 없었다. 전원생활에 최적의 조건을 갖춘 황토 실용한옥, 그 길로 '황토와나무소리'와 집짓기를 함께하기로 했다. 그렇게 세심하게 기록하고 살피며 애쓴 지 1년, 드디어 꿈꾸던 주택을 만났다.

황토 40㎜, 숯 단열층 150㎜ 등
총 두께 230㎜의 숯단열벽체로 단열성 최고

입면은 누마루와 함께 단정하게 다듬어진 한옥 스타일의 외관이다. 주문 제작한 한식 현관문과 중문을 열고 안으로 들어서면 현관에서부터 목재 마감이 주는 따뜻함과 부드러움을 한껏 느낄 수 있다. 거실은 나무와 황토 내음으로 가득하다. 규조토와 한지, 편백 루버로 마감한 실내는 건강은 물론 황토와 가까운 컬러로 시각적 피곤함도 덜어준다. 가구들과도 조화를 이룬다. 한옥 느낌으로 심플한 인테리어를 살리면서 수납공간을 확보하는 방법으로 한옥식 벽장을 택했다.

거실을 기준으로 동쪽에는 침실이 두 개 있다. 그중 황토방은 바닥에 전통방식의 구들장을 설치하고 황토 이외의 별도 바닥 마감을 하지 않아 흙의 기운을 그대로 느끼며 찜질방으로 활용한다. 반대편 서쪽의 메인 침실은 누마루와 발코니 창으로 연결하여 쉽게 오갈 수 있도록 했다. 침실 옆은 작업실 등으로 사용하는 다락으로 이어진다.

시공할 때 황토집의 가장 취약한 부분인 단열에 특히 신경 썼다. 황토 40 ㎜, 숯 단열층 150㎜ 등 총 두께 230㎜에 달하는 숯단열벽체를 만들어 단열성을 높였다. 당장은 계단을 쓰는 데 문제가 없어도 나중에 부담스러워질 노후를 대비해 미리 완만한 경사로를 설치해 놓았다.

태양광과 지열난방으로 재생 에너지를 늘리고, 음식물 쓰레기도 재활용해 블루베리 텃밭의 퇴비로 활용한다. 100% 완전한 자연친화적인 삶을 살 순 없지만, 지금 눈앞에 보이는 그대로의 자연환경을 보전하고 자연의 아름다운 풍경을 즐기며, 최대한 자연에 가깝게 친환경 삶을 실천하며 살겠다는 부부의 노력이다.

취미 삼아 블루베리를 재배하고 있는데 이웃과 나눠먹으며 정도 쌓고, 나머지는 조금씩 팔아 용돈도 챙긴다. 시골생활에 빠져 살다 보니 도시생활했던 때보다 더 바쁘다. 도시처럼 틀에 박힌 반복된 일상이 아니라 자연 속에서 시작되는 하루하루라 늘 새로운 기분으로 부부는 행복하다.

누마루와 함께 단아한 외관을 보이는 입면이다.

처마 끝 서까래에 매달린 풍경(風磬)은 바람결에 맑은 소리로 한옥의 깊이를 더한다.

건 축 개 요

대지위치	경남 거제시 삼거동	건물규모	1층 134.63㎡ (40.73평)
지역·지구	생산관리지역		다락 44.52㎡ (13.47평)
건축구조	한식목구조주택	용적률	17.97%
대지면적	997.00㎡ (301.59평)	설계기간	2017년 9월~10월
건축면적	134.1㎡ (40.57평)	공사기간	2017년 11월~2018년 10월
건폐율	13.45%	설계	주신건축사사무소,
연면적	179.15㎡ (54.19평)		두리건축사사무소
		시공	황토와나무소리

좌측면도

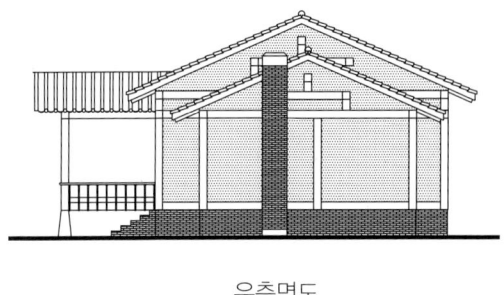

우측면도

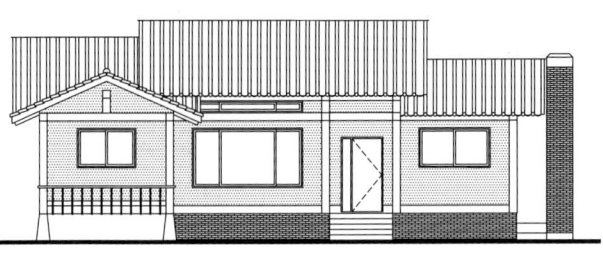

정면도

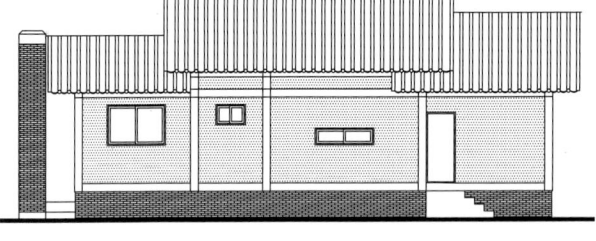

배면도

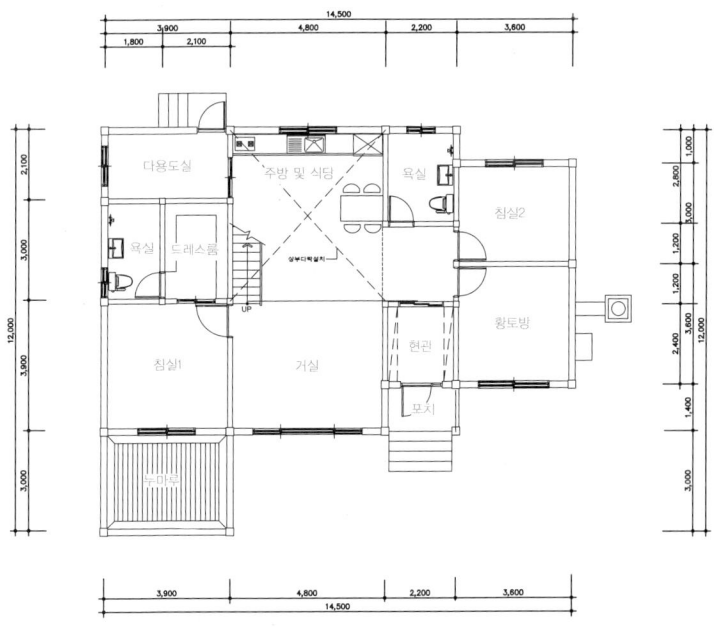

1층 평면도

01_ 서쪽 메인 침실 앞에 주변 풍광을 즐길 수 있는 누마루를 배치하여
내부에서 쉽게 오가며 이용한다.

02_ 계단과 완만한 경사로의 현관 출입부는 나이가 더 들었을 때의 노후를
대비한 계획이다.

03_ 본채 옆으로 외쪽지붕을 덧대어 주차장 겸 다용도실로 사용할 수 있는
공간을 확보했다.

01

02

03

04_ 현무암 판석이 깔린 전면의 데크에서도 누마루로 오를 수 있는 동선을
연결하여 안팎에서 쉽게 접근할 수 있도록 구성했다.

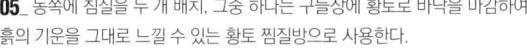

05_ 동쪽에 침실을 두 개 배치, 그중 하나는 구들장에 황토로 바닥을 마감하여
흙의 기운을 그대로 느낄 수 있는 황토 찜질방으로 사용한다.
06_ 마당의 조경과 집 주변에 펼쳐진 차경이 일체감을 이루며 넓은 풍경을
선사하는 싱그러운 정원이다.
07_ 예각진 모서리 땅에 태양광, 온실, 저온창고를 배치하여 땅의 이용도를 높였다.

01_ 석축 위에 설치한 심플한 철재 난간대는 내구성이 좋고 통제성과 영역 구분에 효과적이다.

02_ 거제도에는 골짜기에 흐르는 시냇물이 드물다. 뜨거운 한낮에도 시냇물 소리를 듣고 있노라면 어느새 더위가 가시는 느낌이다.

03_ 돌의 다양한 색감과 질감, 크기를 이용해 정교하게 축조한 감각적인 표현과 마감이 돋보이는 담장이다.

04_ 군데군데 마운딩하여 조성한 화단에 화목과 초화, 지피식물 등을 식재하고, 담장과 석등, 물확 등 점경물과 소품들로 꾸민 자유로운 형태의 정원이다.

05_ 석재 문주에 철재의 중후한 견고함과 목재의 온화한 고급스러움을 담아 디자인한 대문이다.

06_ 철근콘크리트 기초 위에 자연석 붙임으로 중후함과 무게감을 실은 협문이다.

07_ 주택의 후면. 이곳에 집을 짓기 위해 수년간 땅을 찾고, 텃밭을 가꾸며 전원생활을 체험한 후에서야 숯단열벽체 황토집을 지었다.

01_ 한지와 규조토, 편백 루버로 마감한 실내, 건강은 물론 황토와 유사한 톤으로 시각적인 피로감을 덜어주며, 가구와도 조화를 이룬다.

02_ 100% 자연친화적인 삶을 살 순 없지만, 지금 보이는 자연풍경을 그대로 지켜나가고자 하는 부부의 노력이 마당 곳곳에 배어 있다.

03_ 한옥 분위기로 심플한 인테리어를 살리면서 수납공간을 확보하는 방법으로 한옥식 벽장을 택했다.

04_ 나무와 황토 내음으로 가득한 거실은 넓어서 공간 활용이 좋고, 3개의 방과 작업실로 사용하는 다락으로 이어진다.

05_ 황토와 나무로 지은 황토집에 배치한 가구들도 모두 홍송과 히노끼로 맞춤 제작하여 자연친화적인 인테리어를 연출했다.

06_ 주문 제작한 붙박이장과 한식 중문으로 현관에서부터 목재 마감이 주는 따뜻함과 부드러움을 한껏 느낄 수 있다.

단독주택 필지에 2층 설계로 안마당 최대한 넓게 확보

경남 진주시 충무공동 혁신도시 내 단독주택지에 지은 집이다. 도로의 두 면이 동남향으로 열려 있고 앞에는 영천강이 흐르는 전원풍경이 펼쳐진 전망 좋은 곳이다. 이웃하는 필지의 두 면에 붙여 ㄱ자형 대칭을 이루는 배치다. 전면에 데크와 마당을 두고 밖으로 시원스럽게 열려 단독주택용지임에도 마당이 옹색해 보이지 않는다. 직사각형의 블록형 필지에서 안마당을 최대한 확보해 각 실의 고유 영역과 거주성을 높이기 위한 합리적인 평면계획을 했다.

홑처마 맞배지붕의 한옥으로 전체 51평 규모에 14평의 다락이 별도로 있다. 거실과 주방은 각각 독립적으로 사용할 수 있도록 분리 배치했다. 대면형 주

<u>05</u> 진주 충무공동주택

실마다 독립적인
공간으로 구성한
2층 황토집

위　　치	경상남도 진주시 충무공동
건축형태	한식목구조주택
대지면적	399.1㎡(120.73py)
건축면적	167.1㎡(50.55py)
건축설계	주신건축사사무소
건축시공	황토와나무소리

한창 개발 중인 진주 혁신도시 내 단독주택용지에 지은
1층 34평, 2층 17평 규모의 2층 황토집이다.

건축기술과 자재의 발달로 현대와 와서는 과거에 보기 어려웠던 2층 한옥
이 가능해져 다양화와 기능성 측면에서 긍정적인 효과가 매우 크다.

방보다는 요리를 좋아하는 안주인 위해 독립적으로 사용하기 편안한 동선을 그렸다. 주방에는 작업 공간뿐만 아니라 넉넉한 수납공간으로도 활용이 가능한 아일랜드테이블을 놓아 주방의 실용성을 높였다.

거실을 계획할 때는 실내 동선에 방해받지 않도록 나름의 독립성을 갖추는 것이 좋다. 동선을 방해하는 지나치게 큰 가구나 장식물을 놓으면 실내 공간의 활용도가 떨어지므로 낭비되는 공간이 생기지 않도록 해야 한다.

외부로 연결된 다용도실 둬 바깥 활동 시 편리해

현관을 중심으로 오른쪽은 거실과 주방, 왼쪽은 방으로 구분했다. 현관 앞쪽 복도를 통해 두 공간이 연결된다. 주방 앞에 복도를 두어 주방을 독립적으로 분리하고, 거실에서 주방 앞 복도를 통해 다락으로 올라갈 수 있다. 지붕 아래 공간에는 지붕선을 따라 14평 다락방을 두었는데, 드럼치는 음악실로 꾸며 건축주의 취미생활 공간으로 사용한다. 2층은 칸을 나누어 방 세 개와 욕실을 따로 두었다.

전원주택에서 현관은 주택의 분위기와 첫인상을 좌우하는 얼굴과도 같은 부분이다. 현관에 사용되는 문의 재료나 건축물에 사용되는 내·외장재, 현관 내의 신발장이나 수납장, 가구, 그리고 조명에 의해 주택의 다양한 인상들이 결정된다. 그러므로 현관에 원하는 디자인과 분위기를 살려 주거 공간 내부로 끌어들여 전체적인 통일감을 줄 수 있도록 신경을 써야 한다.

현관에는 종일 바깥 생활로 오염된 겉옷 정도 걸어둘 수 있는 공간과 걸터앉아 신발을 신거나 벗을 수 있는, 또는 임시로 가방이나 짐을 올려놓을 수 있는 낮은 다용도 벤치나 의자를 비치해 두면 좋다. 이 집의 현관에는 정원을 가꾸는 조경 도구와 신발을 포함한 생활용품, 덩치 큰 레저용품 등을 손쉽게 보관할 수 있는 창고 겸 다용도실이 배치되어 있다. 한편에는 옷매무시를 볼 수 있는 거울, 먼지떨이 등과 같은 소품도 갖추었다. 뿐만 아니라 주방에도 외부와 연결한 다용도실을 두어 가사나 외부 활동 시 편리하게 용품들을 꺼내 쓰고 보관할 수 있도록 수납공간에 세심하게 신경을 썼다.

콘크리트옹벽 사이에 자연석계단을 놓아 출입구를 대신했다.

건축개요

대지위치	경남 진주시 충무공동	건물규모	1층 111.66㎡ (33.78평)
지역·지구	제1종일반주거지역		2층 55.44m (16.77평)
건축구조	한식목구조주택	용적률	41.87%
대지면적	399.1㎡ (120.73평)	설계기간	2017년 2월~3월
건축면적	116.76㎡ (35.32평)	공사기간	2017년 4월~2018년 4월
건폐율	29.26%	설계	주신건축사사무소
연면적	167.1㎡ (50.55평)	시공	황토와나무소리

건축자재

외부마감
지붕-세라믹 한식형 기와
벽-왕겨숯단열벽체에 미장
데크-방부목

내부마감
천장-편백 루버
벽-편백 루버
바닥-강마루(거실, 주방·식당)
　　　한지 장판(침실)

주방가구 자체 제작

단열재
지붕-왕겨숯단열벽체 시공 후 황토미장
벽-왕겨숯단열벽체 시공 후 황토미장

창호재
내측-전통 세살 목창
외측-시스템창호(LG하우시스)

현관문 빅하우스 BW5005
위생기구 대림바스
조명기구 제일전기
난방기구 가스보일러(경동 나비엔))

도로와 접한 두 면을 시원스럽게 개방하여 외부의 확장감을 높이고 오가는 사람들에게는 시각적인 즐거움을 준다.

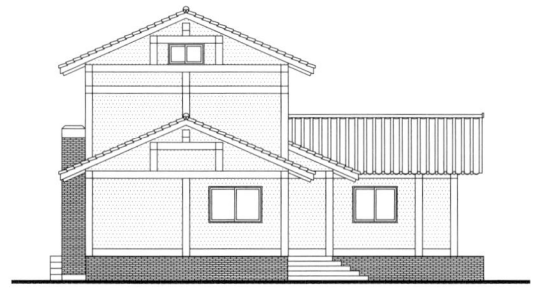

좌측면도

우측면도

정면도

배면도

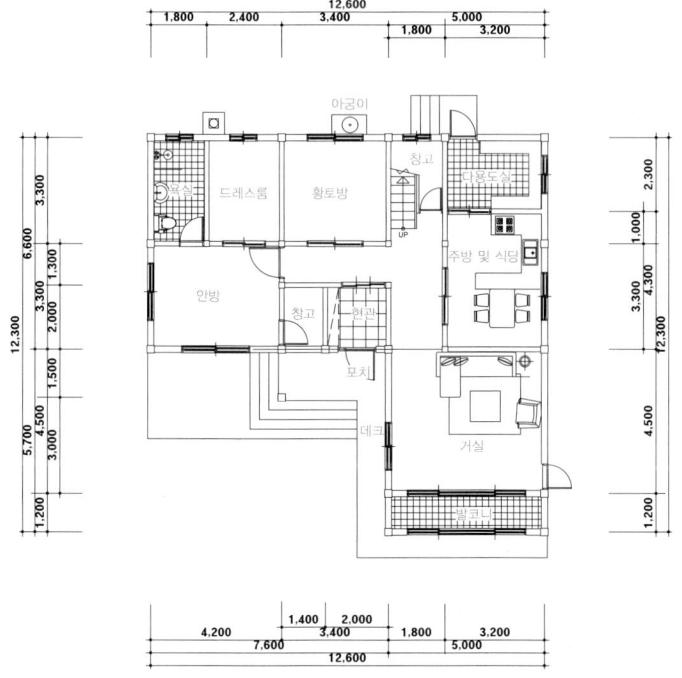

1층 평면도

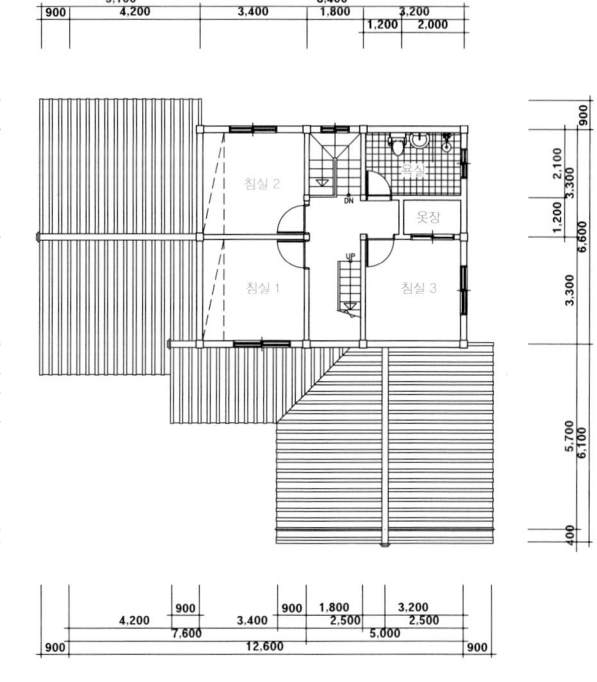

2층 평면도

05

06

01_ 아담하게 조성한 정원의 잔디마당을 거쳐 데크로 형성한 넉넉한 공간의 현관 출입부다.

02_ 탁 트인 전망 좋은 부지를 먼저 확보하고, 주위의 현대식 건물과 대조를 이룬 건강한 한옥식 황토주택을 지어 이목을 끈다.

03_ 택지지구 내 비교적 넓은 120평 규모의 대지에 2층 구조로 공간 효율성을 높이고, 나머지 공간에 시원스럽게 열린 정원을 조성하여 작지만 여유로움이 느껴지는 마당이다.

04_ 현대생활에 편리한 점을 두루 갖춤과 동시에 건강한 삶을 위해 선택한 황토집이다.

05.06_ 맞배지붕으로 이루어진 외관이지만 2층 구조라 입면 디자인이 단조롭지 않고 구성미가 있다.

07,08_ 한옥의 주요 부재인 기둥과 보가 잘 드러난 말끔한 배면, 한옥의 뼈대와 숯단열벽체 황토마감의 특징을 잘 보여준다.

07 08

01, 02_ 분리된 독립공간으로 구성하여 넓은 개방감 보다는 아늑하고 포근한 분위기의 거실이다.

03_ 벽체의 공기 순환이 원활한 황토주택은 작은 공간에서도 답답함 없이 깊은 숙면을 취할 수 있어 잠자리가 매우 편하다.

04_ ㄷ자형 현대식 주방구조에 완자살 미닫이 중문을 달아 전통미를 살렸다.

05_ 나무 갤러리도어 붙박이장으로 목재 인테리어와 조화를 이룬 넓은 드레스룸이다.

06_ 주방에 각종 그릇이나 조리기구 등을 정리해 둘 수 있는 넉넉한 수납장을 주문 제작하여 배치했다.

01_ 샤워부스, 수납장, 젠다이 등 욕실의 기본적인 기능성을 갖추어 깔끔하고 간결하게 마감한 욕실이다.
02, 03_ 거실, 주방, 계단 등 각 실을 분리 및 연결하는 통로인 복도다.

04_ 한식 현관문을 설치한 출입부. 기둥에 준공한 해를 표시한 2018 숫자를 붙여 장식했다.
05_ 2층 복도에서 다락으로 오르는 계단, 계단참 아래에 작은 공간을 활용해 수납공간을 만들었다.
06_ 다락으로 오르는 계단에 격자 문양 난간을 설치해 한옥의 실내의 전통미를 살렸다.
07_ 서까래가 노출된 지붕선을 따라 다락을 만들고 음악실로 꾸며 드럼 치는 주인장의 음악 취미실로 사용한다.

건강한 몸과 마음으로 좋은 이웃들과 어울려 살고파 지은 집

총 40세대가 살 수 있도록 계획한 전원마을 내의 주택이다. 친환경 건강주택을 짓고 좋은 이웃과 더불어 몸도 마음도 건강하고 편안하게 살 수 있는 참한 마을을 만들어야겠다는 생각으로 지었다.

전원주택을 짓고 살겠다는 생각은 늘 있었지만, 생활기반을 둔 김제 시내를 쉽게 떠날 수 없었다. 그러던 중 김제시 검산동 끝에 자연녹지지역 약 9천 평이 매물로 나왔다는 소식을 듣고, 뜻을 함께하는 지인들과 유한회사를 만들어 평소 바라던 마을을 조성하기 시작했다. 마을 이름은 조정래의 대하소설 '

몸과 마음을 치유해주는 집이란 의미의 '치유당(治癒堂)'

위 치	전라북도 김제시 검산동
건축형태	한식목구조주택
대지면적	660㎡(199.65py)
건축면적	162.49㎡(49.15py)
건축설계	아이에스건축사사무소
건축시공	황토와나무소리

참고 자료_전원주택라이프

총 40채 규모의 전원주택 단지에 지은 6채의 모델 주택으로, 한옥의 장점에다 현대주택의 편리성을 접목한 실용한옥이다.

치유당(治癒堂)은 하늘과 땅이 맞닿은 지평선을 바라보는 곳, 김제·만경 평야 마을 뒤의 '검산수변 도시숲'을 테마로 조성한 '지평선 수변공원 전원마을'내에 자리 잡고 있다.

아리랑'의 무대인 한반도에서 유일하게 하늘과 땅이 맞닿은 지평선을 바라볼 수 있는 김제·만경평야 마을 뒤 '검산수변 도시숲'을 테마로 '지평선 수변공원 전원마을'로 정했다.

전원마을 개발을 시작할 때 새집증후군(Sick House Syndrome)이 사회문제가 됐다. 건축주는 자연스럽게 친환경 주택에 관심을 갖게 되었다. 여러 가지 구조 중에서 목구조가 눈에 띄었고, 특히 주요 목부재인 기둥과 보, 도리를 못 하나 사용하지 않고 사개맞춤으로 짓는 전통한옥이 제일 친환경적이란 생각이 들었다. 문제는 한옥의 비싼 건축비와 낮은 단열성이었다. 이런 고민에 빠졌을 때 찾아낸 것이 숯단열벽체를 이용한 한옥은 친환경 건강주택이면서 경제적이고 실용적인 주택이라고 생각했다.

나무와 부직포로 짠 프레임 속에 왕겨숯을 채우고 안팎을 황토로 미장한 숯단열황토벽체는 장점이 많았다. 외를 엮은 후 여러 번 흙을 바르는 전통 방식보다 가격이 저렴하면서 단열성, 방음성, 내구성이 뛰어나다. 물성이 다른 나무 기둥과 흙이 아닌 나무 기둥과 나무 프레임의 접합 구조이기에 수축 팽창에 의한 틈이 발생하지 않아 기밀 면에서도 유리하다.

평면도 전통한옥의 간살잡이 방식이 아닌 현대인의 생활 방식에 맞춰 구성했다. 아파트 평면 구조를 전원의 환경에 맞춰 수정 보완한 것이다. 전통한옥과 현대주택의 장점을 살린 이른바 실용한옥이다. 집의 이름은 생활에 지친 몸과 마음을 치유해주는 집이란 의미에서 '치유당(治癒堂)'으로 지었다.

치유당은 정남향 집이다. 나무집에 치명적인 습기를 피하고자 줄기초를 80㎝ 높이로 한 후 그사이에 마사토를 채웠다. 사각 주춧돌 위에 기둥을 세운 맞배지붕 집이다. 목부재는 대경목(大經木)으로 하여 두께를 맞추어 숯단열벽체를 사용해 단열성을 높였다. 밖에서뿐만 아니라 안에서도 아

름다운 나무의 질감을 느낄 수 있다.

실내 평면은 중앙에 거실과 주방·식당을 앞뒤로 배치하고, 이를 중심으로 좌측에 구들방과 화장실, 다용도실 그리고 우측에 욕실과 드레스룸이 딸린 안방을 배치했다. 안방과 부속 공간은 두 짝 미서기 문으로 분리하고, 다시 욕실과 드레스룸 공간은 파우더룸을 사이에 두고 여닫이문과 미서기문으로 분리했다.

이따금 오는 가족과 친지들을 생각한 실내·외 공간 구성

출가한 자녀 가족이 오거나 친인척 등이 모일 때를 고려해 안팎으로 여러 군데 공유할 수 있는 공간을 계획했다. 거실과 주방·식당 상부에 다락을 넣었고 마당에는 넓은 데크와 정자를 만들었다. 손님들이 많이 왔을 때를 생각해서다. 정자는 실용한옥과 어우러져 운치를 자아내고, 마당과 집터 사이 높은 레벨 차를 이용해 만든 데크는 전통한옥의 기단과 같다. 데크 좌우에 정자와 출입구로 이어지는 2개의 계단분만 아니라, 주차장에서 현관까지 무거운 물건을 편리하게 옮길 수 있는 경사로를 따로 만들었다.

다락은 평소 부족한 수납공간을 대체하는 기능을 한다. 거실은 외부의 먼지와 낙숫물이 튀어들지 않도록 문지방을 살짝 높인 형태다. 실내 마감은 목부재인 기둥과 보, 도리, 그리고 서까래와 개판분만 아니라 편백 루버와 한지, 전통 창호가 어우러져 고풍스러운 운치를 자아낸다. 최대한 친환경적 집을 고집하다 보니 문짝과 몰딩도 기둥 부재와 똑같은 나무를 켜서 썼다. 실내는 주로 인체에 유익한 편백 루버와 한지로만 마감하고, 주방가구도 원목으로 짰다.

부부가 제일 좋아하는 공간은 구들방이다. 아궁이에 불 한 번 때면 그 열기가 나흘은 간다. 황토구들방에 있으면 몸에 있는 독소가 다 빠져나가는 느낌을 받는다고 한다. 아토피로 고생하는 손자가 집에 오면 몸을 긁지 않고 잘 잔다. 술을 마신 후 자고 일어나면 다음 날 숙취는커녕 몸이 개운하다. 집 이름 그대로 제 몫을 다하는 집 '치유당(治癒堂)'이다.

계단과 함께 완만한 경사로도 만들어 부담 없이 데크를 오르내리도록 계획했다.

건축개요

대지위치	전북 김제시 검산동	건물규모	1층 121.38㎡ (36.72평)
지역·지구	자연녹지지역		다락 41.11㎡ (12.44평)
건축구조	한식목구조주택	용적률	24.62%
대지면적	660.00㎡ (199.65평)	설계기간	2017년 1월~2월
건축면적	121.38㎡ (36.72평)	공사기간	2017년 2월~10월
건폐율	18.39%	설계	아이에스건축사사무소
연면적	162.49㎡ (49.15평)	시공	황토와나무소리

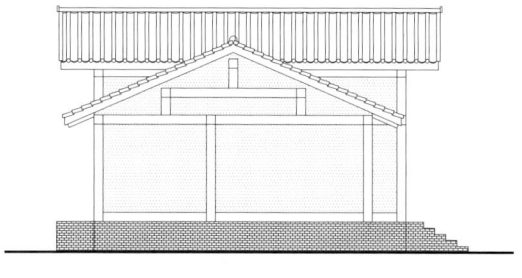

좌측면도

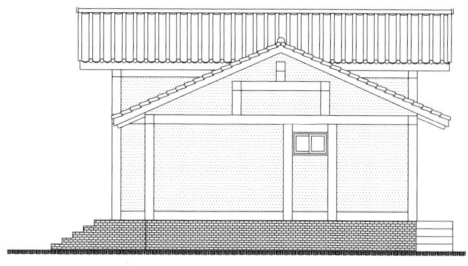

우측면도

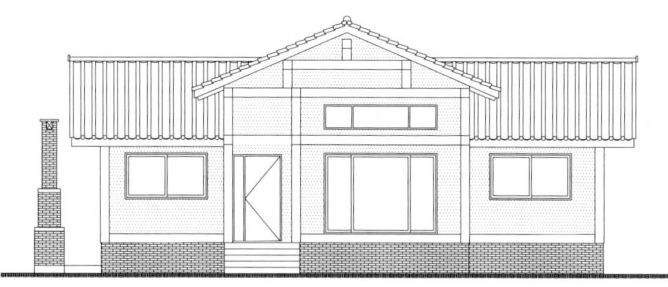

정면도

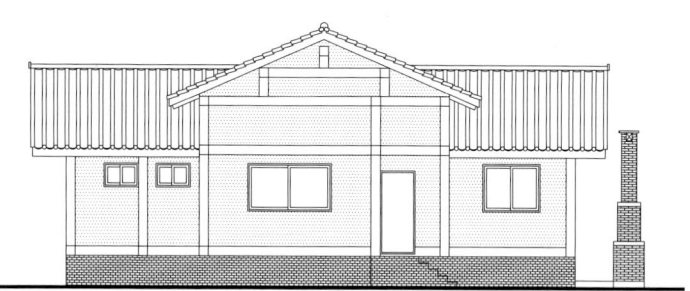

배면도

건 축 자 재

외부마감
지붕-세라믹 한식형 기와
벽-왕겨숯단열벽체에 미장
내부마감
천장-편백 루버
벽-편백 루버
바닥-강마루(거실, 주방·식당)
　　　한지 장판(침실)
단열재
지붕-왕겨숯단열벽체 시공 후 황토미장
벽-왕겨숯단열벽체 시공 후 황토미장
창호재
내측-전통 세살 목창
외측-시스템창호(LG하우시스)
현관문 빅하우스 BW5005
주방가구 자체 제작
위생기구 대림바스
조명기구 제일전기
난방기구 가스보일러(경동 나비엔)

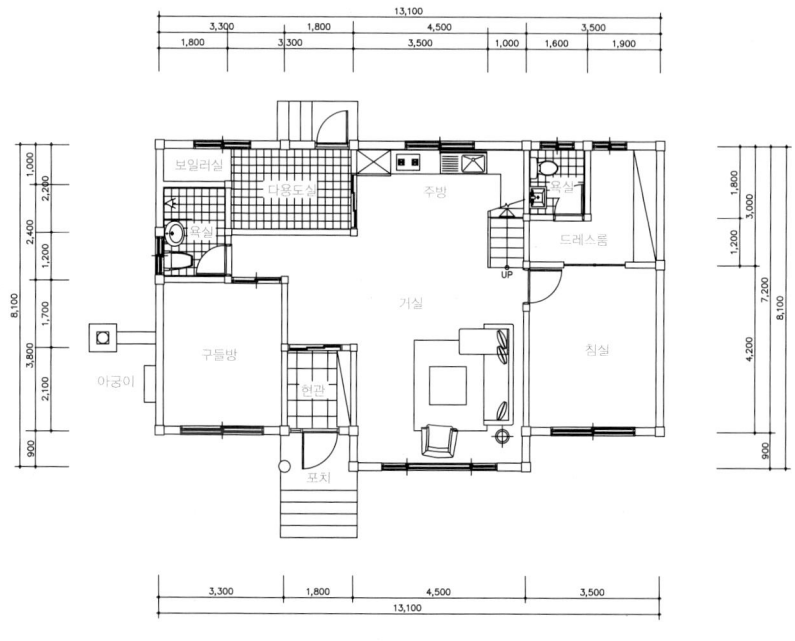

1층 평면도

01_ 데크 좌우에 정자와 출입구로 이어지는 2개의 계단과 주차장에서 현관까지 무거운 물건을 편리하게 옮길 수 있는 경사로가 있다.

02_ '지평선 수변공원 전원마을'의 단독 필지는 전기와 통신시설을 지중화해 깔끔한 스카이라인을 이루고, 드물게 도시가스까지 끌어들여 단지 내 기반시설이 양호하다.

03_ 거실의 전면창 안쪽은 전통 세살 목창이지만, 바깥쪽은 단열성과 기밀성을 고려해 현대식 시스템창호를 채택했다.

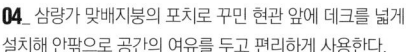

04_ 삼량가 맞배지붕의 포치로 꾸민 현관 앞에 데크를 넓게 설치해 안팎으로 공간의 여유를 두고 편리하게 사용한다.

05_ 구들방 옆에 배치한 함실아궁이. 땔감도 보관하고 눈비를 피할 수 있도록 지붕을 얹어 측면의 외관미도 더했다.

06_ 토석담과 도랑주로 만든 정자, 솟대 등이 어우러진 한옥마을에 친환경적인 실용한옥을 지어 조화를 이룬다.

07_ 마당과 기초 사이 높은 레벨 차를 이용해 난간형 데크를 설치했다. 현관문을 열면 넓은 데크와 마당이 시원하게 들어온다.

01_ 평면이 방형으로 바닥은 우물마루이고 지붕은 너와를 얹은 우진각지붕 정자다.

02_ 함실아궁이가 딸린 구들방과 벽돌로 정성스레 쌓은 전축굴뚝이 있는 건물 측면이다.

03_ 기둥과 보, 도리 위에 서까래와 개판으로 마감한 천장, 옻칠한 황토벽에 목재와 한지로
분위기를 내 건강에 이로운 시원스러운 친환경 거실이다.

04_ 편백 아트월과 한지, 전통 창호가 어우러져 고풍스러운 운치를 자아내는 거실이다.

05_ 주방가구는 모두 통나무로 짠 맞춤가구를 설치하고 자연스러운 목재 컬러 매치로
편안한 느낌을 주는 공간이다.

06_ 전통한옥의 간살잡이 방식이 아닌 아파트의 평면구조를 수정 보완하여 현대인의
생활방식에 맞춰 현대화한 평면구성이다.

07_ 거실에서 바라본 주방 위의 다락, 이색적인 난간 디자인은 안전에 보는 재미까지 더한다.

01_ 주방과 현관 위에 들인 다락은 평소 부족한 수납공간을 대체하고 주말이면 손자들이 신나게 뛰어노는 놀이터가 되기도 한다.

02_ 천장고를 높이고 서까래를 노출해 한옥 느낌이 물씬 나는 찜질방에도 안방과 같은 벽장을 만들어 인테리어 효과를 높였다.

03_ 안방과 부속 실 사이에 두 짝 미서기문을 설치하고, 드레스룸의 붙박이장에도 한식 미서기문을 달아 공간을 구분했다.

04_ 주방 왼쪽에 넓은 다용도실을 두고 대용량 냉장고와 냉동고, 저온 창고를 마련하여
곡물이나 음식물 등을 보관하는 용도로 사용한다.
05_ 거실을 중심으로 주방·식당을 앞뒤로 나란히 배치하고, 이를 중심으로 좌측에 구들방과
화장실, 다용도실을 배치했다.
06_ 모노톤의 타일로 매치한 바닥과 벽, 편백 루버 천장, 샤워부스 등 말끔하게 마감한 욕실이다.

한옥에 무작정 끌려 지은 집, 살면서 잘했다는 것 새삼 느껴

경남 함안 산인면 한 대지 위에 자매가 나란히 한옥식 황토집을 짓고 산다. 전체적으로 보면 본채와 사랑채 느낌을 주지만, 한 동은 언니 집, 한 동은 동생 집이다. 언니네는 32평에 다락이 10평 있고 동생 집은 18평에 다락 8평이다. 내부는 원목 마감으로 편안함을 안겨준다.

한옥이 왜 좋은지도 모르고 무조건 한옥만 고집했다. 집을 짓는다면 당연히 한옥을 지어야겠다는 생각을 했다. 그렇게 황토 한옥을 짓고 살아보니 참 좋다. 잘 선택했다는 생각을 한다. 살면 살수록 컨디션이 좋아지고 표정도 밝아졌다는 것을 스스로 느낀다. 몸이 가볍고 기운이 넘친다. 정신 건강도 함께 좋

07 함안 모곡리주택

삶의 만족감 가져다준 예스러운 황토 한옥

위　　치	경상남도 함안군 산인면 모곡리
건축형태	한식목구조주택
대지면적	687.06㎡(207.84py)
건축면적	161.37㎡(48.81py)
건축설계·시공	황토와나무소리

참고 자료_전원주택라이프

대지 위의 채와 채가 서로 풍경을 주고받는 황토 한옥에서
자매가 오붓하게 우애를 나누며 산다.

쾌적함과 편안함은 살기 좋은 집의 필수 조건으로 건축주는 황토 집의 구조
와 자연친화적 환경에서 찾을 수 있었다.

아지는 느낌이다.

오행에서 흙(土)의 기운이 많은 사람은 포용력과 배려심이 강하다고 한다. 토의 기운이 부족한 사람은 마음이 허하고 마음이 후덕하지 않아 베푸는 마음이 적다고 풀이한다. 흙은 인간의 뿌리이자 어머니의 품으로도 비유된다. 그래서 흙집에 있으면 몸과 마음이 고요해지고 기운을 되찾는지도 모른다.

인체에 영향을 미치는 황토의 이로움에 대해서는 이미 여러 문헌에서 찾아볼 수 있다. 중국 한나라 본초학서인 '명의별록'에는 '황토가 폐, 비장, 방광, 간

에 좋은 영향을 미친다.'고 했다. '조선왕조실록'에는 '광해군이 황토방에서 종기를 치료했다'고 전한다. 또 '황토를 우려낸 황토지장수가 여러 가지 독을 푼다.'라고도 기록하고 있다.

황토가 몸을 건강하게 하는 건축 재료라면 마음을 편안하게 하는 것은 집의 구조다. 그 집에 거주하는 주인의 생활방식에 잘 맞는 조화로운 구조가 마음을 편안하게 해 준다. 좋은 건축 자재에서 건강한 몸을 지킬 수 있고 좋은 구조에서 편안한 마음을 유지할 수 있다.

풍경을 바라볼 수 있는 조망 창에 신경 쓴 설계

건축주 자매가 집을 지으며 시공사에 요구한 건 풍경을 어디서나 볼 수 있게 창을 많이 설치해달라는 것이었다. 전망 좋은 곳에 집을 짓고 부엌에 큰 창을 설치해 풍경을 감상하며 일을 하는 게 로망이었다. 꿈은 이루어졌다. 이 집은 어디서나 풍경과 연결되는 것이 특징이다.

거실은 다른 집과 별반 다를 게 없지만, 안방과 연결하면서 독특한 풍경을 만들어낸다. 안방과 거실을 분리한 미닫이문을 열고 안방에 앉아 있으면 전통문양의 미닫이문이 액자가 되어 거실과 창밖의 풍경을 담아낸다. 한옥에서만 느낄 수 있는 멋이다.

이 집은 단열성이 매우 우수하다. 집을 지은 건축업체 '황토와나무소리'는 옛 건축방식을 고집하며 '숯단열황토벽체'를 개발해 높은 단열성능과 내구성을 갖춘 집을 완성한다. 거기에 습할 땐 습기를 흡수하고 건조할 때 다시 내뿜는 흙집의 특성을 잘 살려 집을 짓기 때문에 실내가 매우 쾌적하다.

옛 건축방식인 심벽을 이중으로 하고 숯 단열을 추가한 것이다. 왕겨숯으

편안함은 구조에서 비롯된다. 거주자의 생활방식과 거주자만의 이상적인 공간배치가 조화를 이루면 이를 몸과 마음으로 느끼게 된다.

로 만든 단열벽체는 습도를 조절하면서 벌레가 서식하지 못해 더욱 쾌적한 공간을 만든다. 숯단열벽체를 완성하면 황토, 모래, 왕겨, 생석회를 섞은 흙 반죽을 벽체에 힘껏 밀어 빈틈없이 채워간다. 미장은 여러 번 덧발라 마감하는 방식이라 시간이 오래 걸리지만, 내구성은 좋아진다. 또 흙 반죽은 미세한 공기층을 형성하기 때문에 밀도가 높은 벽돌에 비해 단열성능이 뛰어나다.

용마루에 병렬 10등 직부등을 메인등으로 설치하고, 레일조명을 보조등으로 쓰면서 전기배선을 옛날 방식대로 노출해 인테리어 요소로 활용했다.

건축개요

대지위치	경남 함안군 산인면 모곡리	**연면적**	161.37㎡ (48.81평)
지역·지구	계획관리지역	**건물규모**	본채 104.94㎡ (31.74평)
건축구조	한식목구조주택		안채 56.43㎡ (17.07평)
대지면적	687.06㎡ (207.84평)	**용적률**	23.49%
건축면적	본채 104.94㎡ (31.74평)	**설계기간**	2014년 9월~12월
	안채 56.43㎡ (17.07평)	**공사기간**	2015년 1월~2015년 8월
건폐율	23.49%	**설계 및 시공**	황토와나무소리

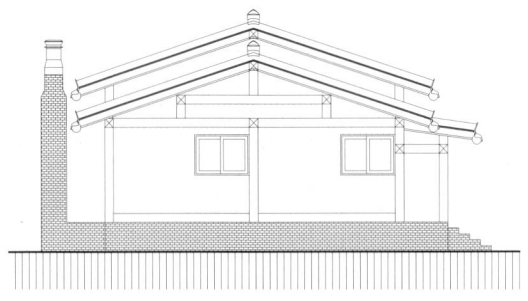

좌측면도

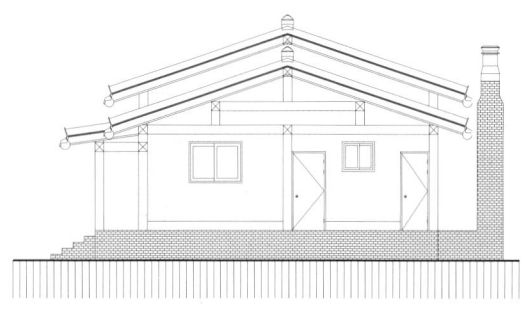

우측면도

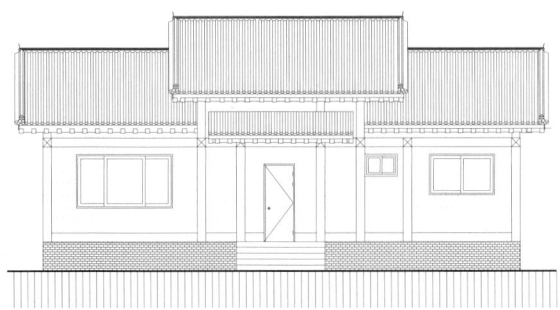

정면도

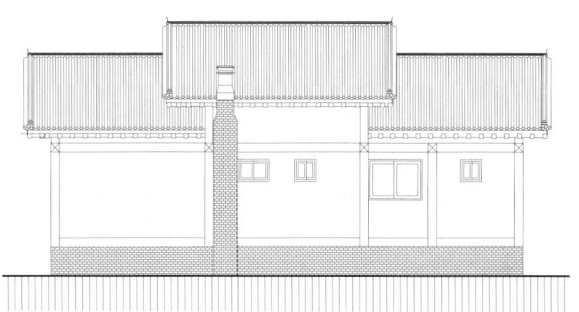

배면도

건 축 자 재

외부마감
지붕-세라믹 한식형 기와
벽-왕겨숯단열벽체에 미장
내부마감
천장-편백 루버
벽-편백 루버
바닥-강마루(거실, 주방·식당)
　　　한지 장판(침실)
단열재
지붕-왕겨숯단열벽체 시공 후 황토미장
벽-왕겨숯단열벽체 시공 후 황토미장
창호재
외측-시스템창호(알파칸창호)
현관문 빅하우스 BW5005
주방가구 자체 제작
위생기구 대림바스
조명기구 제일전기
난방기구 가스보일러(경동 나비엔)

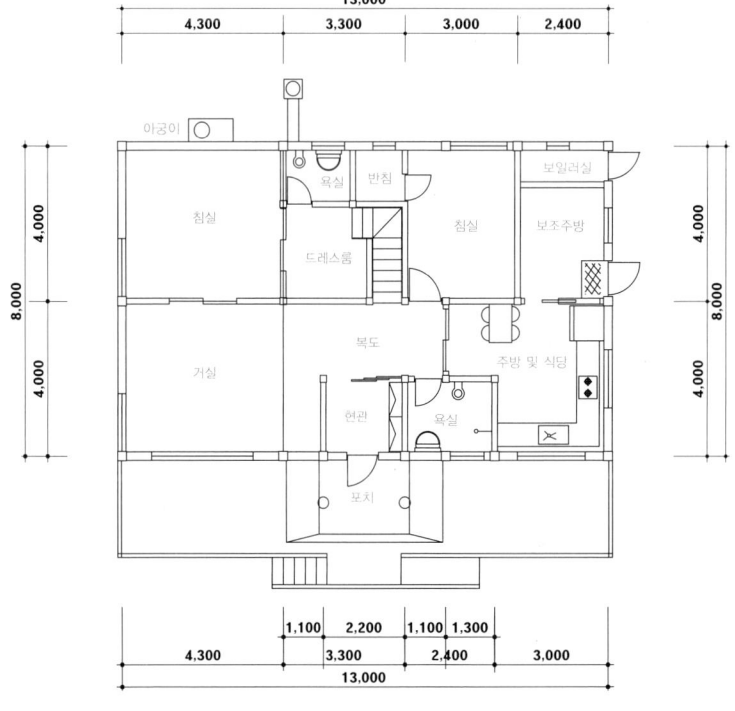

1층 평면도

01_ 언니, 동생 자매가 살 수 있게 본채와 사랑채 느낌으로 지은 두 세대를 위한 황토한옥이다.
02_ 차경을 제1 정원으로 삼고, 동백나무, 자목련, 목단, 남천, 철쭉, 꽃잔디 등을 심은 낮은 토석담 안의 앞마당을 제2 정원으로 두어 안과 밖이 하나의 풍경으로 다가오는 전망 좋은 곳이다.
03_ 건축주는 옛것을 살려 현대에 적용한 실용한옥은 근본적으로 편안하고 안락한 삶을 위해 꼭 필요한 집이라는 것을 새삼 일상에서 몸으로 느끼며 산다.

04_ 마당에서 활동하며 간편하게 물을 사용할 수 있는 개수대까지 갖추었다.

05_ 사방이 거침없이 활짝 열려 있는 시원스러운 마당, 물확과 석탑 등 점경물과 첨경물들이 한옥 담장과 조화를 이루며 자연과 함께 정원풍경을 이룬다.

06_ 눈썹지붕을 돌출해 만든 포치로 원형초석에 배흘림기둥 등 격식 있는 구성으로 고급스럽게 마감하였다.

01_ 힐사이드에 위치한 황토집은 들판을 건너 멀리 남해고속도로를 한눈에 내려다볼 수 있는 탁 트인 조망감이 좋은 곳이다.

02_ 맞배지붕 오량가의 모습이 드러난 우측면, 대문에서 바로 보조 주방으로 출입할 수 있는 구조다.

03_ 서양 궁전에서나 볼 듯한 위용이 있어 보이는 대문이다. 대문 안쪽으로는 잔디블록을 깔아 주차장으로 사용한다.

04_ 비바람을 막고 그늘을 만드는 눈썹지붕 아래 함실아궁이와 전축 굴뚝, 휴식공간으로 활용하는 넓은 툇마루를 설치하였다.

05_ 튼튼한 기초 위에 보강토블록을 쌓고 그 위로 기와를 얹은 낮은 토석담으로 2단 처리하여 견고하게 담장을 만들었다.

06_ 급경사지에 콘크리트 보강토블록을 켜켜이 쌓아 옹벽을 만들었다. 단이 높으면 배면의 토압에 대응하기 위한 그리드를 중간중간에 설치해 안정을 이룬다.

07_ 전망 좋은 곳에 집을 짓고 풍경을 즐길 수 있는 창을 많이 설치하여 이 집은 사방 어디서나 실내에서도 밖의 풍경을 감상할 수 있다.

01_ 숯단열황토벽체로 지은 황토집은 습할 땐 습기를 흡수하고 건조할 때 다시 내뿜는 흙집의
특성까지 더해져 언제나 쾌적한 실내를 유지할 수 있다.

02_ 안방과 거실을 분리한 미닫이문을 열고 안방에 앉아 있으면 전통문양의 미닫이문이 문얼굴
이 되어 거실과 창밖의 풍경을 담아낸다.

03_ 주방에 큰 창을 설치해 풍경을 감상하며 부엌일을 하고 싶다던 꿈이 현실이 되었다.

04_ 주방은 목재 본연의 자연미를 해치지 않도록 ㄷ자형으로 구성하고 넓은 조리대를 설치하여
공간의 효율성과 이동의 편리성을 고려하였다.

05_ 거실은 일반적인 평면구조지만, 현관과 화장실을 전면에 배치하면서 복도가 생겨 주방과 복도, 거실이 ㄷ자 형태로 이어지는 특색을 보인다.

06_ 다락은 휴식공간이나 아이들을 위한 놀이방, 개인적인 취미 공간 등 사용자에 따라 다양한 공간으로 변신한다. 한쪽 구석에 간이세면대까지 갖춘 세심함이 엿보인다.

07_ 건물 전면 현관 옆에 습기에 노출되기 쉬운 화장실을 배치하여 늘 쾌적하고 밝은 상태를 유지한다.

거실의 넓은 창은 사계절 아름다운 정원과 자연 풍경을 담아내는 액자스크린

단골 이발소를 오가는 길목에 황토집 짓는 현장이 있었다. 하도 집을 꼼꼼하게 정성 들여 짓는 모습에 믿음이 생겨 자신의 집도 지어달라고 맡겼다. 경남 진주시 이반성면 장안리 시골마을에 43평 실용한옥을 지어 귀촌한 김상조 씨의 집이다.

직장생활을 하다 중년의 나이에 다니던 곳을 그만두고 열심히 장사해 10년간 돈을 벌었다. 그러던 중 노후의 전원생활을 꿈꾸며 고향 마을에 400평의 토지를 마련해 두고 5년이 지난 후 중목구조 황토집, 실용한옥을 지었다. 나이가 더 들기 전, 건강할 때 전원생활을 시작해야 한다는 생각에서 좀 서둘렀다.

노후를 위해
친지들이 모여사는
고향에 지은 실용한옥

위　　치	경상남도 진주시 이반성면 장안리
건축형태	한식목구조주택
대지면적	660㎡(199.65py)
건축면적	160.05㎡(48.42py)
건축설계	송강건축설계사
건축시공	황토와나무소리

참고 자료_전원주택라이프

누마루가 돌출된 ㄱ자형 한식목구조 황토집으로 오량가 납도리 방식에
단열이 우수한 숯단열벽체에 황토미장으로 마감했다.

10년간의 사업에 경제적인 여유를 찾고 꾸준히 정원을 가꾸어오다 자연과
더불어 사는 웰빙의 삶을 실천하기 위해 고향에 내려와 황토집을 지었다.

기왕지사 전원생활을 할거라면 건강을 지켜주는 웰빙주택, 친환경주택을 지어야겠다고 마음먹었다.
이렇게 해서 지은 집이 ㄱ자형 한식목구조 황토집이다. 단면이 사각형인 재목(材木)으로 처마도리와 중도리, 중도리와 용마루에 서까래를 건 오량 납도리
방식에다 숯단열벽체에 황토미장으로 마감한다. 벽체 작업은 안팎으로 외엮기를 한 벽체 사이에 왕겨숯을 넣은 뒤에 황토미장은 흙이 물려 들어갈 수 있
도록 힘 있게 초벌을 바르고, 초벌 위에 얇게 재벌, 재벌 위에는 마감을 위한 정벌을 한다.

실개천을 따라 자연지형에 맞춰 연출한 넓고 아름다운 정원

야산 아래 자리한 이 집은 실개천이 흐르는 마을 어귀에서 바라보면 산세에 폭 싸여 포근한 느낌이다. 마당 앞을 흐르는 계곡의 자연스러운 동선을 따라 정원을 아름답게 조성하여 한옥의 투박함을 부드럽게 완화했다. 자연지형을 이용해 마당 끝에 만든 연못이 정원의 포인트다. 기와를 얹은 박공 맞배지붕, 솟을지붕 형태의 어우러짐이 자연스럽다.

실내는 우측에서부터 거실 겸 주방, 안방, 욕실, 구들방 순으로 배치했다. 거실은 오픈천장으로 전선들은 지지애자로 노출해 인테리어 효과를 더했다. 주방과 식당의 천장은 고미반자 형태의 평천장으로 꾸며 안정감을 주고, 그 위로 목재와 황토로 내부를 마감한 다락방을 들였다. 실내의 특별한 공간은 방 한 칸 크기로 구획한 넓은 욕실로 월풀을 설치해 다른 집에 비해 욕실의 기능을 강화했다. 각 실의 기능에 맞게 거실과 구들방은 바닥에 앉은 높이로, 주방 겸 식당은 의자에 앉은 높이로 창을 내어 조망감을 높이면서 인테리어에 변화를 주었다.

구들방은 전면으로 돌출된 누마루에 가리어 외부의 시선으로부터 살짝 벗어나 있다. 구들방 뒤에는 드레스룸을 앞에는 미닫이문을 사이에 두고 누마루를 배치해 전체적으로 ㄱ자 형태를 이루며 밋밋한 외관에 구성미를 더했다. 거실은 전면창은 크게 내어 주변 풍경과 대문에서 현관까지 한 눈에 바라볼 수 있게 하고, 천장은 편백 루버로 마감했다.

벽체를 과감하게 한 단 더 올려 천장까지 높임으로써 아파트 실내에서 느낄 수 없는 복도의 시원한 공간감을 부여했다.

화이트 톤 가구로 모던하게 표현한 주방, 작은 공간에 동선 단축 면에서 효율성이 높은 ㄱ자형 주방이다.

건축개요

대지위치	경남 진주시 이반성면 장안리	건물규모	1층 118.8㎡ (35.94평)
지역·지구	제1종일반주거지역		다락 18.15㎡ (5.49평)
건축구조	한식목구조주택		누마루 13.2㎡ (3.99평)
대지면적	660.00㎡ (199.65평)		아궁이지붕, 창고 9.9㎡ (2.99평)
건축면적	141.9㎡ (42.92평)	설계기간	2013년 8월~9월
건폐율	21.50%	공사기간	2013년 10월~2014년 10월
연면적	160.05㎡ (48.42평)	설계	송강건축설계사
용적률	24.25%	시공	황토와나무소리

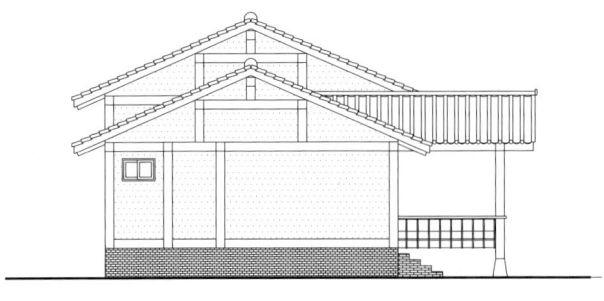

좌측면도

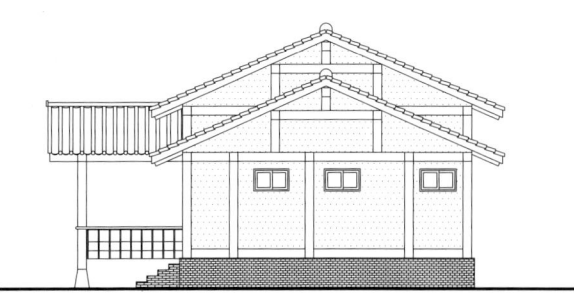

우측면도

정면도

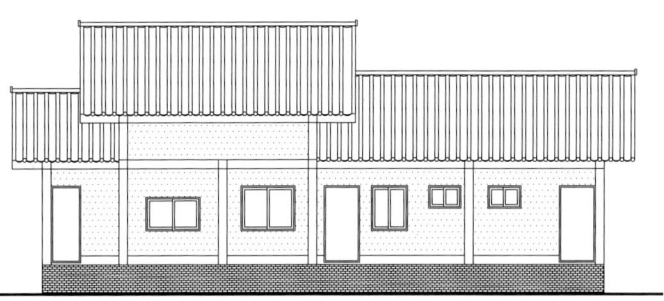

배면도

건 축 자 재

외부마감

지붕-세라믹 한식형 기와

벽-왕겨숯단열벽체에 미장

내부마감

천장-편백 루버

벽-편백 루버

바닥-강마루(거실, 주방·식당)

　　　한지 장판(침실)

단열재

지붕-왕겨숯단열벽체 시공 후 황토미장

벽-왕겨숯단열벽체 시공 후 황토미장

창호재

내측-전통 세살 목창

외측-시스템창호(LG하우시스)

현관문 빅하우스 BW5005

주방가구 자체 제작

위생기구 대림바스

조명기구 제일전기

난방기구 가스보일러(경동 나비엔)

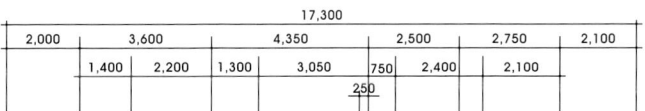

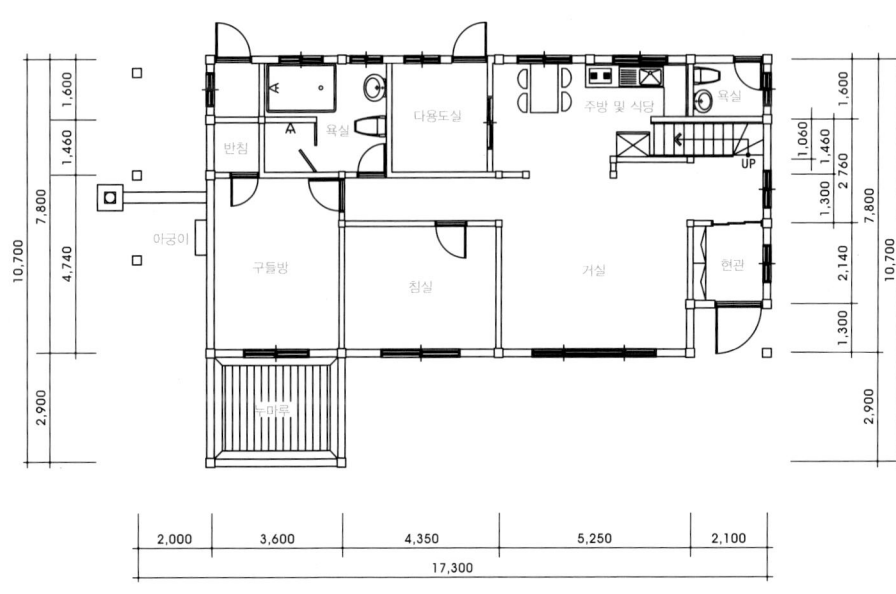

1층 평면도

01_ 좌측 끝의 구들방은 돌출된 누마루에 가리어 외부 시선에서 벗어나 있다. 실내는 좌측에서부터 구들방, 안방, 거실 겸 주방 순으로 전면에 배치되어 있다.

02_ 집주인의 취향대로 관상 가치가 있는 나지막한 분재형 나무들을 요점식재 하고 주변에 자생식물을 심어 정제된 멋이 깃든 조경을 연출했다.

03_ 기와를 얹은 맞배지붕으로 거실 부분이 솟을지붕 형태를 띠고 있어 웅장한 한옥의 멋이 느껴진다.

04_ 처마 끝에 매달려 있는 풍경. 스치는 바람에 살랑살랑 흔들리면 그 청량한 소리만으로도 정신이 맑아지는 듯하다.

05_ 건축주는 황토집을 지을 때만 해도 '황토는 건강에 좋다.'는 말을 실감하지 못했다. 살아보니 온종일 일하고 난 후에도 자고 나면 몸이 가분함을 느낄 수 있는 편안한 집이라는 것을 깨달았다.

01_ 왼쪽 진입로에서 본 건물 측면으로 함실아궁이가 달린 구들방과 벽돌로 정성스레 쌓은 전축굴뚝이 있다.

02_ 정원의 수목들은 모두 집주인의 정성으로 만들어낸 작품이다. 수형을 제대로 완상하기 위해서 일정 간격으로 여백을 두어 식재했다.

03_ 정원 한쪽에 생활도구를 보관할 수 있는 창고 겸 차고를 만들고 편안하게 이동할 수 있도록 현무암 디딤돌로 포장했다.

04_ 자연과 더불어 사는 건강한 노후의 삶을 위해 고향 시골마을에 한식목구조 실용한옥을 짓고 취미생활로 정원을 가꾸며 삶의 즐거움을 찾는다.

05_ 개울물을 끌어들여 정원의 포인트가 된 연못을 만들고 정원 용수로도 활용한다.

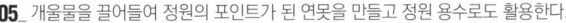

01_ 마당 앞으로 실개천이 흐르고, 산세에 폭 싸여 자연과 한 몸이 된 황토집, 마음의 고향을 떠올리게 하는 조용하고 아름다운 시골마을의 집이다.
02_ 정자가 있는 마을길에서 바라본 모습으로 고즈넉한 황토집이 하나의 풍경처럼 다가온다.

03_ 거실 전면창의 문얼굴은 잘 가꾼 정원과 전원풍경으로 한 폭의 수채화가 된다.
04_ 전통의 멋과 생활의 편리함이 조화를 이룬 편안한 분위기의 거실이다.
05_ 주방과 식당의 천장은 고미반자 형태로 안정감 있게 마감하고, 주방 겸 식당은
의자에 앉은 높이로 창을 내어 조망권을 확보했다.

01_ 화이트 톤의 붙박이장을 한쪽 벽면에 설치해 공간 효율성을 높이고, 창을 넓게 내어 채광과 환기는 물론 바깥의 자연경관을 한눈에 감상할 수 있는 침실이다.

02_ 주방 옆으로 다용도실을 두어 창고와 세탁실은 물론, 필요하면 보조주방으로도 활용할 수 있는 다목적 공간을 갖추었다.

03_ 실내에 방 크기만 한 욕실을 만들고 월풀을 놓아 욕실의 기능을 더했다.

04_ 현관 앞쪽에 설치한 다락으로 오르는 계단, 목재의 편안함과 안정감 주는 구조이다.
05_ 화이트 톤의 붙박이장, 아자살 3연동 슬라이딩 미닫이 중문, 편백 루버 벽체, 브라운 톤의 대리석 바닥 등 고급스럽고 여유롭게 마감한 현관이다.
06_ 주방과 식당 위에 만든 동화 속 오두막집을 연상케 하는 다락이다.

생활에 꼭 필요한 공간만 채워 간결하게 구성한 주말주택

강원도 원주시 흥업면 매지리 전원주택단지 내에 지은 이 집은 주말주택이다. 부지가 166평에 연면적은 44평이다. 1층 28평, 다락 16평이다.
ㄱ자형으로 지은 이 집의 특징은 실내 평면구조가 매우 단순하다는 점이다. 실제 복잡한 구조의 집은 건축비도 많이 들고 관리도 불편하다. 특별히 공간
의 필요성이 있다면야 모르지만, 그렇지 않다면 공간을 단순화하는 것이 여러모로 유리하다. 가끔 한 번씩 들리는 주말용 주택이라면 더욱 더 그렇다. 이
집은 현관을 열고 들어서면 바로 거실이다. 거실 왼쪽은 욕실을 사이에 두고 나란히 침실 2개가 있고 전면에 돌출된 구들방이 있다. 실내는 방 2개, 욕실,

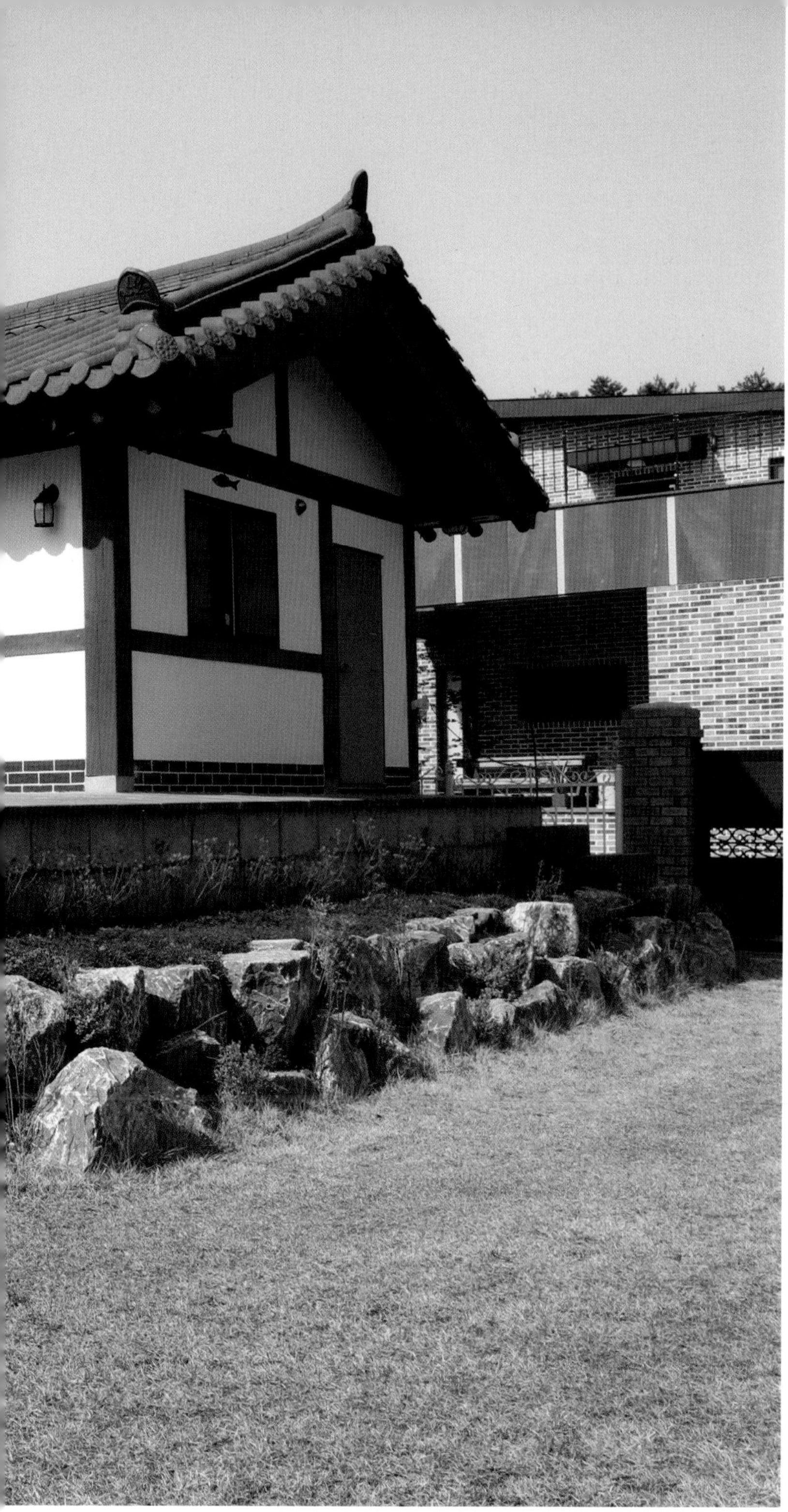

군더더기 없이 깔끔하고 아담한 ㄱ자형 주말주택

| 위   치 | 강원도 원주시 흥업면 매지리
| 건축형태 | 한식목구조주택
| 대지면적 | 548㎡(165.77py)
| 건축면적 | 144.44㎡(43.69py)
| 건축설계 | 주신건축사사무소
| 건축시공 | 황토와나무소리

전원주택단지 내에 지은 군더더기 없이 깔끔한 ㄱ자형의 아담한 한옥이다.

이따금 찾아오는 주인을 기다리며, 스쳐 지나는 바람을 벗 삼아 시시때때로 청량한 소리로 존재를 알리는 처마 끝 풍경이다.

거실, 주방으로 비교적 단순하게 구성하였다.

거실 측면에 다락으로 올라가는 계단이 있다. 다락은 방 두 개의 상부 전체를 차지하고 있어 공간이 매우 넓고 시원스럽다. 한옥건축의 부재가 그대로 드러난 서까래가 노출된 연등천장에다 천장고가 높아 시원하게 드러난 목구조 결구 방식이 웅장하고 힘차 보이는 다락이다. 여러 공간으로 나누어 다목적 기능의 공간으로 활용한다.

집 우측에 주방과 보조주방 나란히 배치해 거실과 분리

우측에 주방과 보조주방을 나란히 배치하여 거실 뒤쪽으로 주방을 두는 일반적인 평면구조와는 다른 배치다. 안주인의 생활방식을 반영한 것으로 거실과 주방 사이에 벽을 두어 독립공간으로 분리했다. 안방에서 거실, 주방, 보조주방으로 이어지는 동선 구조. 주방은 가구나 수전, 개수대 등 화려함보다는 내구성과 기능성을 강조한 기본적인 설비만 갖추고, 싱크대는 조리하기에 불편함이 없도록 ㄱ자로 여유 있게 설치했다. 각종 주방용품들을 깔끔하게 정리해 둘 수 있는 수납공간, 통조림이나 포장된 식재료 등을 보관하는 식료품 저장소 등 수시로 사용하는 기능적인 공간을 적재적소에 잘 배치하였다.

주방 옆으로 외부와 연결된 넓은 보조주방을 나란히 두었다. 거실과는 완전히 분리된 독립된 공간으로 주로 냉장고나 김치냉장고, 세탁기 등 덩치 큰 전자제품들을 두고 주방에서 드나들며 요모조모로 사용한다. 정원이나 데크에서도 쉽게 접근할 수 있도록 동선을 연결하여 외부활동 후에도 편리하게 이용한다.

경사진 지형에 석축과 기단 이중으로 집 터 높여

전원주택단지의 경사진 필지에 석축을 쌓고 성토 후에 터를 잡았다. 집터에는 구들을 놓기 위해 단을 높인 줄기초를 하고 건물의 전면에는 가구식 기단을 쌓고 석재데크로 마무리했다. 높은 기단으로 조망을 확보하고 습기를 차단하는 효과를 거두면서 마당과 기단의 고저차는 자연석기단으로 화단을 조성하여 시각적인 안정감을 주면서 조경 효과를 냈다.

한국적인 전통 벽체 방식은 벽틀을 싸리나무나 수수깡 등을 이용해 눌외와 설외를 새끼줄로 엮는 외엮기 방식으로 단열이 단점이었다. 이를 해결

황토벽체에 흰색 회벽마감으로 산뜻하고 깔끔한 외관미를 보인다.

하기 위해 개발한 제품이 친환경 자재인 숯, 대나무, 나무를 사용하여 건강에도 좋고 단열효과가 뛰어난 숯단열황토벽체다. 한옥 벽체를 만들 때 사용하던 심벽을 이중으로 만들고 그 사이에 왕겨숯 단열층을 둠으로써 단열 문제를 해결한 것이다. 이 제품으로 집을 짓고 황토미장에 회를 발라 흰 회벽으로 깔끔하게 마무리한 건강한 주말주택이다.

다락 바닥을 지붕 삼아 필로티 형태로 띄워 포치를 구성한 간결한 현관 출입부다.

건축개요

대지위치	강원도 원주시 흥업면 매지리	건물규모	1층 92.24㎡ (27.90평)
지역·지구	계획관리지역		다락 52.20㎡ (15.79평)
건축구조	한식목구조주택	용적률	26.36%
대지면적	548.00㎡ (165.77평)	설계기간	2017년 7월~8월
건축면적	92.24㎡ (27.90평)	공사기간	2017년 11월~2018년 10월
건폐율	16.83%	설계	주신건축사사무소
연면적	144.44㎡ (43.69평)	시공	황토와 나무소리

건축자재

외부마감
지붕-세라믹 한식형 기와
벽-왕겨숯단열벽체에 미장
데크-방부목
내부마감
천장-편백 루버
벽-편백 루버
바닥-강마루(거실, 주방·식당)
　　　한지 장판(침실)
주방가구 자체 제작

단열재
지붕-왕겨숯단열벽체 시공 후 황토미장
벽-왕겨숯단열벽체 시공 후 황토미장
창호재
내측-전통 세살 목창
외측-시스템창호(LG하우시스)
현관문 빅하우스 BW5005
위생기구 대림바스
조명기구 제일전기
난방기구 가스보일러(경동 나비엔)

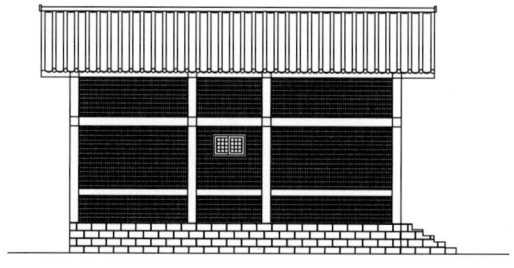

좌측면도

우측면도

정면도

배면도

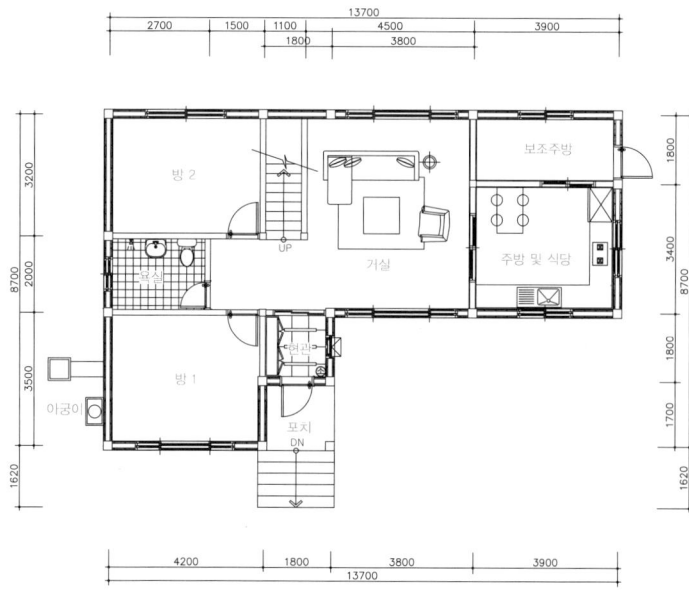

1층 평면도

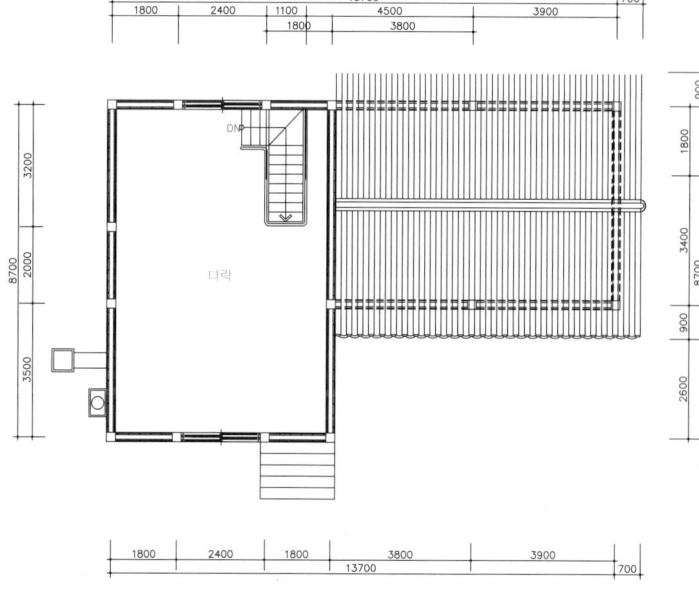

다락 평면도

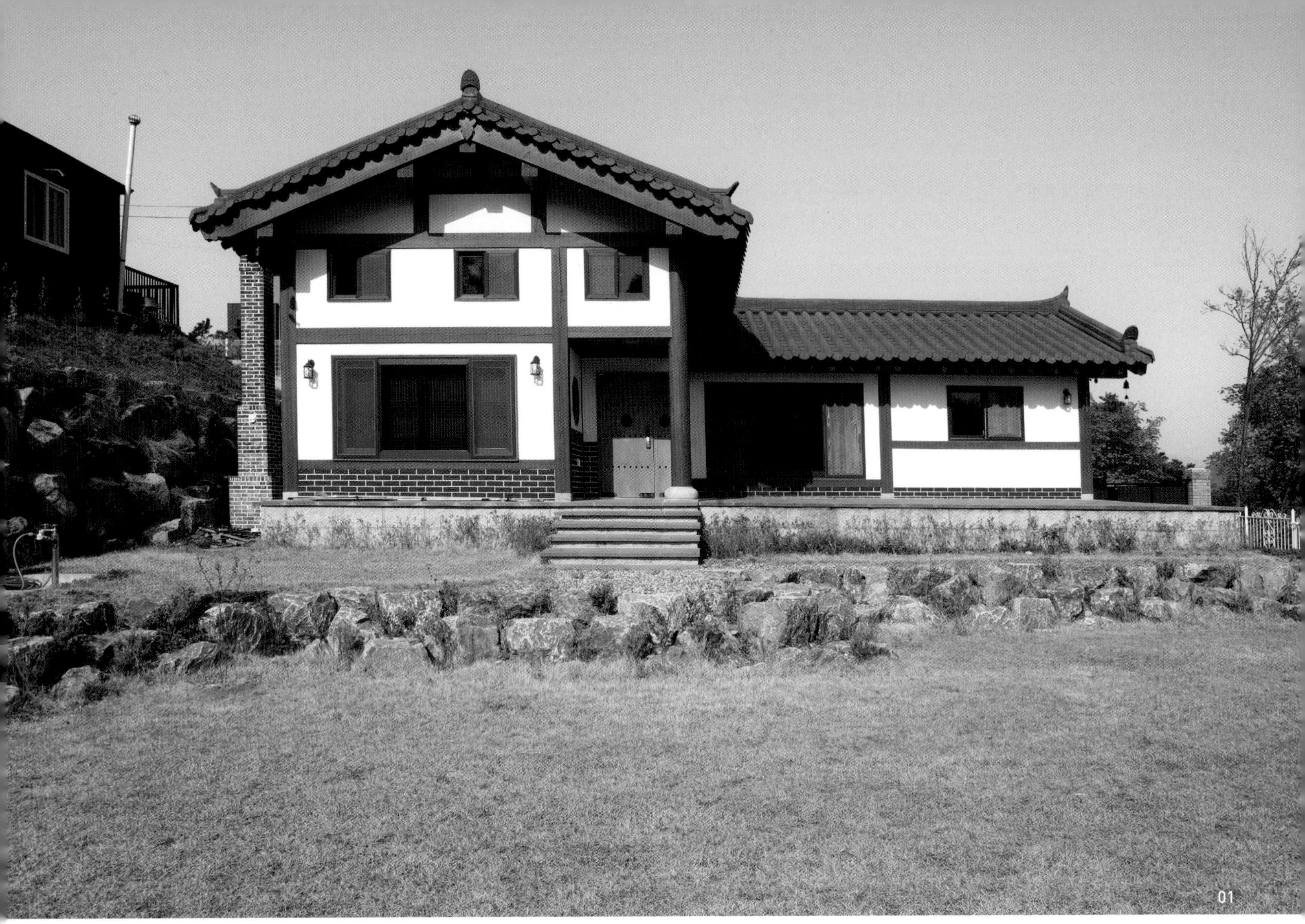

01

02

03

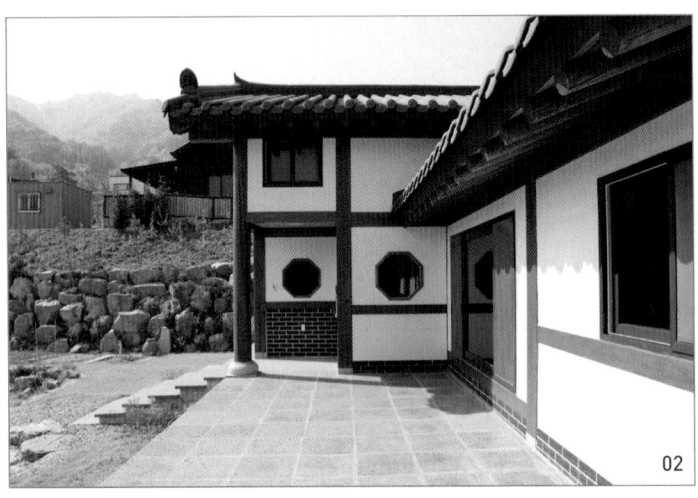

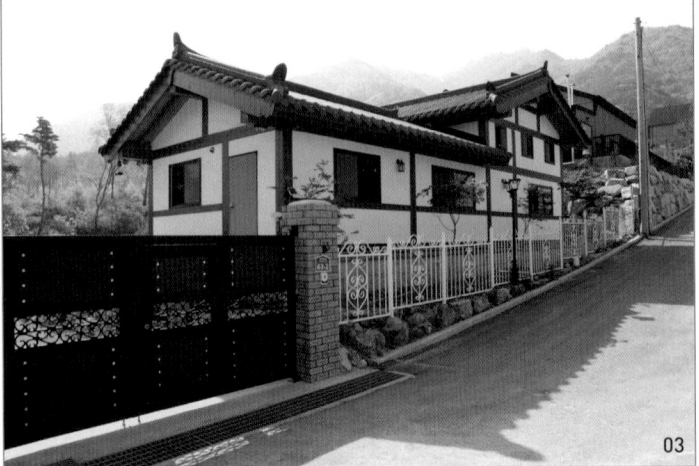

01_채광과 전망, 통풍과 습기 방지 등을 고려해 경사지를 2단으로 정지하여 아랫단은 자연석으로 화단을 조성하고, 윗단은 가구식기단으로 집터를 높였다.

02_ 가구식기단 위는 내구성, 내습성이 강하고 관리가 편한 현무암 석재데크로 마감해 실용성을 높였다.

03_ 계단식으로 질서 있게 조성된 전원주택단지 가장 하단에 위치한 집으로 경사지와 조화를 이룬 후면이다.

04_ 좌측 기단 아래에 만든 아궁이와 굴뚝. 기단을 높이는 것은 빗물이나 습기로부터 집을 보호하고, 일정한 공간을 필요로 하는 아궁이를 들이기에도 용이하기 때문이다.

05_ 대지 두 면에 석축을 쌓고 성토하여 넓은 잔디마당을 조성하였다.

06_ 대문 입구부터 잔디마당과 화단이 시작되고, 주변은 나지막한 야산과 소나무 숲이 둘러싸고 있는 조용하고 아늑한 자연 속의 주말주택이다.

01, 05_ 서까래가 노출된 연등천장과 한식 거실장, 주방의 아자살 3중 미닫이문 등 전통 가구 배치로 분위기를 낸 거실이다.

02_ 철재와 목재, 단조를 혼합해 제작한 고급스러운 분위기의 대문이다.

03_ 경사지의 기울기를 완만히 하기 위해 대지를 2단으로 형성하여 자연스럽게 조성한 화단과 계단의 조합이다.

04_ 나무향 가득한 아담한 거실, 좌측에는 주방과 보조주방, 우측에는 구들방, 침실, 욕실이 분리 배치되어 있다.

06_ 상·하부장을 모두 자체 제작하여 한식으로 꾸민 주방, 좌측으로 보조주방을 두고 외부로 통하는 출입문을 설치해 편리하게 이용한다.

01_ 방 내부에는 전통 세살창을 외부에는 시스템창호를 이중 설치하여 기밀성과 보안성, 인테리어 효과까지 거두었다.

02_ 한식 디자인 붙박이장과 세살창, 보료로 분위기를 연출한 침실이다.

03_ 샤워부스 안은 단을 낮춰 입구 쪽으로 물 흐름을 막고, 벽 붙임 일체형 세면대를 설치해 공간이 넓어 보이는 효과를 냈다.

04_ 현관, 구들방, 욕실, 침실, 다락 계단 순으로 배치되어 있는 복도이다.

05_ 거실과 침실 사이에 다락으로 오르는 계단을 안정감 있게 설치하고, 오픈 삼각 장식대로 벽면에 개방감을 실었다.

06_ 현관 벽에 8각 아자살 창호를 설치하여 채광을 확보했다.

07_ 시원스럽게 개방한 넓은 다락, 채광과 환기를 고려해 벽마다 시스템창호를 설치했다.

설계 단계부터 수납공간까지 하나하나 꼼꼼하게 짚어

경기도 가평군 설악면 설곡리에 위치한 이 집은 1층 38평, 다락 5평으로 총 43평 규모다. 주말주택으로 한식목구조에 왕겨숯단열황토벽체로 지은 실용 한옥이다. 본채 옆에는 창고용으로 둔 이동식 컨테이너에 경운기와 트랙터까지 갖추고 주변에 확보한 넓은 농지에서 주말농사를 짓고 있다.

이 집의 특징은 처음부터 수납공간들을 설계에 반영하여 세세한 공간까지 꼼꼼하게 신경 쓴 점이다. 설계과정에서부터 수납공간을 요구하는 경우는 드문데, 건축주는 요소요소 수치를 정확히 계산하여 집을 설계하고 가구도 거기에 맞춰 직접 제작했다. 실내에서 사용하는 전자제품 치수까지 꼼꼼하게 체크

설계부터 세부 공간 꼼꼼하게 반영한 주말주택

위　　치	경기도 가평군 설곡리
건축형태	한식목구조주택
대지면적	745㎡(225.36py)
건축면적	142.36㎡(43.06py)
건축설계	주신건축사사무소
건축시공	황토와나무소리

이 집은 한식목구조에 왕겨숯단열벽체로 지은 1층 38평, 다락 5평으로 총 43평 규모의 주말주택용 실용한옥이다.

석축 앞쪽으로 곡선 진입로를 만들고 대문을 설치하여 마당의 개방감은 거침없이 시원스럽다. 뒷산과 한옥, 암석원처럼 꾸민 석축의 조화가 하나의 풍경을 이룬다.

해 공간 분할을 하는 등 인테리어와 가구 배치에 공을 들였다. 설계 시 수납공간까지 계획하기는 쉽지 않지만, 좀 더 편리하고 정갈한 효율적인 공간활용을 위해서는 그렇게 하는 것이 원칙이다. 수납공간도 침실이나 거실처럼 주거에 필요한 하나의 공간이라는 인식이 필요하다. 가족들의 라이프스타일이나 실내 가구의 크기 및 용도에 따라 공간의 분할과 배치를 효율적으로 계획해야 데드스페이스 없이 공간을 제대로 활용할 수 있다. 설계 단계부터 이에 대한 계획과 노력이 필요하다.

프라이버시 보호해 사용자의 만족감 높인 공간 배치

1층에는 현관, 거실과 주방을 사이에 두고 좌측에는 안방, 우측에는 구들방을 배치했다. 안방과 구들방에는 각각 욕실과 벽장, 드레스룸이 부속되어 있다. 이따금 찾아오는 자녀들과 손님들이 방해받지 않고 마음 편히 묵어갈 수 있도록 배려한 공간 구성이다. 주방 옆으로는 넓은 다용도실을 두고 안과 밖에서 자유롭게 드나들며 사용할 수 있게 하고, 주방 위쪽으로 다락방을 들였다. 우측 구들방 앞으로 누마루를 배치하고 계자난간을 둘러 격조 있는 한옥의 전통 분위기를 살렸다. 구들방 옆쪽으로 아궁이와 보일러실을 두고 지붕선을 낮춰 밋밋한 입면에 변화를 줌으로써 주택의 외관미가 한결 더 나아졌다.

38평에 방 2개, 화장실 2개, 현관, 거실, 주방, 다용도실, 다락, 드레스룸, 벽장, 창고, 함실아궁이 등 주말주택으로는 비교적 다양한 생활공간들을 고루 갖추어 전체적으로 오밀조밀하고 변화감이 느껴지는 실내. 건축주가 주말주택으로써 쓰임새에 대한 여러 가지 상황을 예측하여 꼼꼼한 공간배치가 이루어진 만큼, 기능성과 편리함, 실사용자의 만족감을 높인 평면구조이다.

구들방 옆으로 함실아궁이, 창고·보일러실을 나란히 배치, 낮은 지붕선과 전축굴뚝으로 입면에 변화를 주고 한옥의 감성을 더했다.

외부에 한 칸 돌출하여 배치한 누마루, 주변 풍광을 즐기는 전망대이자 한옥 외관의 멋과 분위기를 주도하는 주요 포인트다.

건축개요

대지위치	경기도 가평군 설악면 설곡리	건물규모	1층 124.36㎡ (37.62평)
지역·지구	생산관리지역		다락 18.00㎡ (5.45평)
건축구조	한식목구조주택	용적률	19.11%
대지면적	745.00㎡ (225.36평)	설계기간	2019년 1월~2월
건축면적	124.36㎡ (37.61평)	공사기간	2019년 3월~12월
건폐율	16.69%	설계	주신건축사사무소
연면적	142.36 (43.06평)	시공	황토와나무소리

건축자재

외부마감
지붕-세라믹 한식형 기와
벽-왕겨숯단열벽체에 미장
내부마감
천장-편백 루버
벽-편백 루버
바닥-강마루(거실, 주방·식당)
　　　한지 장판(침실)
주방가구 자체 제작

단열재
지붕-왕겨숯단열벽체 시공 후 황토미장
벽-왕겨숯단열벽체 시공 후 황토미장
창호재
내측-전통 세살 목창
외측-시스템창호(LG하우시스)
현관문 빅하우스 BW5005
위생기구 대림바스
조명기구 제일전기
난방기구 가스보일러

좌측면도

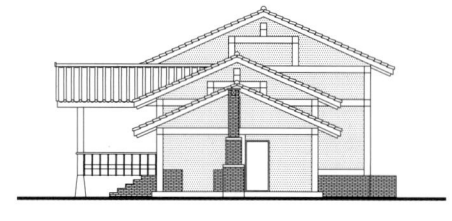

우측면도

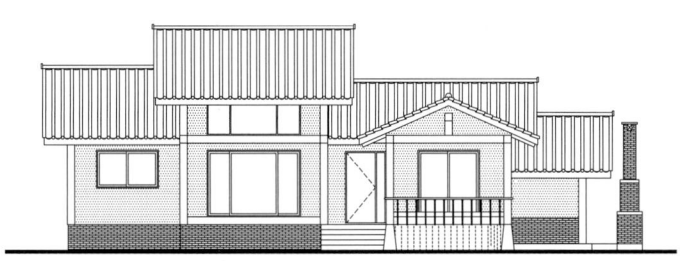

정면도

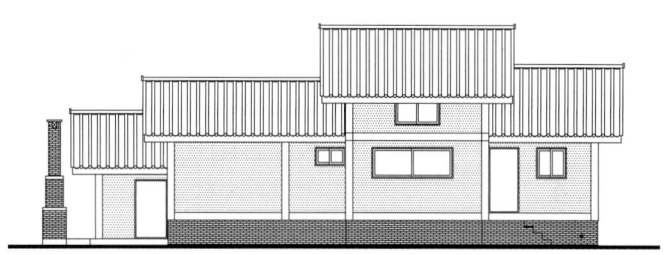

배면도

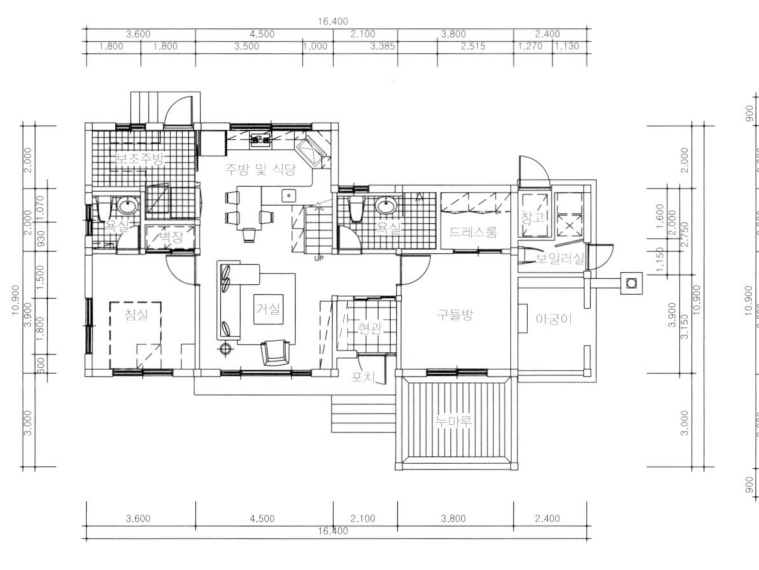

1층 평면도

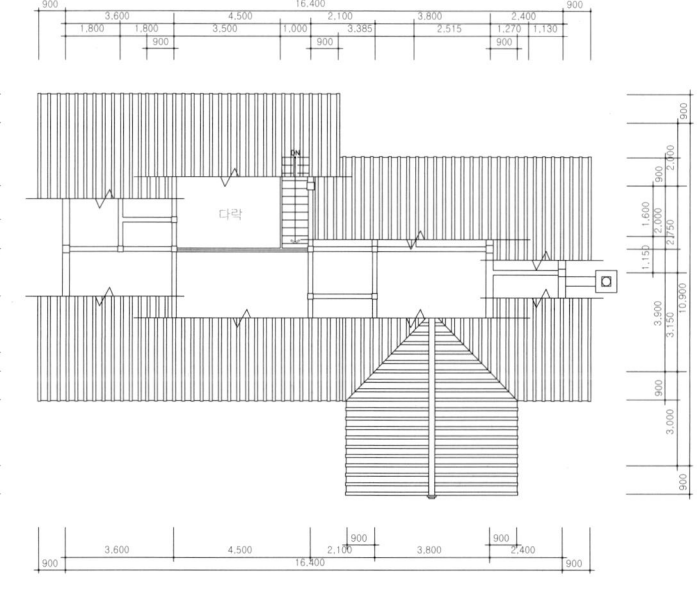

다락 평면도

01_ 한옥 옆에 이동식 컨테이너를 마련하고 경운기나 트랙터까지 갖춘 영농 수준의 농기계로 농사를 짓고 있다.

02_ 급경사인 지형에 콘크리트 옹벽과 자연석 석축을 튼실하게 쌓아 비탈면의 안정화와 주택 주변의 경관미를 살렸다.

03_ 기둥·보 방식의 오량가 중목구조에 회벽(灰壁) 마감으로 깔끔하고 단아한 외관을 보이는 측면 구성이다.

04_ 우측 구들방 앞쪽으로 누마루를 설치했다. 일자형의 주택 평면에 직각 방향으로 누마루를 앉힘으로써 한옥의 외관미를 높였다.

05_ 목조가구식 체계에서 가장 규모가 작은 삼량가로 2개의 주심도리와 종도리로 구성한 누마루의 맞배지붕이다.

06_ 닭 모양의 계자각(鷄子脚)을 세운 계자난간 사이에 난간청판을 끼우고 풍혈(風穴)을 내어 앉아서도 시원한 바람을 즐길 수 있다.

01

01_ 다락에서 내려다본 말끔한 거실, 앤틱 디자인의 8등 샹들리에 펜던트등으로 한옥 인테리어와의 조화를 이루었다.

02_ 오픈천장의 시원한 공간감과 편백 루버, 한지, 황토미장, 목제가구 등 자연 친화적인 소재로 천연향이 가득한 거실이다.

03_ 주방·식당 위쪽에 다락을 두고 거실이나 식당에서 바로 진입할 수 있도록 ㄱ자형의 꺾인 집성목 나무계단을 설치했다.

02

03

04_ 전면에 시원스러운 거실창과 광창을 설치해 밝고 양명한 거실. 거실 공간에
맞춘 맞춤형 목제가구로 목구조인 한옥 분위기와 통일감 있게 장식했다.

05_ 건물 요소요소 수치를 정확히 계산해 수납공간을 설계에 반영하고, 거기에 맞추어
각 실의 가구를 직접 제작하여 좁은 공간이지만 공간의 효율성이 매우 높은 실내.

06_ 실내에 사용하는 전자제품 치수부터 세세히 챙겨 정갈함이 돋보이는 주방이다.

07_ 기능성 위주의 ㄱ자형 주방을 배치하고, 냉장고와 수납공간 등의 위치를 미리
설계에 반영하고 빌트인 가구를 제작 배치하여 잘 정돈한 주방이다.

01_ 욕실 바닥은 강도가 높고 내구성과 마모성이 우수한 그레이 컬러 포세린타일로 마감하고, 전체적으로 화이트 앤 그레이 모노톤으로 깔끔하게 마무리했다.

02_ 대리석 바닥, 미닫이 중문, 나뭇결이 살아 있는 붙박이장과 천장 등이 어우러진 고급스러운 분위기 현관부이다.

03_ ㄱ자형 집성목 나무계단으로 나무로 빚어낸 구성미 돋보이는 다락 계단이다.

04_ 침실의 침대도 방의 사이즈에 맞게 직접 제작 배치했다. 목재로 자연스럽게 꾸민 아늑한 침실 분위기가 편안한 숙면을 유도한다.

05_ 서까래와 직각을 이룬 삼나무 개판 연등천장으로 중도리에 직부등과 상들리에를 설치하고 종도리에는 여름철을 대비해 실링팬을 달았다.

06_ 다락 한쪽에 바람의 흐름을 조절할 수 있는 여닫이 세살 쌍창을 설치했다.

지진을 경험한 후 안정된 집터 찾아 지리산 자락으로

누마루에 앉아 바라보는 경호강의 풍경은 이 집의 전망 포인트다. 좋은 집터로 선호하는 배산임수, 그림 같은 주변의 자연 풍광, 여기에 자연 친화적 황토 집을 지었으니 건강한 전원생활을 위해 갖추어야 할 요건은 모두 갖춘 셈이다.

2016년 경주에서 큰 지진이 발생했다. 40년간 울산 아파트에서만 줄곧 살았던 건축주 부부는 지진을 겪고 난 후 아파트란 주거구조에 불안감을 느꼈다. 아파트가 아닌 다른 안전한 곳에 새로운 터를 잡기로 했다.

경험 많은 건축주의
생각을 담아 지은 집

| 위　　치 | 경상남도 산청군 금서면 특리
| 건축형태 | 한식목구조주택
| 대지면적 | 1,267㎡(383.27py)
| 건축면적 | 141.99㎡(42.95py)
| 건축설계 | 주신건축사사무소
| 건축시공 | 황토와나무소리

참고 자료_전원주택라이프

사계절 천혜의 자연경관과 전형적인 배산임수 요건을 잘 갖춘 터에
정남향의 건강한 보금자리 황토 한옥을 지었다.

뒤로 산을 등지고 강을 바라보는 배산임수 터에 그림 같은 차경까지
최적의 힐링 주택으로 꼽을만하다.

우선 지진이 잦은 동해에서 멀리 떨어진 내륙이라 안전하리라는 생각에 지리산 자락 산청으로 지역을 정했다. 높고 큰 산이 둘러싸고 경호강의 수원이 풍부하며, 선선한 기후와 수려한 자연 풍광은 살기에 적당한 곳이다. 강수량도 풍족해 어디나 토지가 비옥하다. 무엇보다 시내에서 바로 연결되는 통영대전고속도로, 북으로는 광주대구고속도로, 남으로는 남해고속도로가 이어져 대구, 광주, 울산, 거제 등 주요 도시로 수월하게 오갈 수 있다.
건축주 부부는 풍경과 풍수를 염두에 두고 인터넷 지도를 보면서 경호강을 따라 샅샅이 뒤지다 상류에 있는 땅을 구하게 되었다. 원주민 마을을 지나 막

다른 길 안쪽에 있어 외지다고 생각할 수 있지만, 시내가 차로 15분 거리라 생활하는 데 큰 불편은 없다. 정남향에 산을 등지고 강을 바라보는 배산임수 요건을 갖췄다. 마주 보이는 강 건너에는 소나무 숲이 병풍처럼 펼쳐져 있고 그 뒤로 멀리 산들이 시원한 풍경으로 다가온다.

좋은 집터에 가장 잘 어울리는 친환경 공법의 황토집

건축주가 집을 지을 때 가장 먼저 생각한 것이 부지에 잘 어울리는 집과 건강한 주택이었다. 자연에 가장 잘 어울리는 집, 친환경 공법의 집을 짓는 황토와나무소리를 선택한 이유다. 돌, 나무, 흙 등 자연 재료로 집을 짓는 황토와나무소리는 단열재도 친환경 재료를 사용한다. 황토벽체 사이에 왕겨숯을 채우는 방식의 '왕겨숯단열벽체'는 열관류율이 0.22W/㎡·K(두께: 200T / 시험실 환경: 온도 10℃, 습도 45% R.H. / 벽체 구성: 황토미장 45㎜+부직포 1㎜+왕겨숯 단열층 120㎜+열반사단열재 10㎜+황토미장 45㎜(저온 측))라 단열 성능을 만족시키고, 재료 특성상 습도를 조절해 쾌적한 주거환경을 유지하면서 유해 물질이 제로인 건강한 공간을 만든다.

건축주는 집을 짓고 살아보니 건강주택이란 것을 더 확실하게 느낀다고 한다. 아파트에 살 때 아토피 때문에 고생했던 아들도 이곳에 살며 다 나았다.

부부가 생활하기 편하도록 지은 단순한 구조의 단층이다. 주로 부부만 살 집이라 처음부터 2층은 관리도 힘들고 공간 이용도 매우 비효율적이라 생각했다. 안방 드레스룸 상부에 작은 다락 하나 만들어 조용히 쉬고 싶을 때 이용한다. 이 정도의 여유 공간이면 충분하다고 생각했다.

정남향 집에 남쪽으로 마당을 두고 뒤쪽으로 2m 정도 띄어 창고를 지어 간단한 장비와 물건을 보관한다. 동쪽은 담과 5m 띄어 정갈하게 텃밭을 만들어 각종 채소를 가꾼다. 도로는 서쪽과 강을 따라 남쪽에 인접해 있는데, 조망을 고려해 대문과 태양광 패널을 얹은 주차장을 서쪽에 두고 남쪽에는 강으로 연결되는 협문을 냈다.

호텔 설계·시공 경험 있는 건축주의 생각을 집짓기에 적극 반영

설계 단계부터 건축주가 많이 관여했다. 석유시추선 내 대규모 호텔을 시공 감독한 경험 있는 건축주의 요구사항은 매우 까다로웠다. 시공사는 건축주의 의견을 최대한 반영했다. 집짓기 계획을 하면서 시공사인 '황토와나무소리'와 가장 중요하게 논의한 사항이 집 안에서 강을 바라볼 수 있는 구성과 배치였다. 마당은 도로와 약 1.5m 레벨 차를 두고 또다시 기초를 지면에서 60㎝가량 높여 거실과 안방에 앉아 강을 조망할 수 있게 했다. 누마루를 설치하는 것도 잊지 않았다. 방문을 통해 누마루와 연결한 안방은 침대에 앉아서도 경호강을 감상할 수 있다.

방은 총 3개다. 1개는 황토의 기운을 맘껏 누리도록 찜질방으로 구성했고, 찜질방 옆에는 자녀 방을 나란히 배치, 맞은편에는 거실과 주방, 안방을 배치했다. 주방과 거실의 경계가 없어 요리하면서도 가족 간 대화가 끊임없이 이루어질 수 있는 가족 맞춤형 플랜을 제안해 공간 손실 없이 거실·주방·식당을 한 공간으로 일체화시켰다. 거실은 서까래를 노출하여 기본적으로 천장이 높고 여름철에도 시원함을 느낄 수 있지만, 더위가 피크인 때를 고려해 실링팬을 설치해 두었다. 주방 뒤쪽엔 펜션이 있어 세로 폭이 좁고 가로로 긴 창을 내 원활한 환기 기능만 갖추었다. 주방 옆에 마련한 넓은 다용도실은 아파트 생활 때 부족했던 수납공간을 해결하고 장독대와 연결한 뒷문을 별도로 설치해 편리한 동선을 만들었다. 집 안의 가구는 건축주가 직접 디자인하고 제작을 의뢰해 일체화 했다. 다용도실 바닥 타일, 아일랜드 식탁 싱크볼, 건식 욕실 구성, 빨래 건조대, 디테일한 마감 등 건축주의 아이디어와 손길이 닿지 않은 곳이 없다.

마당에는 감성 있는 야외 파티용 작은 농막이 있다. 많은 지인이 한꺼번에 몰려왔을 때를 대비해 준비해 놓은 것이다. 간단한 조리시설을 갖춘 농막 앞에는 족히 8명이 넉넉히 앉을 수 있는 대리석 회전 테이블을 놓고, 그 옆에 주문 제작한 바비큐 그릴과 직접 만든 아궁이에 가마솥을 걸었다.

도로에서 마당을 약 1.5m 높이고, 마당에서 기초를 60㎝가량 높여 거실과 안방에 앉아서도 강을 조망할 수 있다.

건 축 개 요

대지위치	경남 산청군 특리	건물규모	1층 141.99㎡ (42.95평)
지역·지구	계획관리지역	용적률	11.21%
건축구조	한식목구조주택	설계기간	2016년 11월~12월
대지면적	1267.00㎡ (383.27평)	공사기간	2016년 12월~2017년 12월
건축면적	141.99㎡ (42.95평)	설계	주신건축사사무소
건폐율	11.21%	시공	황토와나무소리
연면적	141.99㎡ (42.95평)		

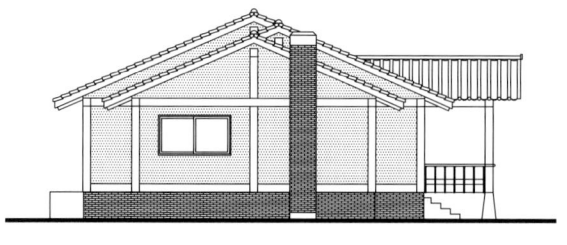

좌측면도

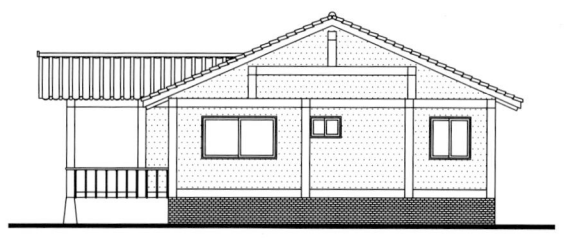

우측면도

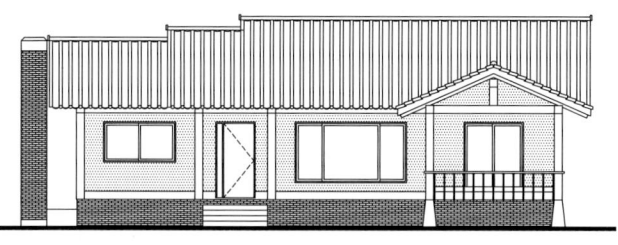

정면도

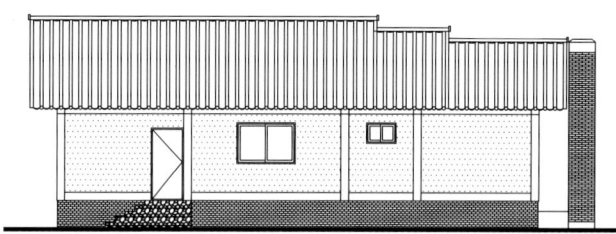

배면도

건 축 자 재

외부마감
지붕-세라믹 한식형 기와
벽-왕겨숯단열벽체에 미장
데크-석재
내부마감
천장-편백 루버
벽-편백 루버
바닥-강화마루(퀵스텝 코리아)
단열재
지붕-왕겨숯단열벽체 시공 후 황토미장
벽-왕겨숯단열벽체 시공 후 황토미장
창호재 시스템창호(LG하우시스)
현관문 빅하우스
주방가구 자체 제작
위생기구 대림바스
조명기구 제일전기
난방기구 가스보일러(경동 나비엔)

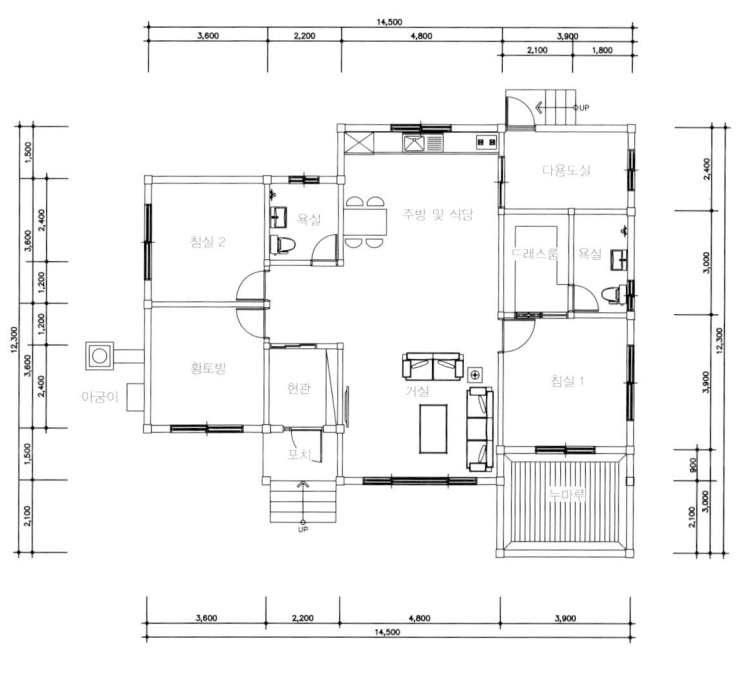

1층 평면도

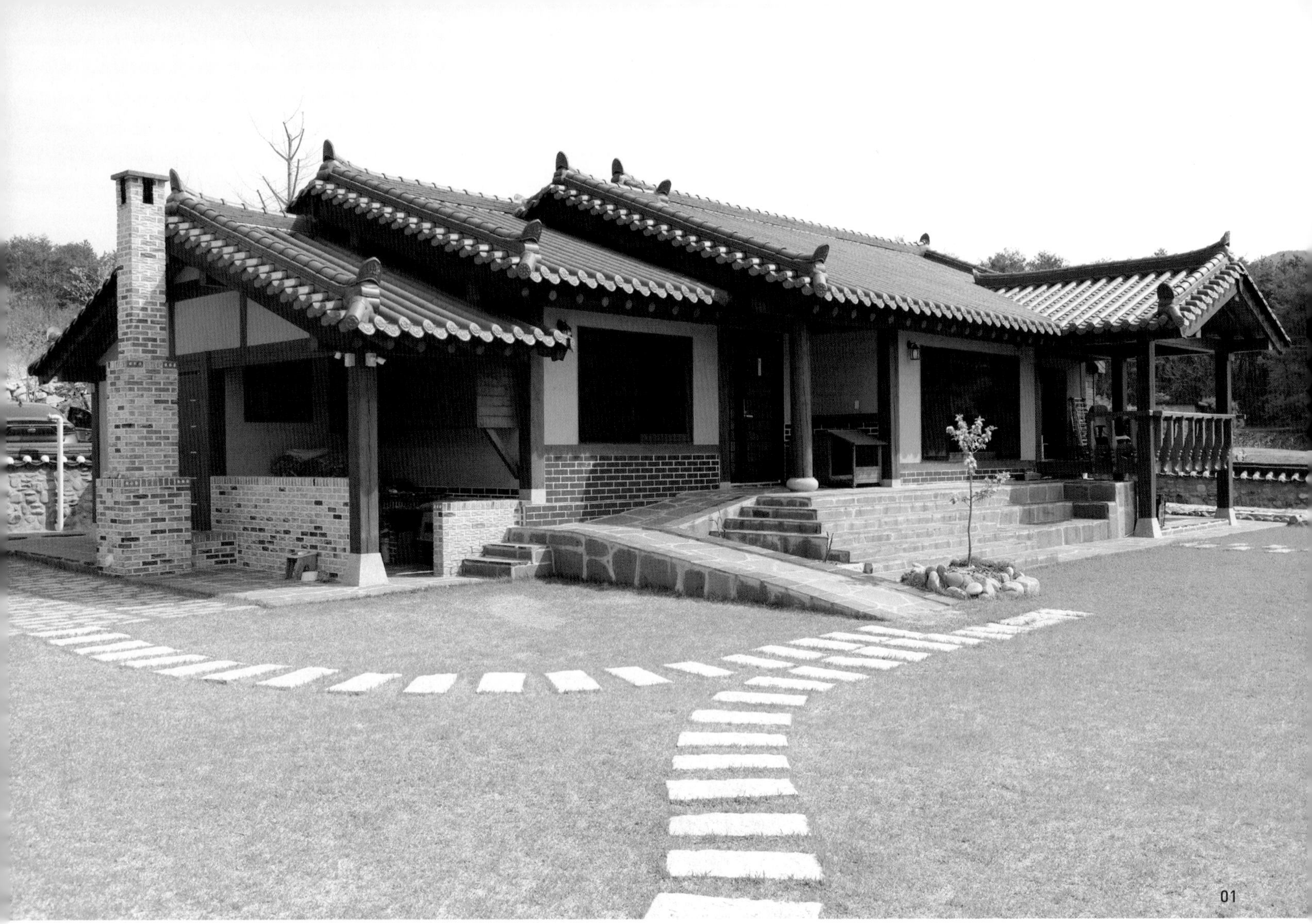

01

02

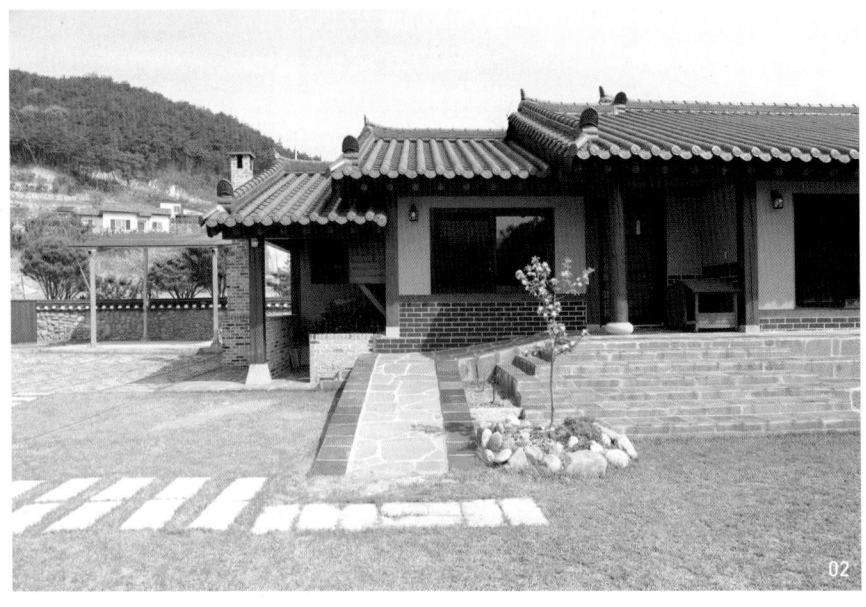

01_ 2층은 관리하기가 힘들고 공간 활용도 비효율적이란 생각에 부부가 생활하기에 불편함이 없는 단층으로 설계했다.
02_ 현관부 전면에 입체적 구조의 계단과 함께 안전을 위한 경사로(슬로프)를 설치했다.

03_ 지면의 습기를 피하고 통풍이 잘되도록 설치한 누마루, 주변의
풍광과 풍류를 즐기기에 더없이 좋은 장소다.
04_ 안방에서 본 누마루. 강 건너 둔덕에는 소나무 숲이 병풍처럼
펼쳐져 있고 그 뒤로 먼 거리에 높은 산들이 고즈넉한 풍경으로 다가온다.

01_ 찜질방을 데우는 아궁이와 굴뚝이 위치한 단아한 분위기의 측면이다.

02_ 벽돌을 정성스럽게 쌓아 만든 전축굴뚝, 구들방 연도로서 기능뿐만 아니라 하나의 상징물처럼 한옥의 외관미를 더해주는 주요 요소다.

03_ 도로는 서쪽과 강 따라 남쪽에 인접해 있고 조망을 고려해 대문은 서쪽에, 태양광 패널을 얹은 주차장은 서쪽 후면에 배치하였다.

04_ 건축물의 처마선 바깥으로 돌출하지 않고 처마의 끝 선 높이 이하로 설치하는 반침(半寢)은 건축면적에 산입 되지 않는 이점이 있다.

05_ 마당 한쪽에 감성 있는 오두막 형태의 농막을 짓고, 회전테이블, 가마솥, 전용
텃밭 등을 갖추고 지인들이 모여 함께 즐길 수 있는 바비큐 공간을 만들었다.
06_ 철재문주(門柱)를 세우고 철제 프레임에 목재 디자인으로 개성미를 살린 대문이다.
07_ 도로보다 레벨을 높여 석축을 쌓고, 마당에 토석 기와 담장을 정성스럽게 쌓아
내·외부로 한옥의 전통미를 잘 표현한 황토집이다.

01_ 남쪽에 경호강으로 연결되는 협문이다. 대문과 같은 재질로 통일시켜 개성 있게 설치했다.

02_ 풍경과 풍수를 염두에 두고 위성지도를 탐색하다 경호강 상류를 택했다. 직접 찾아가서 주변 환경을 둘러보니 여기다 싶어 바로 결정한 집터.

03_ 누마루에서 산이 둘러싸인 수려한 풍경과 수원이 풍부한 경호강이 흐르는 차경을 감상하는 것은 이 곳에 집을 지은 가족들만의 특권이다.

시원스러운 전면창에 서까래가 노출되어 개방감이 큰 거실. 자체 제작한 한식 거실가구를 매치하여 인테리어 효과를 배가시켰다.

01_ 거실의 아트월, 현관부, 찜질방과 자녀 방이 나란히 배치되어 있다. 한식대문 문양을 넣어 개성있게 디자인한 아트월이 한옥 거실의 분위기를 한층 고조시킨다.

02_ 3중미닫이 중문을 설치한 현관부. 거실과 주방의 직접적인 시선을 차단하고 천장을 반자로 처리해 아늑하다.

03_ 박공 지붕선을 따라 마감한 연등천장. 천장이 높아 공기의 흐름이 좋고 여름에는 시원하다. 실링팬을 설치해 여름을 대비하고 인테리어 효과도 냈다.

04.06_ 짙은 강화마루로 차분한 무게감이 실린 거실과 주방. 숫대살 문양의
주방 상부장을 자체 제작해 서까래 연등천장과 하모니를 이루었다.
05_개수대와 아일랜드테이블을 ㄷ자로 배치한 주방. 아일랜드테이블에
간편하게 사용할 수 있는 간이 싱크볼을 설치했다.

01_ 아파트 생활 때 부족했던 수납공간을 넓게 확보한 다용도실, 뒤뜰에 있는 장독대와 연결한 뒷문을 별도로 설치해 편리하게 사용한다.

02_ 안방의 가구들도 모두 주문 제작해 배치하고, 수납공간으로 한옥 벽장인 반침(半寢)을 크게 달아 벽면을 개성있게 장식했다.

03_ 안방 드레스룸 상부에 작고 아늑한 다락을 들이고 접이사다리를 이용해 오르내린다.

04_ 다락에서 내려다본 접이사다리. 다락은 책을 읽거나 조용히 쉬고 싶을 때 이용하는 건축주의 서재이자 휴식공간이다.

05_ 건식과 습식 공간으로 분리하여 기능성과 편의성을 높인 욕실. 원목 루버 천장, 대리석 바닥과 벽으로 조화를 이뤄 감각 있게 연출했다.

06_ 현관 바닥은 회색 톤 대리석으로, 왼쪽 벽은 붙박이장, 오른쪽 벽과 천장은 편백 루버로 마감해 천연 나무향이 가득한 현관이다.

전통한옥의 심벽치기를 기본으로 마음으로 지은 황토집

벽에 대나무나 잔가지로 심을 만들어 세우고 내·외부에 흙반죽을 심벽치기 하여 붙여 만드는 벽을 '심벽(心壁)'이라고 한다. 심벽치기는 몸의 힘으로 강약을 조절한다. 힘을 덜 쓰면 심 사이로 흙이 단단히 채워지지 않는다. 마음이 덜해 정성을 들이지 않으면 제대로 벽이 되지 않는다. 그래서 '심벽'이라고 한다. 마음을 담아 벽을 쌓는 것이 전통한옥 건축이다. 빈틈없는 마음을 담아야 비로소 한 채의 올바른 황토집이 탄생한다. 한 채를 지으려면 꼬박 6개월의 시간이 걸렸던 이유다.

점토토석벽돌로 특색 있게 마감한 황토집

| 위　　치 | 경상남도 거제시 외간리
| 건축형태 | 한식목구조주택
| 대지면적 | 660㎡(199.65py)
| 건축면적 | 128.92㎡(39py)
| 건축설계·시공 | 황토와나무소리

참고 자료_전원주택라이프

인생 후반 건강한 삶을 위해 집에 황토의 기운을 담았다. 질척한 한 무더기 황토에 체중을 실어 벽에 힘껏 밀어붙여 땀으로 심벽 치고, 정성으로 쌓은 조적식 황토집이다.

전통기와의 품격과 성능은 최대한 살리면서 내진 성능을 기반으로 신한옥의 보급과 확산을 위해 요구되는 싸고 가벼운 기와, 가격 대비 성능을 극대화한 한식기와를 사용했다.

심벽치기로 만든 벽의 장점은 흙을 적당한 점도로 사용해 몸에 유익한 원적외선 발산기능이 뛰어나다는 것이다. 황토는 지역에 따라 적황토, 홍황토, 황토, 흑토, 백토 등 다양한 색을 띤다. 황토의 맛도 신맛, 떫은맛, 단맛이 난다. 당연히 성분도 다르다. 이런 이유로 같은 채소나 과일들도 지역에 따라 다른 향과 맛을 낸다. 심벽치기는 이러한 흙의 장점을 잘 살려서 짓기 때문에 건강주택인 것이다.

황토의 기운을 넣어 정성으로 집을 짓고 인생 후반에 건강한 삶을 살아가는 서정오·윤병선 부부의 거제도 황토집은 그렇게 탄생했다. 외부는 벽돌집, 내부는 한옥을 구현했는데 한옥의 멋을 그대로 살려 현대식 주택의 편리한 요소들을 모두 적용해 생활에 불편함이 없다.

황토집의 단열성과 외벽 갈라짐 현상을 극복한 집짓기

하지만, 단열에는 취약하다. 심벽으로 하면 벽 중심에 단열재 충진이 어렵기 때문이다. 황토와나무소리는 옛 건축 방식을 그대로 재현하면서도 새로운 공법을 적용해 황토주택의 단열에 대한 취약점을 극복했다. 한옥 벽체를 만들 때 사용하는 외엮기 또는 심벽을 이중으로 하고 그사이에 숯단열층을 형성해 단열을 보강한다. 다른 어떤 단열재보다 단열성이 뛰어나다.

황토집은 벽체 갈라짐이 있어서 관리에 취약하다. 황토집을 선택하는 사람은 황토가 마르면서 발생하는 균열을 보수하며 살아야 한다. 황토와나무소리에서 짓는 심벽치기 공법으로 짓는 집은 이런 단점도 극복했다. 다른 어떤 공법보다 심벽치기로 지으면 이러한 하자가 적다. 한 번에 끝내지 않고 여러 차례 미장을 추가해 더욱 하자가 발생하는 일이 없다. 초벌 미장부터 여러 번 미장해야 매끄럽고 단단한 황토벽이 만들어진다.

이 집의 외관은 조적식 벽돌집으로 황토의 느낌은 없다. 내부 벽체를 보아야 황토주택인 것을 알 수 있다. 건축주는 관리하기 편하고 특히 자녀들 취향에 맞춰 외벽을 벽돌로 마감했다고 한다. 젊은 층들은 현대식 집을 선호하기 때문이다. 내부 구조도 아파트에서처럼 편리한 생활을 할 수 있도록 했고 한옥의 멋은 살렸다. 한지를 붙인 거북살 형태의 방문, 빗살문양의 싱크대, 완자살로 꾸민 다락 난간, 팔각에 세살창을 적용한 조명 등에서 한옥의 고풍스러움이 배어나온다.

외벽은 황토집과 잘 어울리는 이화벽돌의 점토토석벽돌(아트골드)로 지붕은 고령기와의 개량형 신한옥 기와로 마감했다.

단층에 다용도로 사용하는 공간인 다락을 넣은 단순한 구조이지만, 실내에 노출된 나무 기둥에서 한옥 특유의 견고함이 묻어난다. 집을 떠받치는 통나무는 옹이와 투박한 외형으로 더욱더 옹골지게 보인다. 불필요한 부분은 덜어내고 꼭 필요한 것만 채운 집은 소박한 멋이 있다.

디딤돌 옆 데드스페이스에 반송을 심고 첨경물로 꾸며 현관부의 시각적인 장식 효과를 냈다.

건 축 개 요

대지위치	경남 거제시 거제읍 외간리	**연면적**	128.92㎡ (39.00평)
지역·지구	계획관리지역	**건물규모**	1층 128.92㎡ (39.00평)
건축구조	한식목구조주택	**용적률**	19.53%
대지면적	660.00㎡ (199.65평)	**설계기간**	2014년 2월~5월
건축면적	128.92㎡ (39.00평)	**공사기간**	2014년 9월~2015년 3월
건폐율	19.53%	**설계 및 시공**	황토와나무소리

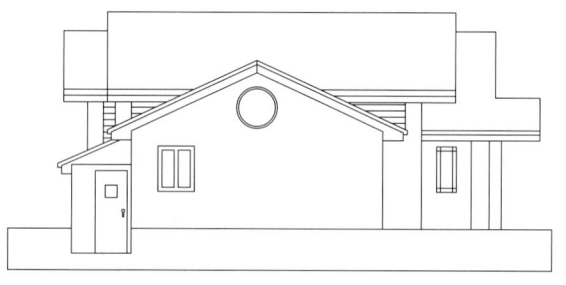

좌측면도

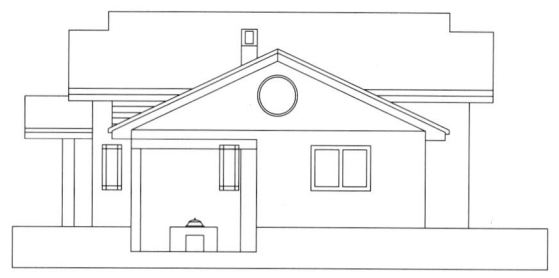

우측면도

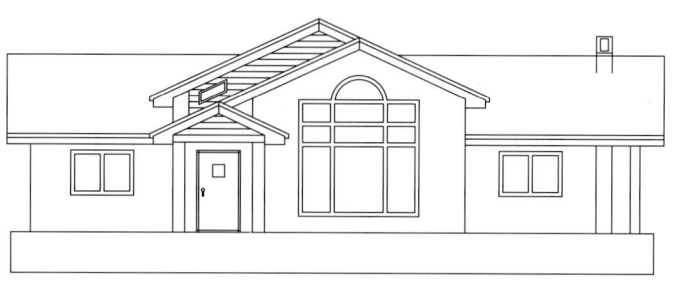

정면도

배면도

건축자재

외부마감
지붕-세라믹 한식형 기와
벽-왕겨숯단열벽체에 미장+점토벽돌
내부마감
천장-편백 루버
벽-편백 루버
바닥-강마루(거실, 주방·식당)
　　　한지 장판(침실)
단열재
지붕-왕겨숯단열벽체 시공 후 황토미장
벽-왕겨숯단열벽체 시공 후 황토미장
창호재
외측-시스템창호(알파칸창호)
현관문 빅하우스 BW5005
주방가구 자체 제작
위생기구 대림바스
조명기구 제일전기
난방기구 가스보일러(경동 나비엔)

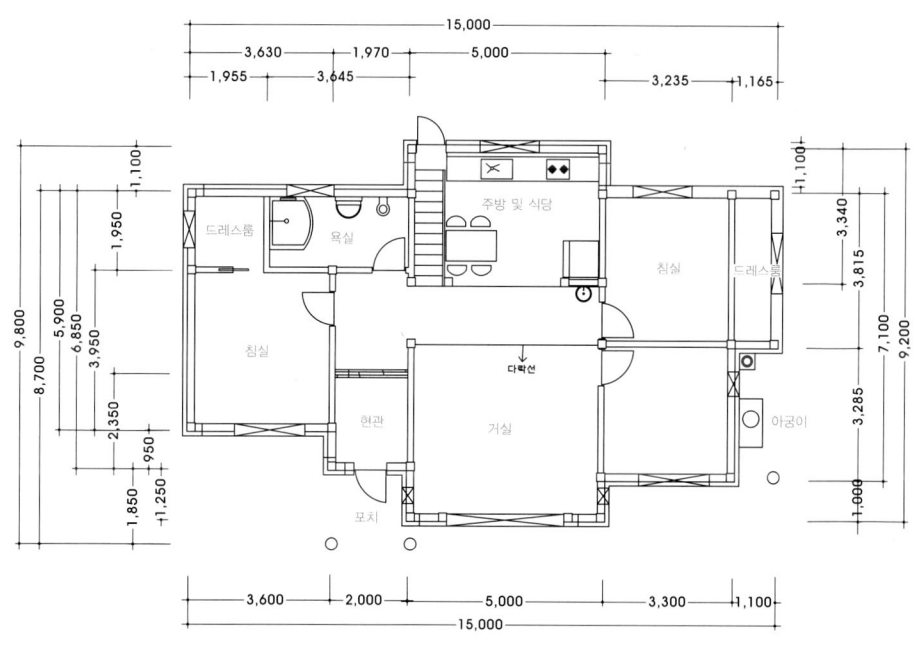

1층 평면도

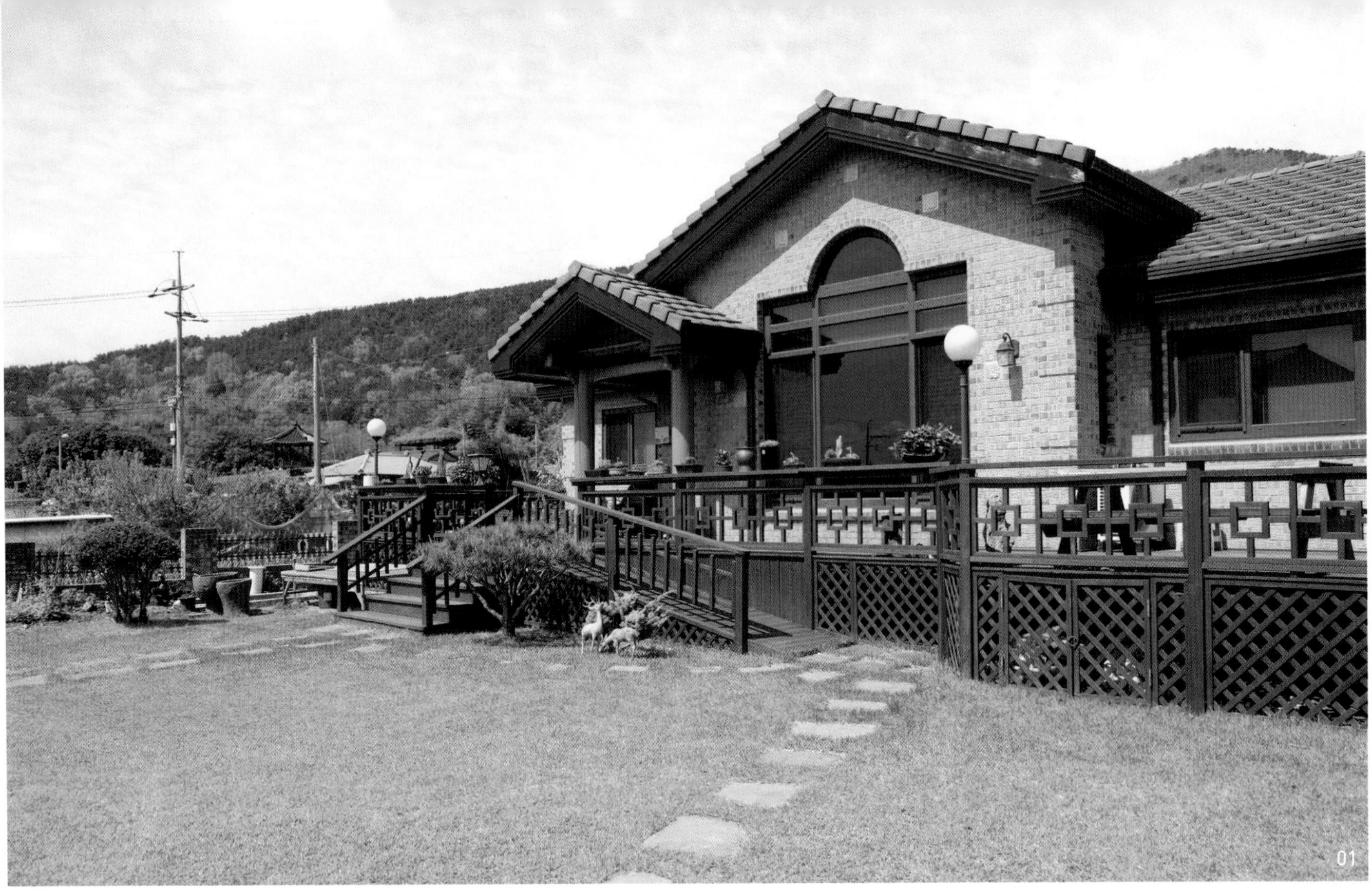

01

02

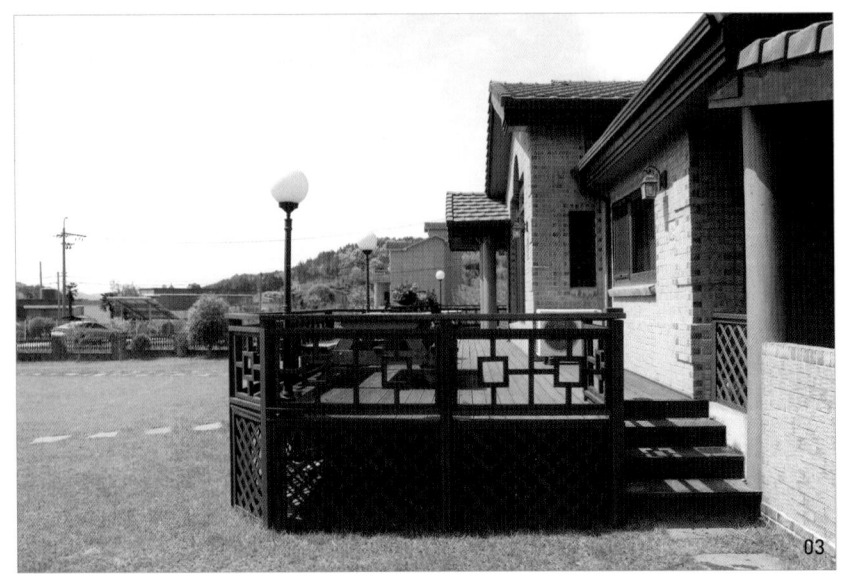

01_ 집의 외형은 누가 봐도 조적식 벽돌집이다. 아무리 둘러봐도 황토의 느낌이 없다. 내부로 들어가야 벽체를 보고 황토주택임을 알 수 있다.
02_ 현관으로 이어지는 데크에 계단과 경사로를 같이 만들어 편리한 대로 사용한다.
03_ 외벽은 관리가 편한 아트골드 점토토석벽돌로 마감하고, 전면에는 목재데크를 넓게 설치해 내외부를 연결하는 전이공간으로써 다각도로 편리하게 이용한다.

03

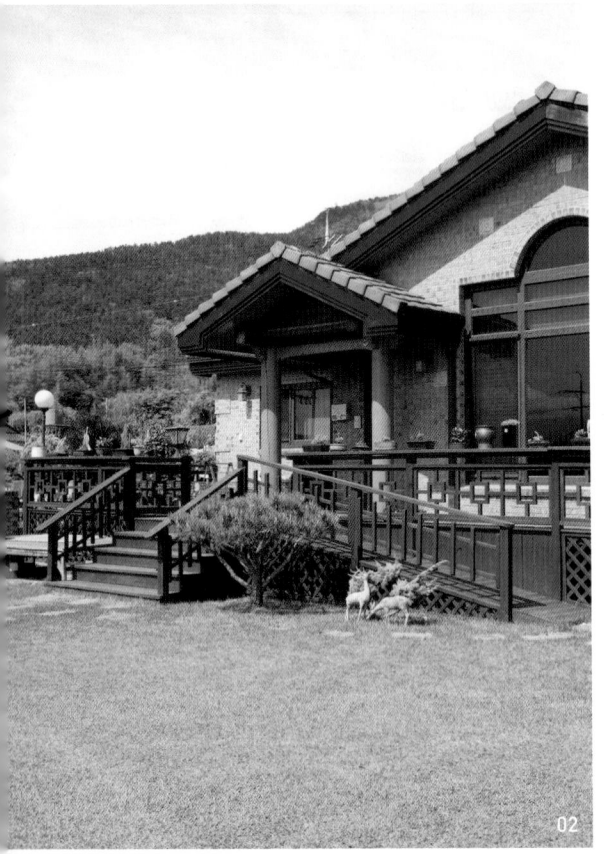

04_ 현관은 집의 첫인상을 좌우한다. 포치 원기둥에 기와를 얹어 입면에 볼륨감을 실어 중후한 멋을 낸 현관부다.

05_ 온돌방이 있는 건물 측면에 눈썹지붕을 만들고 함실아궁이 겸 창고 용도의 공간을 넉넉하게 마련하여 땔감, 농기구 등을 보관한다.

06_ 입구에서 데크까지 깔아놓은 현무암 판석 보도.

01_ 2고주오량가 구조로 천장을 높여 설치한 반원형 전면창과 팔각 세살창 조명등이 절묘한 조화를 이루며 거실의 밝은 분위기를 고조시킨다.

02_ 대문이 없는 열린 마당이다. 현관에서 도로까지 연결되는 어프로치에 현무암 판석을 깔고 잔디로 깔끔하게 마무리하였다.

03_ 마당을 개방하고 정을 나누는 이웃사촌들과 함께 건축주 부부는 산, 들, 밭을 돌며 소소한 삶의 즐거움을 가꾸어간다.

04_ 한옥의 기둥 보 뼈대와 전통문양 조명, 한식 여닫이 방문 등 전통요소들이 어우러져 한옥 거실의 전통 분위기를 주도한다.
05_ 거실의 윗부분은 황토미장 벽체를 그대로 두고, 가구 등 손길이 많이 닿는 아래 벽체는 편백 루버를 덧대어 한옥 연등천장과 조화를 이룬 거실이다.
06_ 주방과 연결된 측정에 넓은 장독대와 텃밭을 두고 편리하게 오가며 이용한다.
07_ 주방의 튼튼한 기둥과 나란히 배치한 천장의 보가 공간의 프레임을 만들며 안정감 있는 구조를 보인다.

01_ 현관을 들어서면 좌측에 전통 목가구, 자개장 등으로 실내를 장식한 안방이 있다.

02_ 바닥은 황토로 미장한 상태에서 난방 시 원적외선을 방출하는 황토방의 기능을 잘 살릴 수 있도록 한지장판을 사용했다.

03_ 입체감 있는 벽체 마감에 접이식 북유럽풍 반신욕조를 두어 특색 있게 꾸민 샤워부스가 눈에 띄는 욕실이다.

04_ 다락을 떠받치는 기둥과 보, 옹이와 투박한 외형으로 더욱더 튼실해 보인다.
05_ 한지를 붙인 거북살 문양의 방문, 완자살로 꾸민 난간 등 요소요소에 한옥의 느낌을 잘 담아냈다.
06_ 완자살 문양의 다락 난간, 서까래가 드러난 천장이 전통한옥의 누마루를 연상케 한다.
07_ 다양하게 활용도가 높은 다락은 단순한 구조이만, 짜 맞춤하여 지은 한옥 목구조
특유의 견고함이 나타난다.

남매가 하나의 대지 위에 지은 두 채의 집

설계는 건축에서 가장 중요한 부분으로 소홀해선 안 된다. 설계를 소홀히 한 채 주택을 짓겠다는 것은 목적지를 정하지 않고 길을 나서는 것과 같다. 설계는 앞으로 집이 어떻게 지어질지 알려주는 지침서인 동시에 공간을 어떻게 나누고 배치할지 보여주는 안내서라 할 수 있다. 설계의 중요성은 몇 번을 강조해도 지나치지 않으나 불행히도 현장에서는 소홀히 취급받는 게 현실이다. 소중한 재산인 동시에 가족이 행복한 삶을 보내야 할 보금자리를 설계하는 일을 전문가의 능력을 통해서가 아니라 친구나 이웃의 경험에 의존해 실패하는 일도 적지 않다.

13 사천 화전리주택

한 대지 위에 지은
두 세대 황토집

| 위   치 | 경상남도 사천시 사남면 화전리
| 건축형태 | 한식목구조주택
| 대지면적 | A동 480㎡(145.20py),
                B동 493㎡(149.13py)
| 건축면적 | A동 128.73㎡(38.94py),
                B동 106.15㎡(32.11py)
| 건축설계 | 송강종합건축사사무소
| 건축시공 | 황토와나무소리

남매가 한 대지 위에 사이좋게 두 세대를 나란히 일자형으로 지었다. 사람과 차량의 원활한 왕래를 위해 잔디마당 앞은 넓은 시멘트 포장을 했다.

자연의 배경에 거스르지 않고 자연과 동화되어 하모니를 이룬 황토집이다.

좋은 설계를 하려면 그 집을 어떻게 사용할 것인지 스스로의 생각을 잘 정리해야 한다. 그리고 공간마다 누가 어떻게 사용할 것인지를 정해야 한다. 부지 조건도 잘 따져야 하는데 진입로, 향, 생긴 모양, 높이 등을 따져서 설계에 반영해야 한다. 그다음은 구조다. 골조와 벽체는 어떤 구조로 할 것이며 평면 구성은 어떻게 할지도 계획해야 한다.

구조는 한옥이지만 마감은 현대와 전통 스타일로

이 집의 설계는 좀 특별하다. 하나의 부지에 두 채의 집을 지었는데 주인이 다르다. 남들이 이렇게 계획해 산다면 토지 사용 문제를 놓고 또는 주택 간 프라이버시 때문에 힘들 것이다. 분쟁도 생길 여지가 많다. 하지만, 이 집은 누나와 남동생 남매의 집이다. 누나가 사는 집은 2층 구조로 39평이다. 동생 집은 28평에 다락을 더해 32평이다. 2채의 뼈대는 기둥·보 방식의 한식목구조로 같지만, 지붕이나 외부 표현 방식이 전통과 현대로 대조되는 특색을 띠고 있다.

39평인 누나 집은 오지기와를 얹은 지중해풍 집이다. 지반으로부터 1층 위, 2층 침실 전면에 앞뜰과 마을의 전원풍경을 시원스럽게 내려다볼 수 있도록 넓게 설치한 전망 좋은 테라스가 돋보인다. 1층 구조는 단순하고 2층에 좀 더 신경썼다. 1층에는 거실과 구들방, 주방, 화장실이 있고, 2층에는 거실과 침실, 화장실을 배치했다. 특히, 2층 침실 앞쪽에 넓은 시스템창으로 연결한 테라스를 설치해 방에서도 시원한 조망감을 즐길 수 있다는 점이 누나 집의 특색이다.

반면, 32평 주택인 동생 집은 한식기를 얹고, 침실 전면에 한 칸 튀어나온 누마루를 설치하여 여름철 습기를 차단하고 통풍이 원활하여 시원한 공간으로 유용하게 사용한다. 거실은 오픈 연등천장으로 구성하고, 주방의 고미반자 위에 다락을 들여 다용도실로 활용한다. 1층은 일반적인 평면 구조로 거실과 주방을 가운데 두고 양쪽으로 방 2개, 욕실, 보조주방이 있고 주방 옆으로 다락으로 오르는 계단이 있다.

집성목으로 짜임새 있게 구성한 2층 계단.

편백 루버 목재를 사용해 전통한옥의 고미반자 형태로 천장을 구성한 주방이다.

건축개요

대지위치	경남 사천시 사남면 화전리	**건물규모**	주택 1층 68.14㎡ (20.61평)
지역·지구	계획관리지역		주택 2층 45.59㎡ (13.79평)
건축구조	한식목구조주택		부속건물 15.00㎡ (4.54평)
대지면적	480.00㎡ (145.2평)	**용적률**	26.82%
건축면적	98.75㎡ (29.87평)	**설계기간**	2016년 4월~5월
건폐율	20.57%	**공사기간**	2016년 6월~2017년 6월
연면적	128.73㎡ (38.94평)	**설계**	송강종합건축사사무소
		시공	황토와나무소리

건축자재

외부마감
지붕-세라믹 한식형 기와
벽-왕겨숯단열벽체에 미장
내부마감
천장-편백 루버
벽-편백 루버
바닥-강마루(거실, 주방·식당)
　　 한지 장판(침실)
주방가구 자체 제작

단열재
지붕-왕겨숯단열벽체 시공 후 황토미장
벽-왕겨숯단열벽체 시공 후 황토미장
창호재
내측-전통 세살 목창
외측-시스템창호(LG하우시스)
현관문 빅하우스 BW5005
위생기구 대림바스
조명기구 제일전기
난방기구 가스보일러(경동 나비엔)

누나 집

좌측면도

우측면도

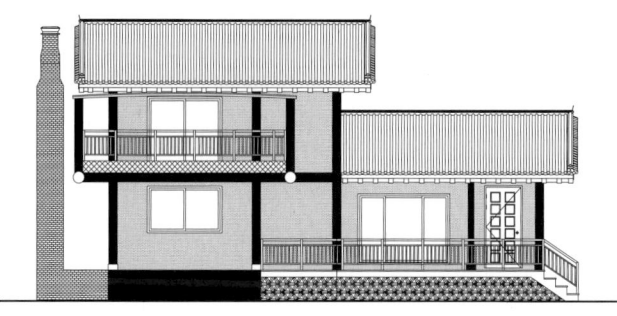

정면도

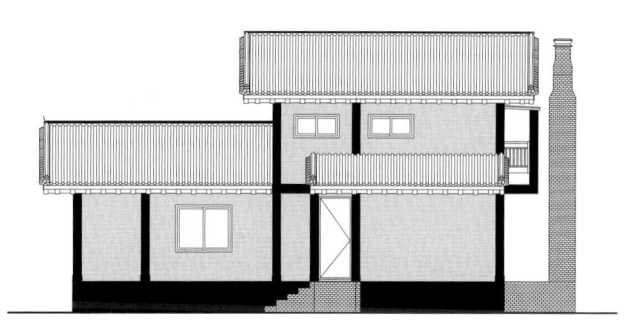

배면도

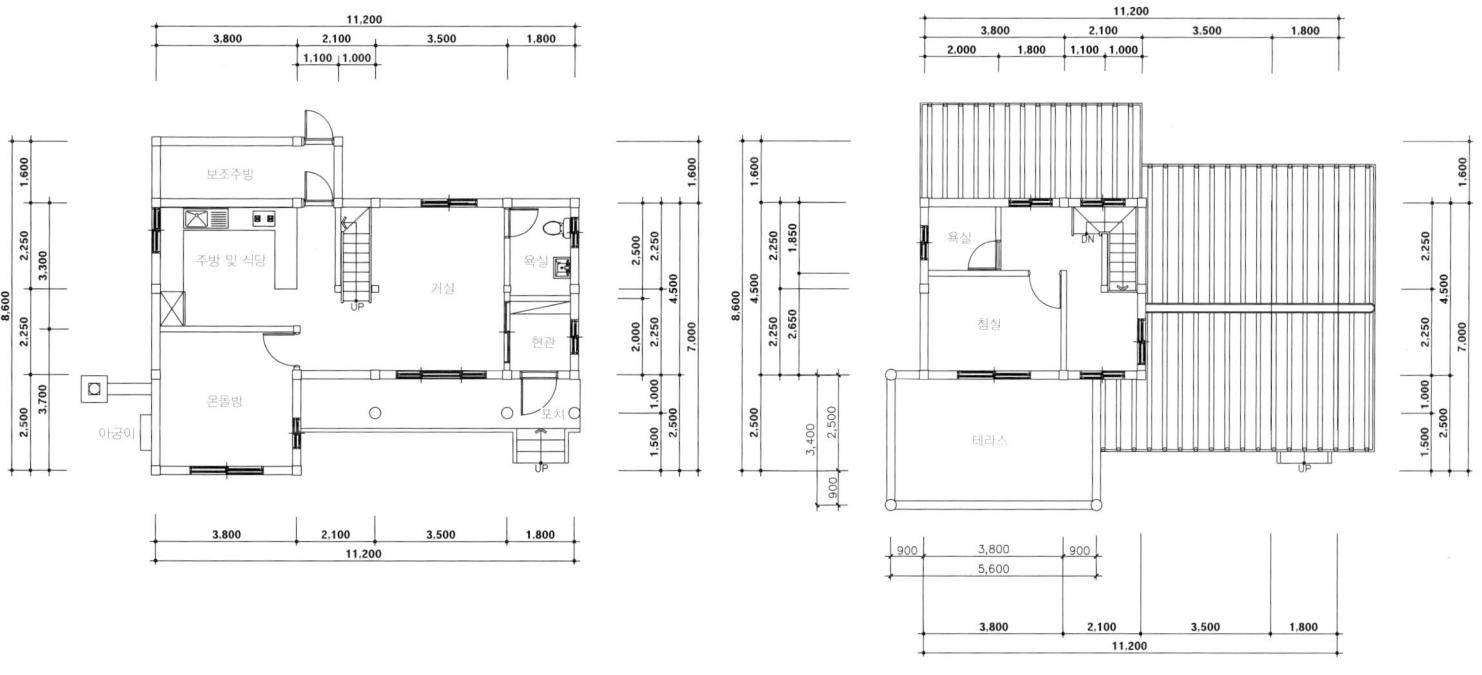

1층 평면도

2층 평면도

01_ 벽체를 제외하면 누나 집의 외관은 지중해풍 전원주택으로 2층 침실 앞으로 시원스럽게 열린 특별한 테라스를 설치했다.

02_ 누나 집의 측면구성으로 야산을 배경으로 정원에 열대식물인 키 큰 당종려나무를 심어 지중해풍의 전원 분위기가 더욱 살아난다.

03_ 두 집에서 가장 전망 좋은 2층 테라스. 오순도순 모여 전원풍경을 바라보며 바비큐 파티라도 열면 세상 부러울 것 없는 장소다.

04_ 시원스럽게 하늘로 열린 2층 테라스가 이색적인 황토집이다. 아래층 왼쪽은 구들방과 아궁이가 배치되어 있다.

05_ 오른쪽이 동생 집, 왼쪽이 누나 집이다. 뼈대와 벽체는 같은 숯단열벽체를 이용한 중목구조 한옥이나 지붕은 전통과 현대로 나뉘어 사뭇 다른 분위기를 낸다.

06_ 전망 좋은 테라스에서 바라보면 고즈넉한 전원풍경이 시원스럽게 펼쳐진다.

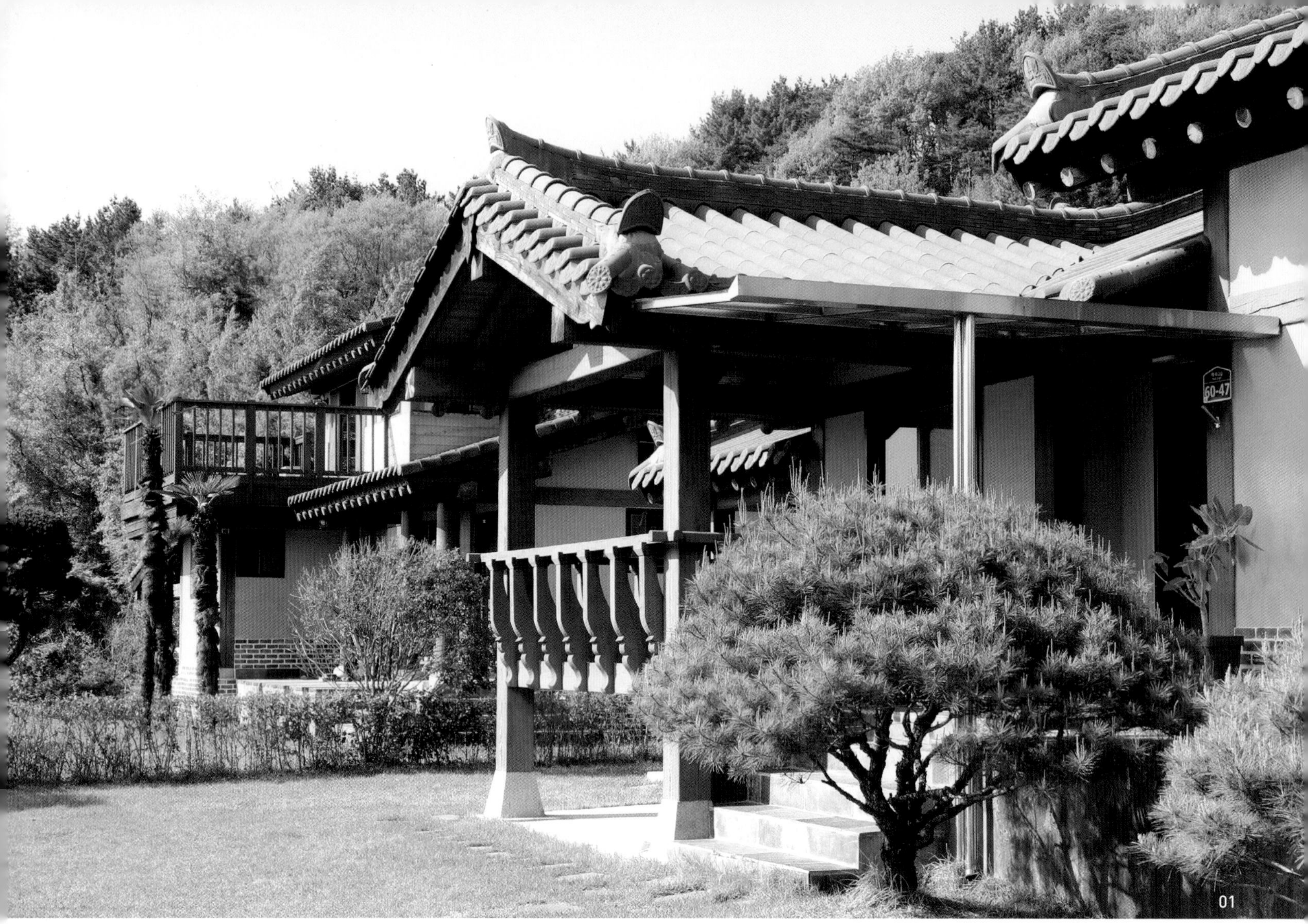

01

02

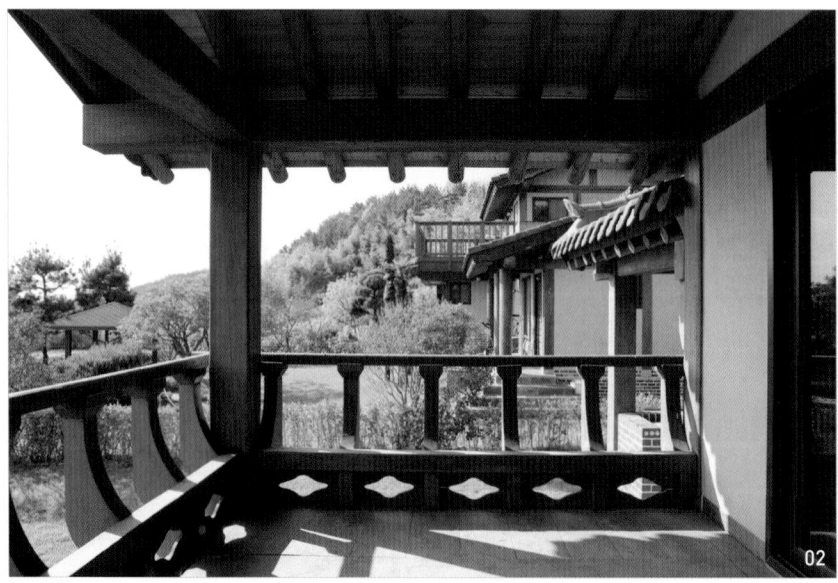

01_ 닮은 듯 다른 이미지의 외관을 지녔다. 남매가 함께 지어 건축비 절감 등 서로에게 긍정적인 시너지효과를 가져다준 집이다.
02_ 침실 앞으로 누마루를 설치하고 계자난간을 둘러 격조 있는 한옥의 깊은 멋이 있다.

03_ 현무암 판석으로 기단과 계단, 기단 위의 석재데크까지 통일감을 주어 견고하게 마감한 출입로다.

04_ 천연재료인 나무와 황토로 지은 한옥이라 정서적으로 더욱 편안함을 안겨 준다.
아토피로 고생했던 아들이 입주 2년 만에 완전 치유됐다는 건축주의 체험담으로 건강주택임을 알 수 있다.

05_ 동생 집은 테라스 대신 누마루를 앞으로 내어 한옥의 멋을 깊게 표현했다.

01_ 세살창호와 아자살 3중연동 미닫이 현관 중문, 목재아트월 등으로 한식 분위기를 연출한 누나 집의 아담한 거실이다.

02_ 노을 질 무렵 두 채의 황토주택이 고즈넉한 전원풍경을 주도한다. 일상에 불편함이 없도록 굴뚝, 장독대, 텃밭 등 생활에 필요한 시설들을 잘 갖춘 후면 전경이다.

03_ 숲이 우거진 야산을 배경으로 보강토블록 옹벽 위에 나란히 지은 두 채의 한옥이 정겨운 풍경을 이룬다.

04_ 주방의 상·하부장과 벽체를 화이트 톤으로 통일시켜 밝고 깔끔한 분위기의 잘 정돈된 주방이다.
05_ 전면의 거실창은 기밀성과 보완성이 높은 현대식 시스템창호를 사용했다.

01

02

01_ 거실과 주방 사이에 일부 가림 벽체를 세워 계단 난간대 겸 실내장식 효과를 주었다.

02_ 편백 루버, 한지, 한지장판 등 친환경 천연소재를 이용하여 나무향 가득한 편안하고 아늑한 누님 집 1층 침실이다.

03_ 탁 트인 전원풍경을 조망할 수 있는 테라스가 딸린 누나 집 2층 침실, 시스템창호를 넓게 설치해 채광이 풍부한 양명한 분위기의 침실이다.

03

04

04_ 공용 공간을 응용한 2층 침실 옆 드레스룸, 화이트 톤으로 통일하여 깔끔함이 돋보인다.

05_ 벽 부착용 반다리 세면대, 젠다이 등, 실용성 있게 마감한 차분한 느낌의 욕실이다.

05

01_ 동생 집은 누나 집과는 다른 거실과 주방이 완전 개방된 대면형 구조다. 가운데 배치한 아일랜드테이블은 현대적인 세련미와 실용성을 더해주는 주방 아이템이다.

02_ 거실 전면창을 상·하로 높게 설치하여 풍부한 채광과 넓은 시야로 전원풍경 가득한 밝고 시원한 분위기의 동생 집 거실이다.

건 축 개 요

대지위치	경남 사천시 사남면 화전리	건물규모	주택 91.15㎡ (27.57평)
지역·지구	계획관리지역		부속건물 15.00㎡ (4.54평)
건축구조	한식목구조주택	용적률	21.53%
대지면적	493.00㎡ (149.13평)	설계기간	2016년 4월~5월
건축면적	106.15㎡ (32.11평)	공사기간	2016년 6월~2017년 6월
건폐율	21.53%	설계	송강종합건축사사무소
연면적	106.15㎡ (32.11평)	시공	황토와나무소리

동생 집

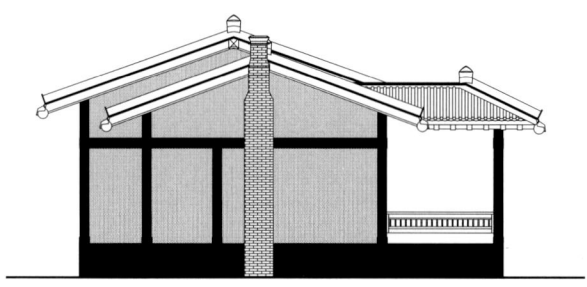

좌측면도

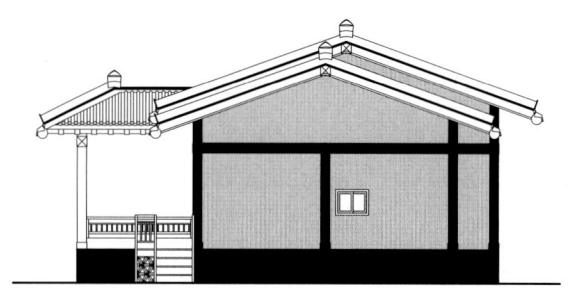

우측면도

정면도

배면도

건 축 자 재

외부마감
지붕-세라믹 한식형 기와
벽-왕겨숯단열벽체에 미장

내부마감
천장-편백 루버
벽-편백 루버
바닥-강마루(거실, 주방·식당)
　　한지 장판(침실)

단열재
지붕-왕겨숯단열벽체 시공 후 황토미장
벽-왕겨숯단열벽체 시공 후 황토미장

창호재
내측-전통 세살 목창
외측-시스템창호(LG하우시스)
현관문 빅하우스 BW5005
주방가구 자체 제작
위생기구 대림바스
조명기구 제일전기
난방기구 가스보일러(경동 나비엔)

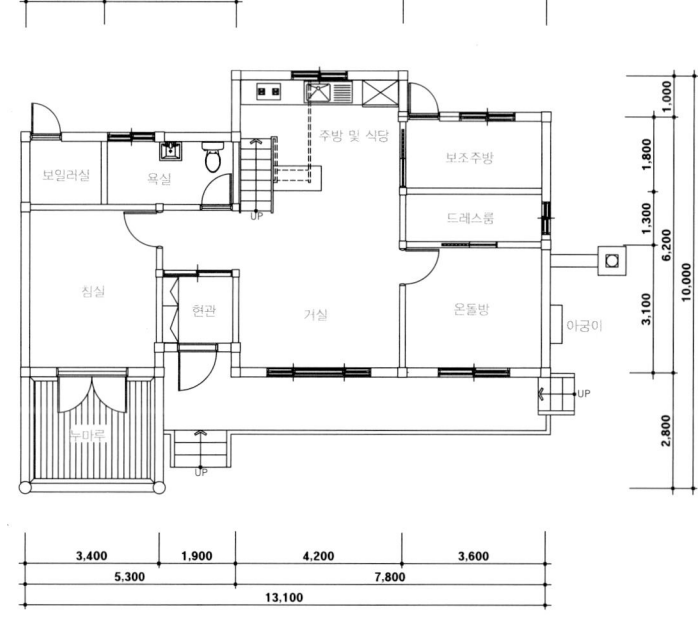

1층 평면도

집의 구조는 한옥식 기둥·보 방식으로, 외관은 현대적인 전원주택 분위기로

벽체는 전통적인 기둥·보 방식의 한식목구조에 회벽마감, 지붕은 붉은 톤의 스페니쉬 기와를 얹은 이색적인 외관의 2층 황토주택이다. 여러 집이 모여 사는 전원마을의 분위기를 의식한 듯, 목조 뼈대에 흰색 회벽, 붉은색 스페니쉬 기와가 어우러져 지중해풍 분위기를 나타내며 마을과 조화를 이룬다.
전통방식을 고수하는 전통한옥과는 달리 단열성이 좋은 숯단열벽체로 짓는 실용한옥은 실거주자를 중심으로 현대생활의 편리함을 담아내는 집이다.

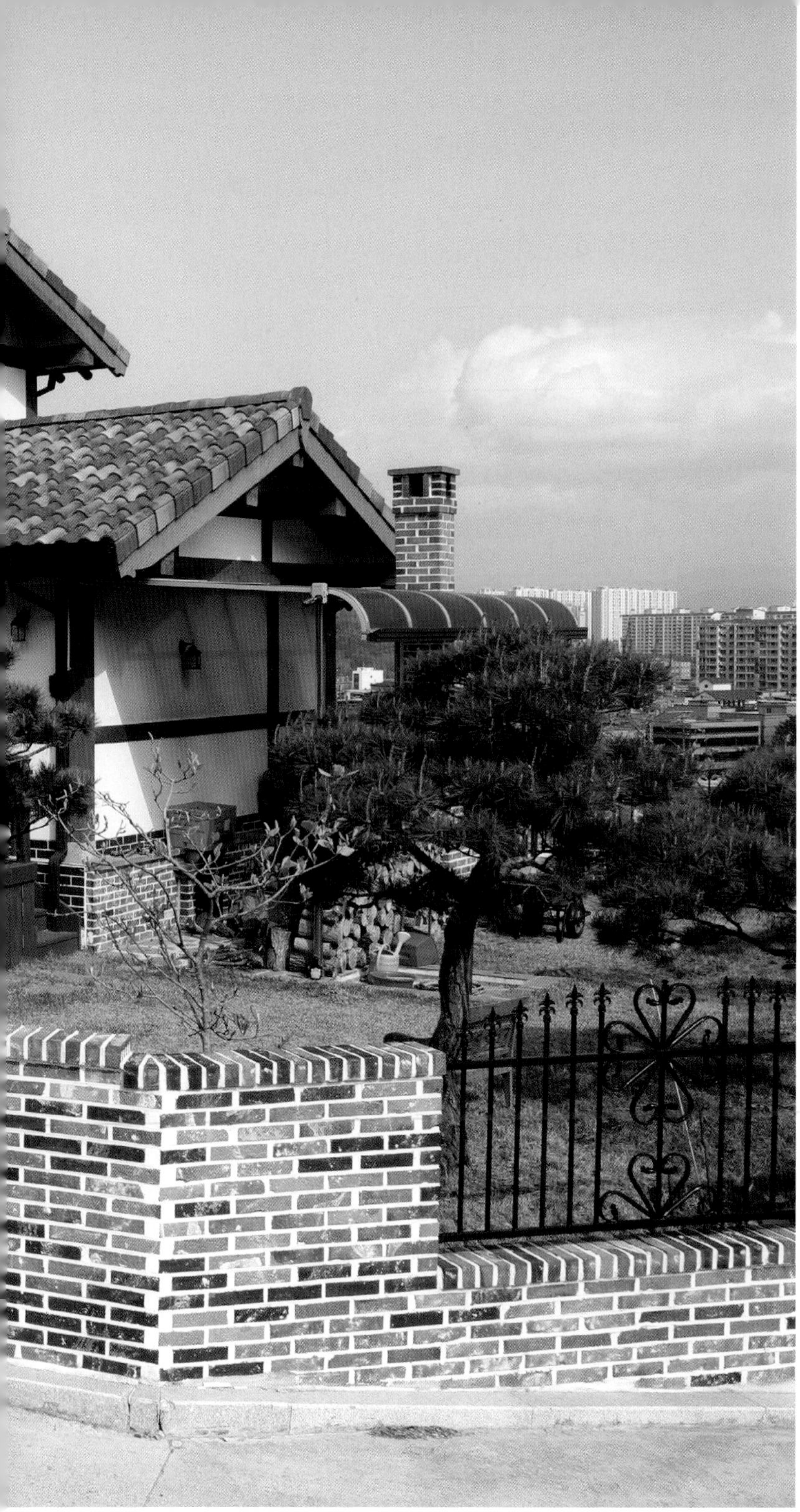

한식목구조에
스페니쉬 기와 얹은
지중해풍 2층 주택

| 위   치 | 경상북도 경산시 백천동
| 건축형태 | 한식목구조주택
| 대지면적 | 357㎡(107.99py)
| 건축면적 | 120.96㎡(36.59py)
| 건축설계 | 정인건축사사무소
| 건축시공 | 황토와나무소리

기둥·보 방식의 한식목구조에 흰색 회벽마감으로 전통미는 살리고, 붉은 톤의 스페니쉬 기와를
얹어 마을의 전원주택과 조화를 이룬 지중해풍 외관의 황토주택이다.

가로 폭이 긴 장방형 대지 형태에 따라 남동쪽 방향으로 주택을 배치했다.

따라서 현대의 다양하고 발전된 건축자재를 사용한 외관의 변화나 실내 인테리어의 현대화를 위한 새로운 요소의 접목과 시도는 계속되고 있다. 전통의 멋은 살리고 불편한 점은 우수한 현대 자재로 보완한다. 웰빙을 강조하며 건강한 삶의 질을 추구하는 현대인의 욕구에 맞추어 실용한옥은 점점 더 건강하고 안락한 주거공간을 창출하기 위해 끊임없이 변신을 거듭하고 있다.

거실과 주방을 가운데 두고
비대칭 공간배치로 외관미 더해

도시에 있지만, 주변이 산으로 둘러싸여 있어 전원마을 같은 분위기가 풍기는 곳이다. 도시의 편리함을 누릴 수 있는 택지지구의 장점에 전원생활의 풍미를 느낄 수 있는 이국적 요소들이 더해졌다.

대지는 남쪽을 바라보며 세로보다는 가로 폭이 긴 장방형으로 전체적인 집의 배치는 땅의 모양에 따라 남동쪽을 향하고 있다. 남향 빛을 가장 많이 받을 수 있는 곳에 거실을 배치하고, 천장은 지붕의 경사진 모양을 그대로 살린 연등천장으로 높은 개방감을 부여하고 목재 서까래로 자연미를 강조했다.

거실과 주방을 가운데 두고 비대칭으로 양쪽에 방을 배치하여 입면에 변화를 주었다. 1층은 거실과 주방, 화장실, 방 2개가 있다. 안방에는 욕실과 드레스룸, 구들방은 드레스룸만 딸려 있고, 2층에 방과 화장실이 별도로 배치되어 있다.

공장에서 치목 후 현장 조립까지 보름 정도면 반축공사 끝나

설계도면에 따라 사전에 공장에서 목재를 치목(프리컷)하여 제작한 목골조와 숯단열벽체를 현장으로 옮겨와 기둥을 세우고, 골조, 벽체, 지붕 등 크레인을 이용해 10~15일 만에 반축공사를 끝냈다. 목골조와 숯단열벽체를 표준화한 제작공정으로 공사기간을 단축하고, 전통한옥에 비해 낮은 적정한 건축비로 집을 지었다. 이와 같은 과정으로 외관에 변화를 주어 완성한 백천동 주택은 흙집의 단열성과 기능성, 한옥 내부의 건축미와 편리함을 잘 담아낸 전형적인 현대 흙집이라 할 수 있다.

지붕 경사면을 그대로 이용해 만든 현관부 포치. 주변을 데크로 마감해 실용성을 높였다.

비대칭 형태의 평면구성으로 변화감을 주어 단조롭지 않은 외관미를 살렸다.

건축개요

대지위치	경북 경산시 백천동	건물규모	1층 95.76㎡ (28.97평)
지역·지구	자연녹지지역		2층 25.2㎡ (7.62평)
건축구조	한식목구조주택	용적률	31.03%
대지면적	357.00㎡ (107.99평)	설계기간	2017년 10월~11월
건축면적	95.76㎡ (28.97평)	공사기간	2017년 12월~2018년 10월
건폐율	26.82%	설계	정인건축사사무소
연면적	120.96㎡ (36.59평)	시공	황토와나무소리

건축자재

외부마감
지붕-세라믹 한식형 기와
벽-왕겨숯단열벽체에 미장
내부마감
천장-편백 루버
벽-편백 루버
바닥-강마루(거실, 주방·식당)
　　한지 장판(침실)
주방가구 자체 제작

단열재
지붕-왕겨숯단열벽체 시공 후 황토미장
벽-왕겨숯단열벽체 시공 후 황토미장
창호재
내측-전통 세살 목창
외측-시스템창호(LG하우시스)
현관문 빅하우스 BW5005
위생기구 대림바스
조명기구 제일전기
난방기구 가스보일러(경동 나비엔)

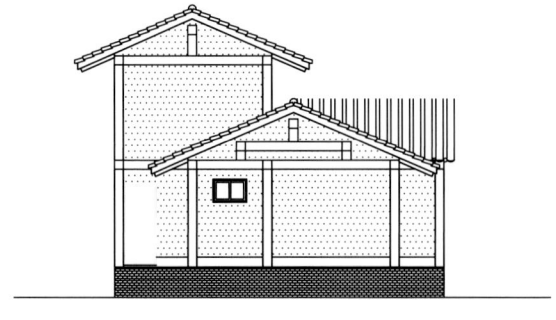

좌측면도

우측면도

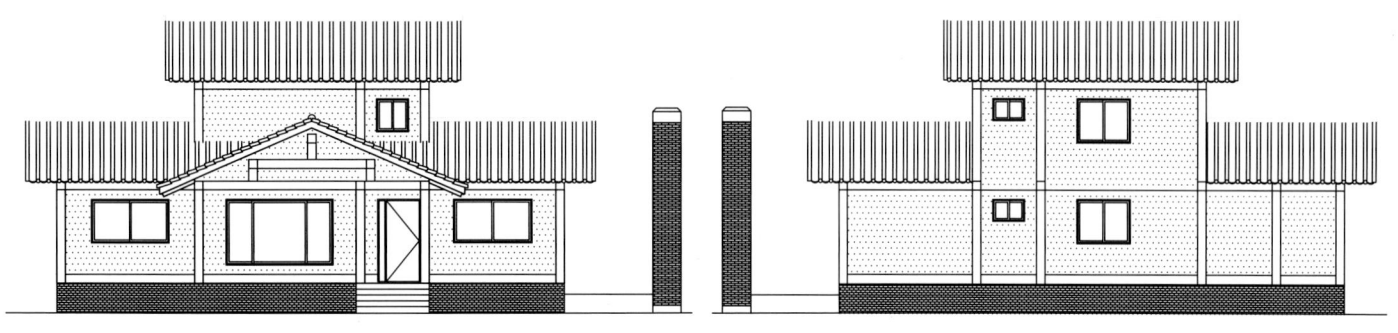

정면도

배면도

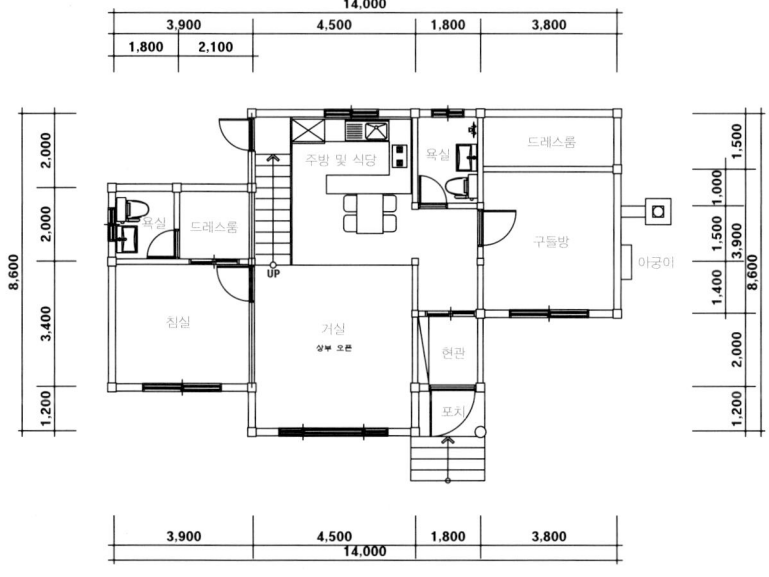

1층 평면도

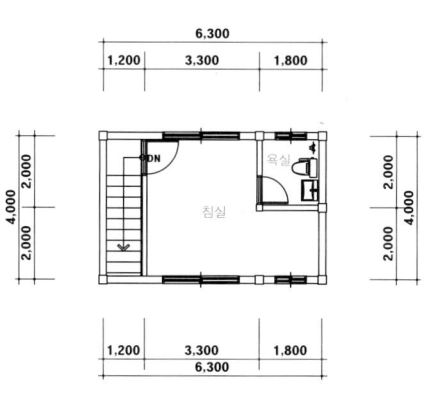

2층 평면도

01_ 단열성능이 뛰어난 숯단열벽체는 전통 건축물뿐만 아니라 황토주택, 현대 건축물 등에도 적용할 수 있는 신기술이다.

02_ 설치 폭이 좁고 견고하며 높낮이에 변화를 줄 수 있어 시각적 연출효과를 줄 수 있는 점토벽돌 담장에 철제 난간을 설치했다.

03_ 백천동 주택은 전체적인 외관, 한옥의 건축미, 흙집의 기능과 단열성, 내부의 편리성을 두루 담고 있는 현대화된 황토주택이다.

04_ 도시의 편리함을 누릴 수 있는 택지지구의 장점에다 주변이 산으로 둘러싸여 있어 전원마을의 분위기기 나는 곳이다.

05_ 거실, 안방, 구들방은 남향 빛을 가장 많이 받을 수 있는 전면에 배치하고 데크를 만들어 공간의 활용도를 높였다.

06_ 도로에 접한 비탈진 지형에 석축을 쌓아 구조적 안정감은 물론 석축과 벽돌담의 조합으로 현대적인 웅장한 분위기가 느껴지는 주택이다.

03

05

06

01_ 함실아궁이가 있는 우측면에 폴리카보네이트 차양을 설치했다.

02_ 집 좌측면에도 폴리카보네이트 차양을 설치한 창고 겸 다용도실을 두고 각종 물건을 보관한다.

03_ 실용한옥에서는 종도리 상부에 올리는 상량문 대신 펜던트등이나 실링팬을 달아 실용성 위주의 인테리어를 많이 한다.

04_ 연등천장과 넓은 전면창으로 수직, 수평적 개방감을 높인 거실, 목재의 아늑함 속에 시원함이 느껴지는 거실이다.

05_ 한식목구조로 지은 거실의 연등천장은 다른 구조의 주택에서는 느낄 수 없는 자연의 멋과 감성이 배어 있다.

06_ 서까래 바로 밑에 놓인 부재로 서까래를 타고 내려온 지붕의 하중을 먼저 받는 종도리, 중도리로 구성한 튼실한 가구구조이다.

07_ 계단과 주방·식당 사이에 벽체를 세워 공간을 나누고 벽체 일부에 오픈 장식대를 만들어 변화를 주었다.

01_ 흰색 ㄱ자형 싱크대와 아일랜드테이블을 배치하여 주방의 동선을
최소화한 작지만 실용적인 공간구성이다.
02_ 목재의 자연미와 안정감이 느껴지는 2층으로 오르는 계단부다.
03_ 연등천장으로 개방감을 실은 2층 딸 방은 화장실이 별도로 딸린
독립공간으로 구성했다.

04_ 거실과 주방을 가운데 두고 양쪽으로 방을 두었는데, 오른쪽 구들방에는 미닫이 만살불발기창으로 한껏 전통의 멋을 낸 드레스룸이 딸려 있다.

05_ 거실이나 주방으로 직접적인 시선이 닿지 않도록 배치한 현관 앞 복도 공간이다.

06_ 천장 편백 루버와 그레이 톤 타일로 마감한 욕실. 유리 파티션으로 좁은 공간에 시각적인 답답함을 덜어낸 샤워부스, 젠다이 등 실용적으로 구성한 욕실 인테리어.

전원마을 이웃집들과 어우러짐 생각하며 한옥의 멋과 특성 살려내

경남 합천 용주면 고품리에 있는 이 집은 전원주택단지 내에 자리한다. 한옥구조로 지었지만, 주변에 이미 지어진 다른 현대식 주택들과 어우러짐도 생각하면서 한옥의 멋과 특징적인 포인트들을 잘 살려내 주목받는 집이다.

한옥의 구조와 건축방식으로 집을 지으면서 현대 건축 요소들을 완벽하게 반영하는 것은 쉽지 않다. 각 공정의 전문화와 공정 간의 유기적 결합이 가능한

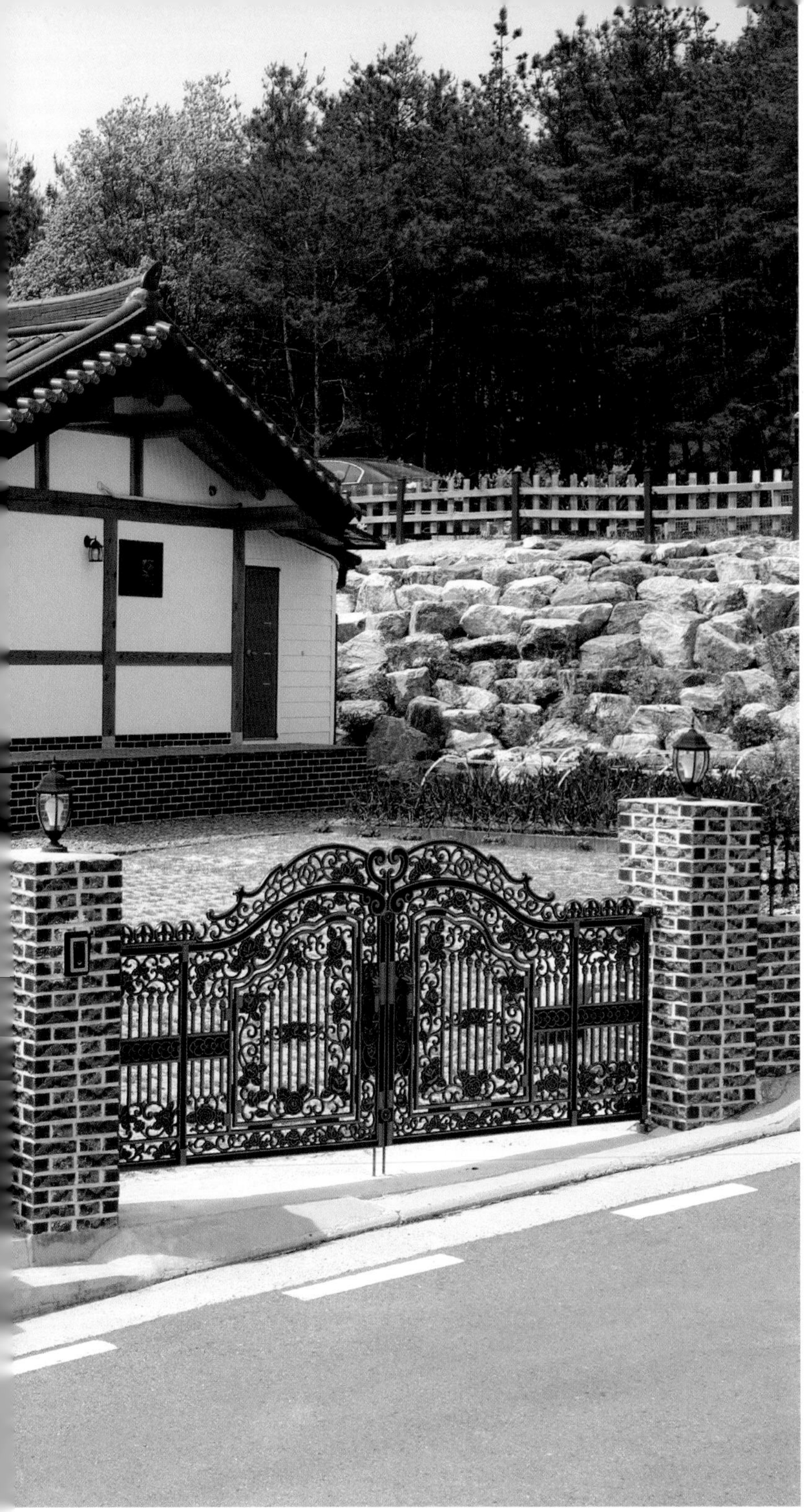

이웃과 조화 이룬
전원마을 단지 내
실용한옥

위 치	경상남도 합천군 용주면 고품리
건축형태	한식목구조주택
대지면적	659㎡(199.35py)
건축면적	119.22㎡(36.06py)
건축설계	주신건축사사무소
건축시공	황토와나무소리

단을 이룬 세 개의 맞배지붕에 누마루를 덧댄 ㄱ자형 외형의
32평 규모로 지은 오량가 한식목구조 실용한옥이다.

주변 산세와 어우러진 한옥, 조경과 기능을 살린 마당의 평면구성이 말끔한
정제미를 보인다.

시스템들을 잘 찾아내야 한다. 한옥구조의 공법이라 해도 기초를 비롯해 가구법, 흙벽 만드는 과정, 입식 주방과 화장실의 내부화에 따른 수도 및 하수·오수의 배관, 전기·통신·유선 장치 등은 현대주택의 건축방식을 적용해야 하는 분야로 한옥에서도 필수 불가결한 요소다. 이런 요소들을 한옥의 틀에 문제없이 잘 담아내야 살기에 편한 집이 된다.

겨울 난방비는 절반, 여름에는 에어컨 없이 활동

이 집을 지을 때 한옥 건축에서 난이도가 높은 선자서까래와 계자난간은 공장에서 제작하는 프리컷시스템을 활용함으로써 목수의 시공비는 대폭 줄이고 미적 완성도는 높였다. 전통한옥의 단점인 열 손실에 대한 문제는 숯단열황토벽체의 시공방법과 시스템창호로 보완하여 완벽한 단열성을 실현하였다. 단열이 잘 되어 겨울 난방비가 다른 일반 전원주택의 절반 정도이고 여름에는 에어컨이 필요 없을 정도로 시원하다. 그뿐만 아니라 주변의 환경과도 잘 어울려 여러모로 만족하는 넉넉함이 묻어나는 편안한 집이 되었다.

농경지와 녹지 공간이 많은 교외에 조성한 전원주택단지는 기존의 전원주택이나 펜션이 개별형으로 지어지면서 전기, 도로, 상하수도 등의 기반시설이 매우 취약하다. 하지만, 최근 분양한 고품리주택이 있는 전원주택단지는 이런 공동 기반 시설들이 매우 잘 갖춰져 있다.

주방과 보조주방의 기능을 강조한 내부 설계

이 집의 설계상 특징은 전체적으로 보면 일반적인 평면구조다. 거실과 주방을 가운데 나란히 배치하고 양쪽으로 방을 앉혔다. 일반적이지만, 주방에서 이어지는 다용도실을 크게 둠으로써 주방의 기능을 한결 강조한 점이 특색이다.

최근 주방의 역할은 주부가 요리하는 공간으로써 뿐만 아니라, 온 가족이 함께 모이는 공동생활을 위한 중요한 공간으로 인식하면서 그만큼 인테리어나 평면구성에도 높은 관심을 보인다. 고품리주택 주방의 특징은 거실과 대면형으로 오픈한 구조로 온 가족이 편하게 드나들며 간편하게 사

용할 수 있도록 개수대와 식기세척기, 냉장고, 아일랜드테이블 등으로 비교적 작고 간결하게 꾸민 반면, 주방 뒤쪽에 공간을 확장해 넓은 일자형 보조주방 겸 다용도실을 만들어 조리대와 가스레인지 및 개수대를 등을 설치하여 주방의 영역을 확장했다. 세탁실을 겸한 다용도실 개념이지만, 필요에 따라서 주된 가사를 처리하는 메인주방이 되기도 한다.

전통한옥에서 누마루는 주로 사랑채 앞에 설치하여 손님을 접대하거나 조망과 휴식을 취하는 장소로 집 안에서 가장 권위 있는 곳이기도 하였다.

도로면에는 주물과 고벽돌을 혼용한 현대식 담장으로, 누마루가 있는 좌측은 전벽돌을 이용한 한식 담장으로 쌓아 전통과 현대적 요소의 특징을 모두 살렸다.

건축개요

대지위치	경남 합천군 용주면 고품리	건물규모	1층 104.37㎡ (31.57평)
지역·지구	계획관리지역		다락 14.85㎡ (4.49평)
건축구조	한식목구조주택	용적률	18.09%
대지면적	659.00㎡ (199.35평)	설계기간	2017년 6월~7월
건축면적	104.37㎡ (31.57평)	공사기간	2019년 9월~2020년 8월
건폐율	15.84%	설계	주신건축사사무소
연면적	119.22㎡ (36.06평)	시공	황토와나무소리

좌측면도

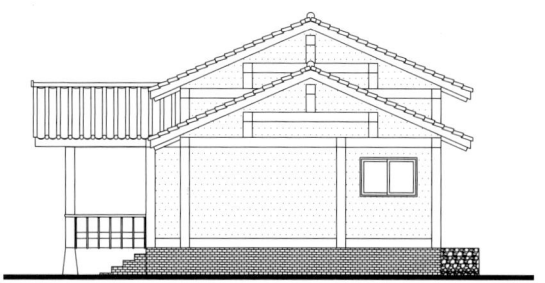

우측면도

정면도

배면도

건 축 자 재

외부마감
지붕-세라믹 한식형 기와
벽-왕겨숯단열벽체에 미장

내부마감
천장-편백 루버
벽-편백 루버
바닥-강마루(거실, 주방·식당)
　　　한지 장판(침실)

단열재
지붕-왕겨숯단열벽체 시공 후 황토미장
벽-왕겨숯단열벽체 시공 후 황토미장

창호재
내측-전통 세살 목창
외측-시스템창호(LG하우시스)

현관문 빅하우스 BW5005
주방가구 자체 제작
위생기구 대림바스
조명기구 제일전기
난방기구 가스보일러(경동 나비엔)

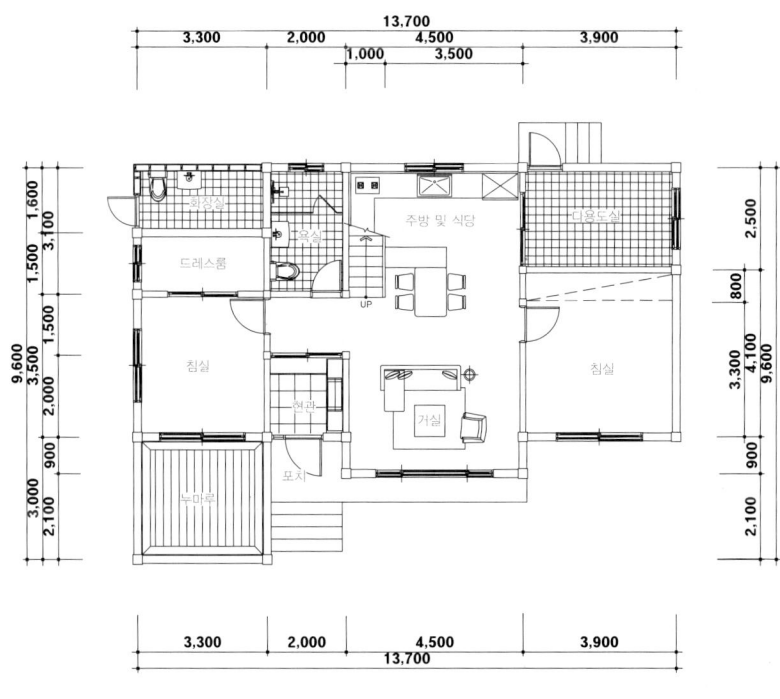

1층 평면도

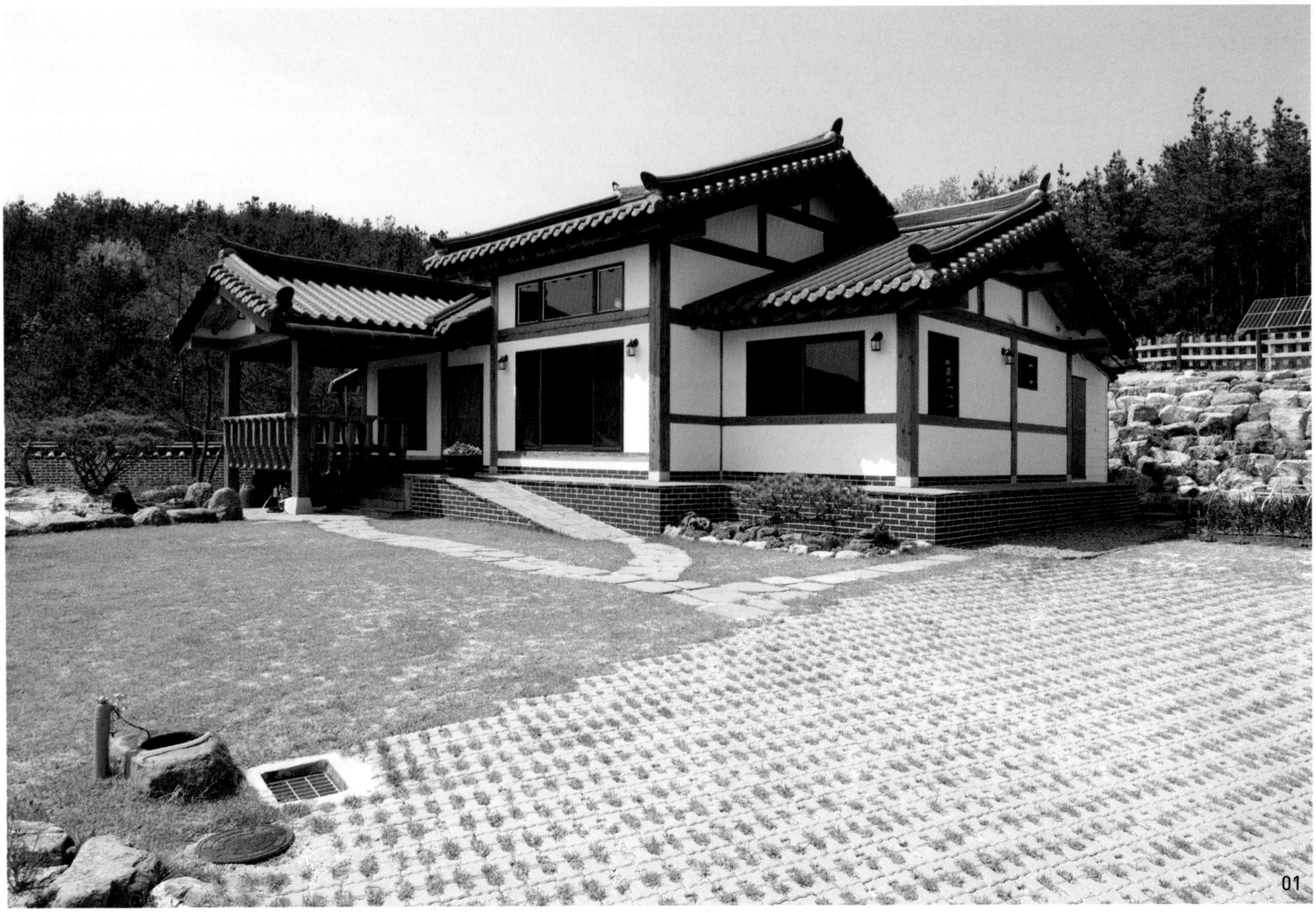

01

01_ 대문 쪽의 주차공간에 잔디블록을 넓게 깔아 기능성을 살렸다.
02_ 전망과 개방감이 뛰어난 경사지 전원주택단지 내에 지은 한옥으로, 주변 산세, 마을 분위기와 잘 어울리는 말끔하고 품격 있는 단아한 황토주택 한옥이다.
03_ 계자난간을 두른 격조 있는 누마루, 앞쪽으로 화단을 조성하고 마사토로 멀칭하여 정서적인 안정감과 편안한 분위기를 창출하였다.

02

03

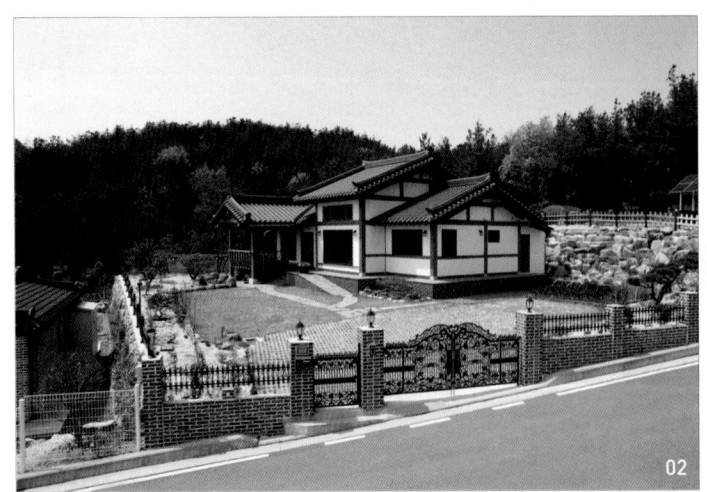

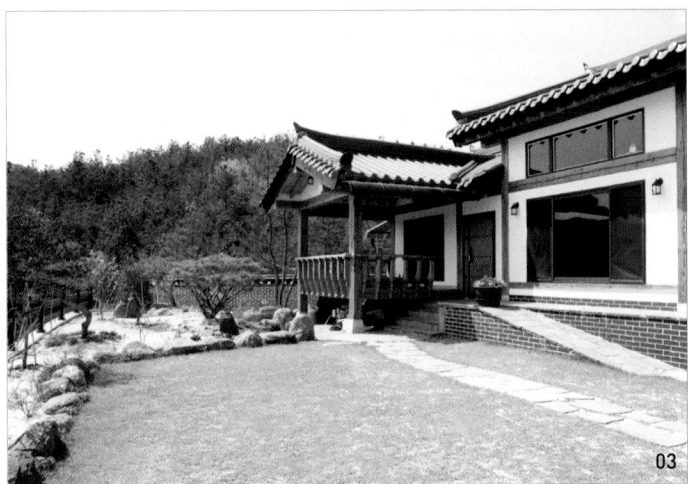

04_ 2단 맞배지붕과 오량가 중목구조로 지은 벽체의 뼈대와 누마루가 조화를 이루며 한옥의 건축미를 잘 보여준 측면 구성이다.

05_ 화려한 문양의 현대식 단조대문, 현대인의 건강한 삶을 우선으로 하는 실용한옥이라는 관점에서 전통과 현대의 아우름과 접목은 피할 수 없는 부분이다.

06_ 침실 앞에 계자난간을 두른 누마루를 설치하여 정원의 구성미와 조망감을 높였다.

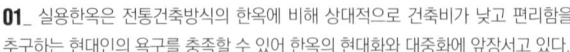

01_ 실용한옥은 전통건축방식의 한옥에 비해 상대적으로 건축비가 낮고 편리함을 추구하는 현대인의 욕구를 충족할 수 있어 한옥의 현대화와 대중화에 앞장서고 있다.

02_ 후정으로 다용도실을 달아내어 보조 공간으로 활용한다.

03_ 한옥정원에 소나무가 더욱 잘 어울리는 까닭은 한옥과 소나무의 뗄 수 없는 오랜 역사 속에 한국인의 정서가 깊게 배어있기 때문일 것이다.

04_ 편리하게 수시로 이용할 수 있도록 주방 옆 다용도실 가까운 곳에 텃밭을 두고 유기농 채소를 가꾸며 전원의 즐거움을 찾는다.

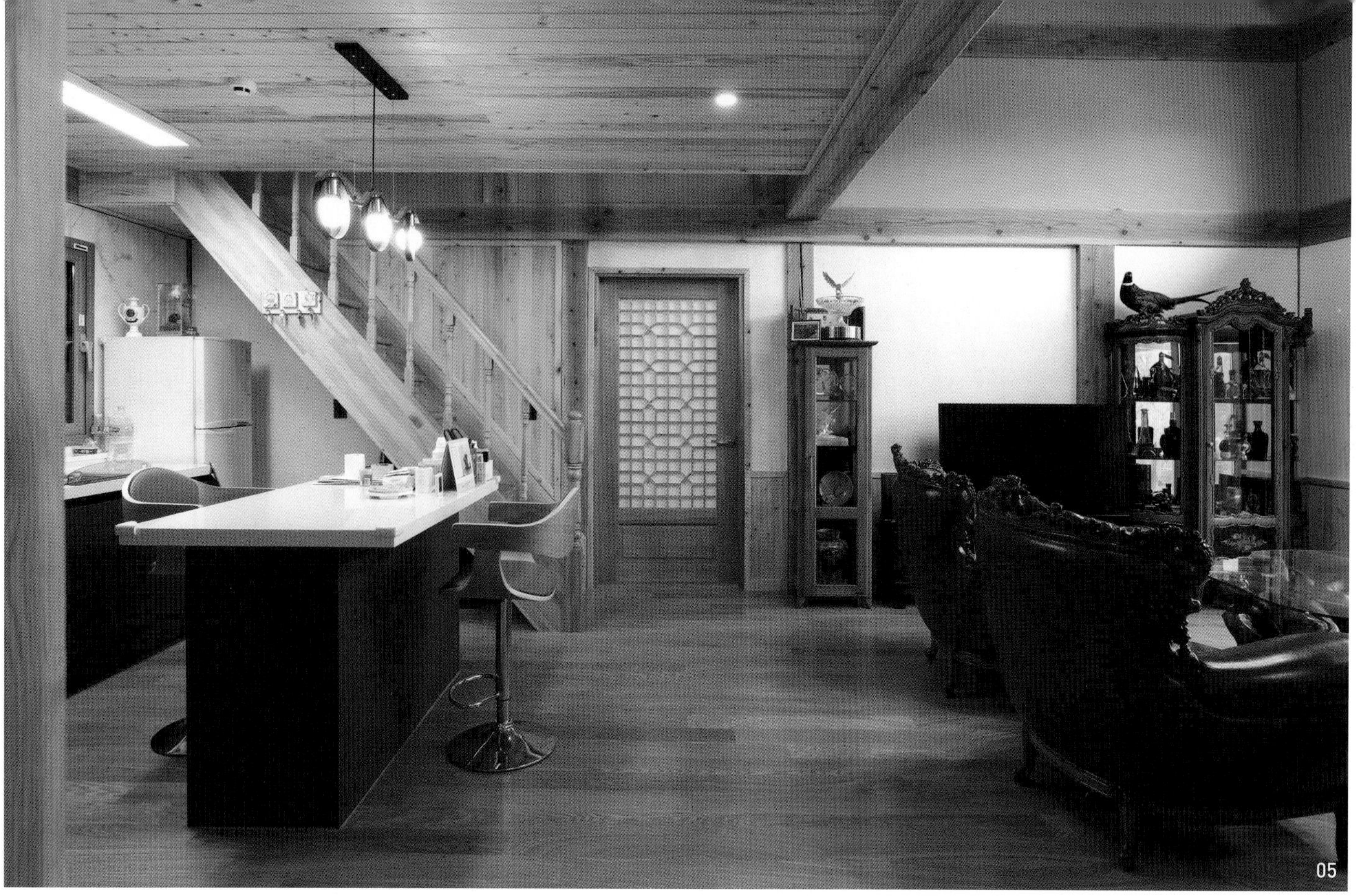

05

06

07

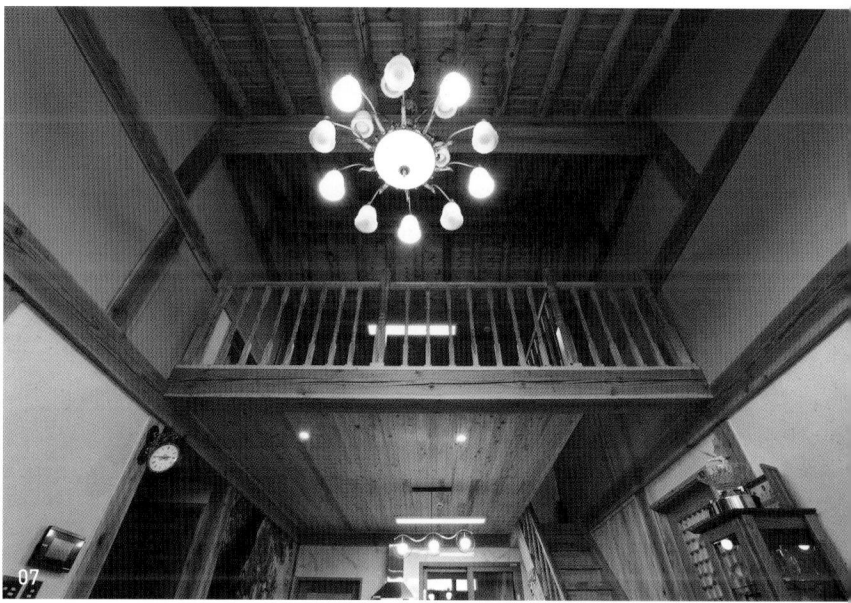

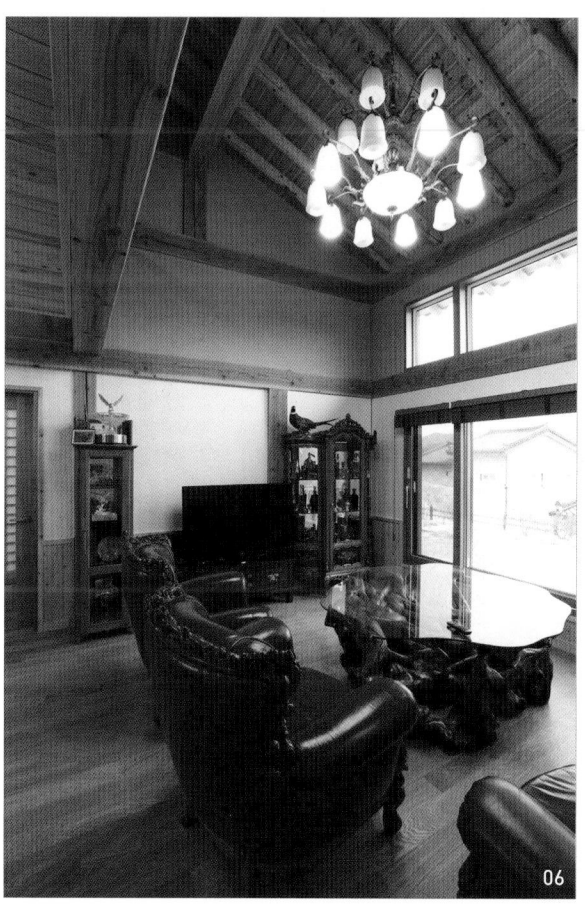

05_ 거실과 주방은 아파트와 비슷한 평면구성으로 한 공간 안에 배치하여 일상을 함께 하는 가족 공동의 생활공간으로 이용한다.

06_ 한식목구조와 가구들을 조화롭게 매치하여 고급스러운 분위기를 연출한 밝고 시원스러운 거실 전경이다.

07_ 주방 위로 다락을 만들고 난간을 설치해 공간의 시각적인 개방감을 극대화했다.

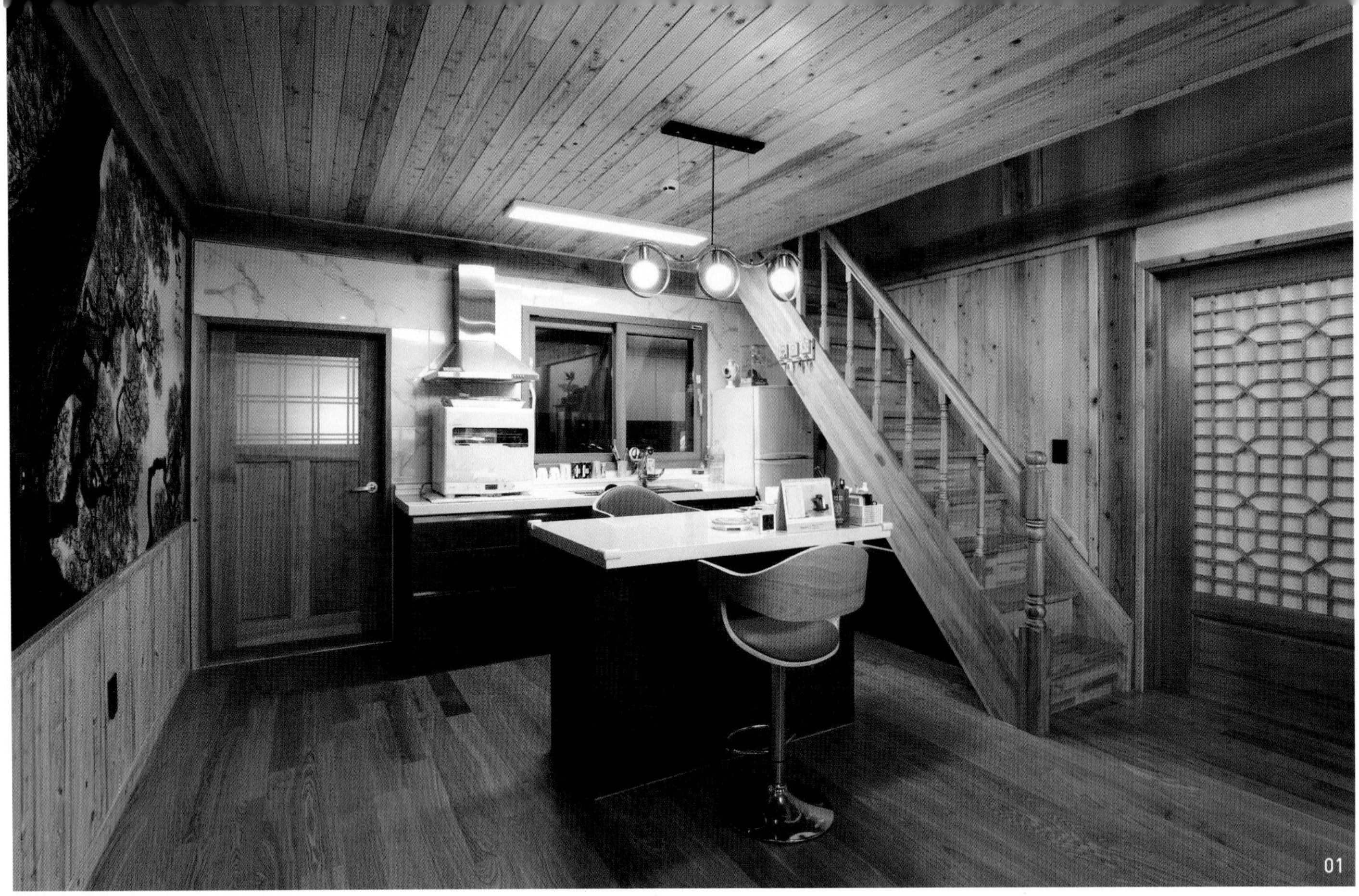

01

02

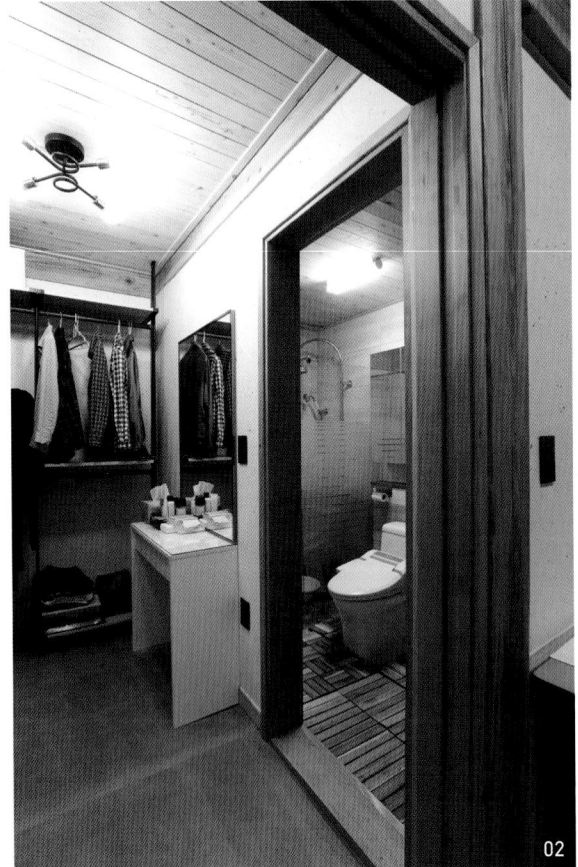

01_ 카페와 같은 분위기의 아담한 주방, 옆에 넓은 보조주방을 따로 두어 요리 등 메인 취사활동은 보조주방에서 이루어지도록 주방의 기능을 확대한 점이 특징이다.
02_ 침실 옆에 배치한 드레스룸과 화장실, 개방형 철제 스탠드 옷걸이를 놓아 공간활용의 효율성을 높였다.
03_ 전면에 누마루와 통하는 시스템창호를 넓게 설치하고 한지장판과 한지벽지, 편백 루버로 꾸민 아담한 침실이다. 난방은 보일러시스템을 이용한다.

03

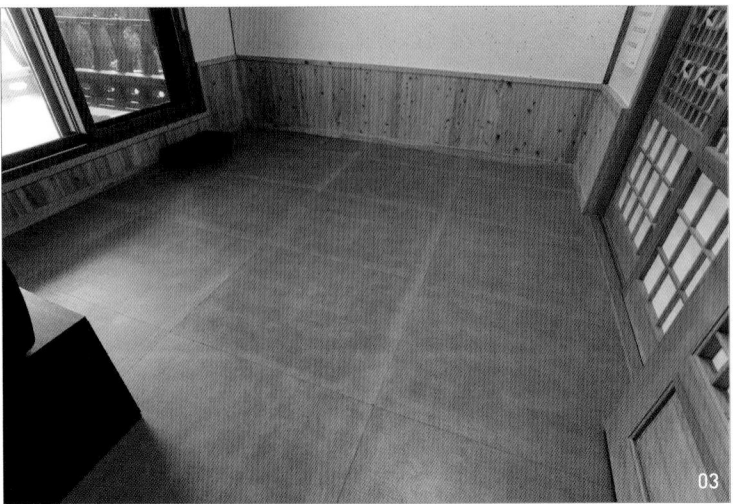

04_ 개방한 다락에 수납공간을 위한 별도의 공간을 두고 문을 설치해 시각적으로 군더더기 없이 깔끔하게 처리했다.

05_ 샤워부스 대신 이동형 인조대리석 욕조를 놓고 샤워 커튼을 달았다. 모노톤의 타일로 색감의 조화를 이룬 차분하고 깔끔한 욕실이다.

06_ 메인 주방과 보조주방의 기능이 서로 바뀐 듯한 분위기의 보조주방, 다양한 주방가구와 시설을 제대로 구비하고 냄새나는 요리 등 주요 취사활동이 이루어지는 공간이다.

부지의 조건에 따른 집의 배치, 각 공간의 고유 기능을 고려한 평면 구조

집의 배치나 평면구조는 부지의 형태, 향, 위치, 도로, 주변 환경 등 여러 가지 조건에 따라 달라질 수 있다. 향을 어디로 할 것인가는 공간 계획에 큰 영향을 미친다. 햇빛은 집안의 먼지나 습기 등으로 발생하는 곰팡이, 진드기 등의 서식을 방지해 주거 만족도를 높이고, 난방비 절약에도 도움을 준다. 북향이라면 종일 해를 받지 못하고, 동향이라면 오전에, 서향이라면 오후에, 남향이라면 고른 시간에 햇빛을 받을 수 있다. 그래서 남향집을 선호한다.

서양의 거실은 일반적으로 여유 있는 평면계획으로 거실만의 임무를 수행하는 독립형이 많다. 우리나라는 주택의 규모가 비교적 작아 거실과 주방·식당

16 창원 상천리주택

건물 전면에
거실과 주방, 테라스
독립적으로 배치

위 치	경상남도 창원시 의창구 북면 상천리
건축형태	한식목구조주택
대지면적	977㎡(295.54py)
건축면적	116.55㎡(35.26py)
건축설계	삼원건축사사무소
건축시공	황토와나무소리

건물 전면에 테라스를 두고 폴딩도어를 설치하여 사계절 자연과 좀 더 가까이
할 수 있는 휴게공간 겸 다양한 용도의 공간을 만들었다.

외부활동이나 실내생활을 옥외로 연장할 수 있는 공간으로 건물 전면에
선룸 형태의 넓은 테라스를 설치했다.

등을 한 공간에서 사용하는 예가 많다. 우리의 전통가옥에서는 대가족제도와 유교사상으로 생활양식이 위계 체계였다. 현대로 오면서 점차 가족 중심의 생활 체계로 변화해 현재의 거실은 전통가옥에서의 사랑채 기능뿐만 아니라, 대청이나 마당의 역할까지도 겸하는 중심적인 공간이 되었다.

거실의 위치는 공유성과 독립공간으로서의 아늑한 실내가 될 수 있도록 배치해야 한다. 거실이 집안의 통로가 되면 거실만의 독립성을 잃기 쉽다. 예를 들어 주방에서 침실로 갈 때, 침실에서 화장실을 갈 때 거실을 거쳐 간다면 거실은 통로가 된다. 공간의 여유가 있고 오픈된 구조의 대면형이 아닌 거실로서의 독립성을 유지하고 싶다면 침실과 욕실, 가사노동 등은 될 수 있는 한 공간에 노출되지 않도록 배치하는 것이 바람직하다.

거실과 주방의 사선 배치로 프라이버시 확보

이 집의 평면구성은 특이하다. 현관을 들어서면 전면과 좌측에 구들방과 주방이 있고, 우측에는 거실과 안방이 있다. 거실과 주방을 사선으로 배치한 것이다. 안방 위가 2층인데 거실에서 연결되는 다락이 있다.

거실과 사선으로 배치한 주방은 구들방만 연결된다. 주방을 거실과 안방에서 분리된 느낌으로 떨어뜨려 시선을 차단하고 각 공간의 독립성을 고려한 평면구조다. 주방에는 곧바로 테라스와 외부로 나갈 수 있는 문을 설치해 외부활동과 주방의 연계성을 높이고, 외부에 별도의 화장실을 둠으로써 야외활동 시 편리하게 사용할 수 있게 했다.

건물 전면에 선룸 형태의 넓은 석재 테라스 설치

이 집의 또 하나 특징은 정원으로 직접 나가거나 실내의 생활을 옥외로 연장할 수 있도록 건물 전면에 선룸 형태의 넓은 테라스(Terrace)를 두어 외부공간에 공을 들인 점이다. 건물에 처마를 덧대고 외부는 알루미늄 프레임에 블랙컬러 폴딩도어를 설치, 바닥은 반영구적인 현무암 판석으로 마무리했다. 여기에 테이블과 의자를 놓아 휴식공간으로 활용하고, 노출형 벽난로를 설치해 겨울철에도 차경을 즐길 수 있는 장소로 꾸며 사계절 쓰임새가 크다.

주택 전면의 포치(Porch)는 내부와 외부의 성격을 동시에 띠고 있는 중의적인 공간으로 건축물 내부로 진입할 때나 건물에서 외출할 때 한 번 거쳐 가는 공간이다. 내부로 바로 진입하기 전에 옷매무새를 가다듬거나, 우

산을 털고 접거나, 신발의 흙, 먼지 등을 털고 들어갈 수 있다. 건축물 내부로의 이물질의 유입을 막아 실내의 청결을 돕는 기능을 하는데 테라스의 설치로 포치의 기능이 넓게 확장된 셈이다.

담장 밖에서 바라본 건물 측면으로 점토벽돌로 정성스레 쌓은 전축굴뚝을 높게 설치해 한옥의 상징적인 이미지를 더했다.

멀리 나지막한 들과 산들이 하나의 차경으로 다가오는 언덕 위 목가적 분위기의 황토집이다.

건축개요

대지위치	경남 창원시 의창구 북면 상천리	연면적	116.55㎡ (35.26평)
지역·지구	보전관리지역	건물규모	1층 98.05㎡ (29.66평)
건축구조	한식목구조주택		다락 18.50㎡ (5.60평)
대지면적	977.00㎡ (295.54평)	용적률	11.93%
건축면적	98.05㎡ (29.66평)	설계기간	2016년 7월~8월
건폐율	10.04%	공사기간	2016년 9월~2017년 6월
		설계	삼원건축사사무소
		시공	황토와나무소리

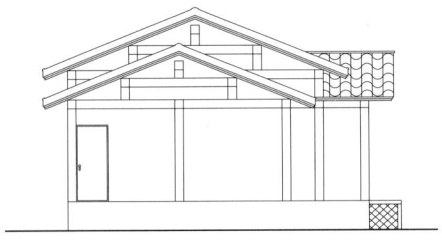

좌측면도

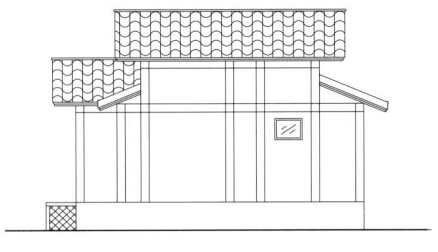

우측면도

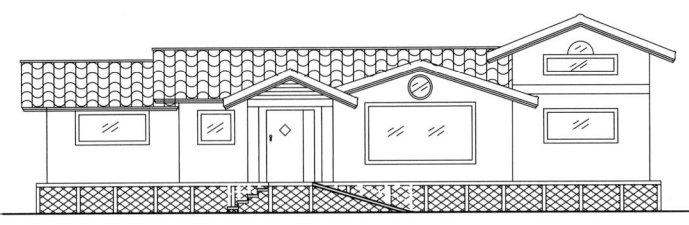

정면도

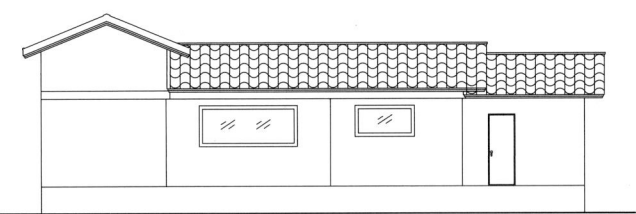

배면도

건 축 자 재

외부마감
지붕-세라믹 한식형 기와
벽-왕겨숯단열벽체에 미장

내부마감
천장-편백 루버
벽-편백 루버
바닥-강마루(거실, 주방·식당)
　　　한지 장판(침실)

단열재
지붕-왕겨숯단열벽체 시공 후 황토미장
벽-왕겨숯단열벽체 시공 후 황토미장

창호재
내측-전통 세살 목창
외측-시스템창호(LG하우시스)

현관문 빅하우스 BW5005
주방가구 자체 제작
위생기구 대림바스
조명기구 제일전기
난방기구 가스보일러(경동 나비엔)

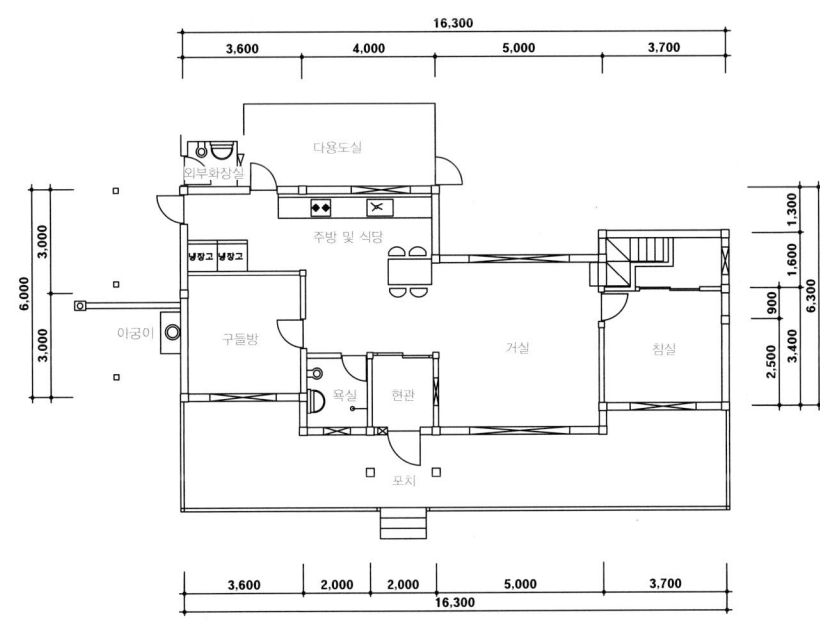

1층 평면도

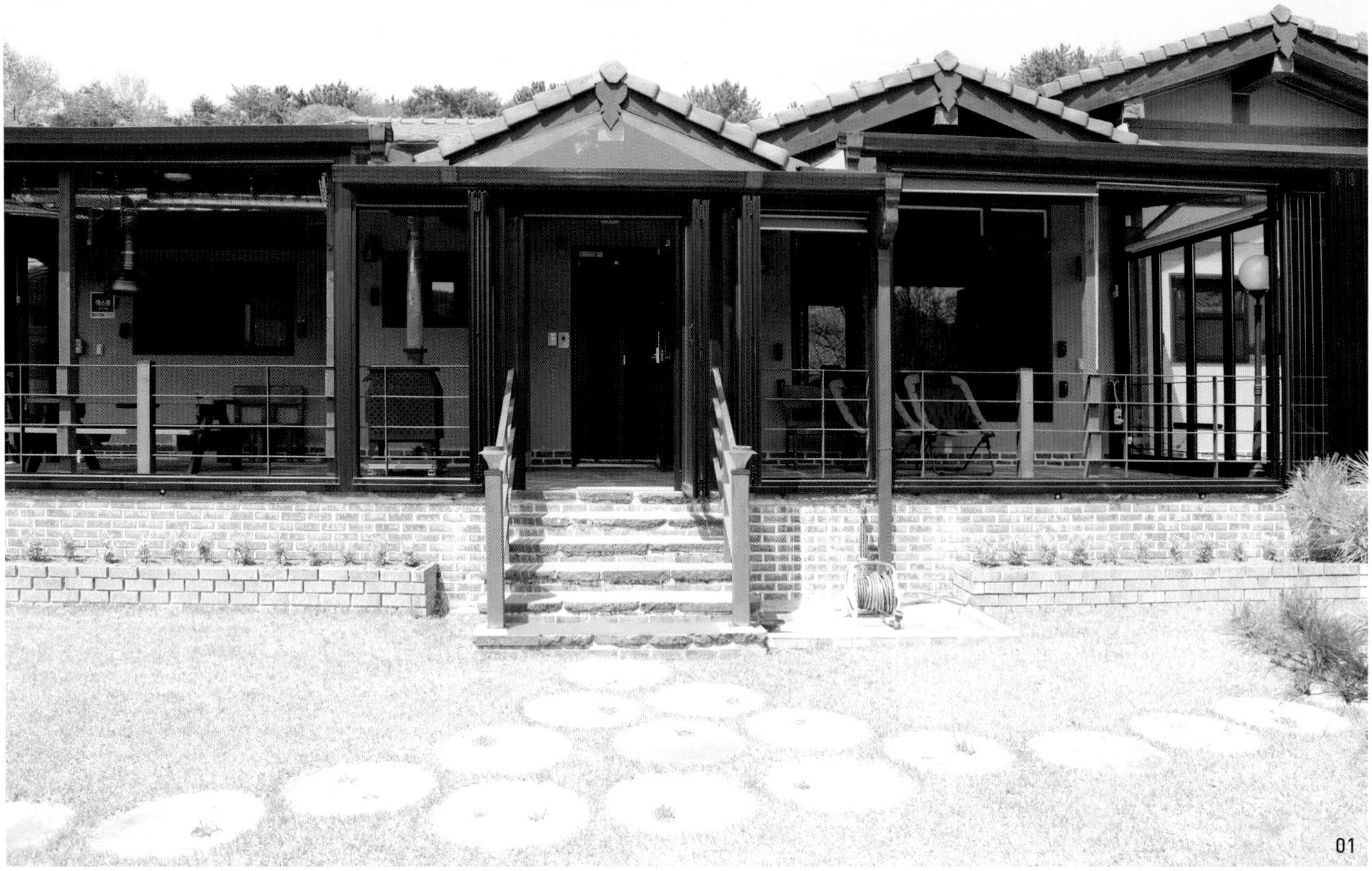

01_ 건물에 처마를 덧대어 외부는 알루미늄 프레임에 블랙컬러 폴딩도어를 설치하고, 바닥은 반영구적인 현무암 판석으로 마무리했다.

02_ 주 출입구 계단에는 심플한 철제 난간을 설치하고, 현관부를 품고 있는 테라스에는 개폐조절이 편리한 폴딩도어(접이문, Folding door)를 설치했다.

03_ 태양광 패널을 이용한 창고와 트랠리스를 이용해 만든 주차장, 본채를 서북쪽 후면에 일자형으로 배치하였다.

04_ 평상시 테라스는 휴식공간이다. 노출형 벽난로를 설치해 겨울철에도 차경을 즐기는 등 다용도로 쓰임새가 큰 공간이다.

05_ 내·외부의 성격을 동시에 띠고 있는 중의적인 공간인 포치(Porch)는 테라스로 기능과 공간이 더욱더 넓게 확장되었다.

06_ 과수원을 배경으로 주변에 논과 밭이 펼쳐져 있는 농촌마을, 담장 앞에 넓은 채소밭을 두고 다양한 먹거리를 재배한다.

07_ 자연석을 점점이 놓고 종려나무, 소나무, 단풍나무 등을 요점 식재하여 관목과 초화류의 혼합식재로 연출한 미니 암석원이다.

01_ 집주인의 섬세하고 감각적인 한옥 인테리어가 거실 곳곳에 묻어나 전통의 멋이 더욱 빛을 발하는 온화한 분위기의 거실이다.

02_ 붉은 점토벽돌 문주에 철재와 목재로 만든 대문, 문고리와 광두정으로 전통의 멋을 낸 대문이 황토집과 조화롭다.

03_ 거실에서도 후원을 내다볼 수 있게 배치해 개방감을 높였다.

04_ 거실과 주방을 사선 배치해 공간을 분리한 화이트 톤의 ㄱ자형 구조로 식탁과 수납장 등을 놓아 정갈하고 깔끔하게 정돈한 밝고 자유로운 주방이다.

05_ 만살 창호 중앙에 사각 문양의 울거미를 짜 넣고 창호지를 발라 빛이 잘 투과되도록 한 미닫이 거북살 불발기창, 열어젖히면 후원의 풍경이 한눈에 들어온다.

06_ 외부와 다용도실로 연결되는 출입문을 각각 두고 편리하게 오가며 사용할 수 있도록 주방과 외부공간의 연계성을 높였다.

01_ 보가 노출된 고미반자 천장으로 안정감을 주고, 팔각 직부등과 세살 창호로 한옥의 따뜻함이 느껴지는 안방이다.

02_ 계단 밑의 데드스페이스를 최대한 활용하여 격자형 수납장을 제작 배치하고 드레스룸으로 이용하고 있다.

03_ 빈티지 스타일의 타일 위에 포인트 타일을 얹은 감각적인 디자인으로 기분 좋은 영감을 불러일으킬 법한 변화를 준 욕실이다.

04_ 거실에서 현관과 주방 입구를 바라본 모습으로 벽체를 과감하게 천장까지 높임으로써 복도에 시원한 공간감을 부여했다.

05_ 다락에서 내려다본 계단으로 집성목과 판재를 이용하여 안정감 있게 완성도를 높인 계단부다.

06_ 현관 가까이 배치한 구들방, 전통목가구를 배치하고 천장에 간접 조명과 팔각 직부등을 설치해 편안한 분위기로 꾸민 찜질방 겸 손님을 위한 게스트룸으로 사용한다.

07_ 주방 상부에 한옥의 멋스러운 천장 구조가 잘 드러난 다락을 만들어 다양한 생활용품들을 보관한다.

수석 갤러리, 취미생활공간으로 꾸민 2층 다락방

전북 완주군 용진읍 구억리에 있는 이 집은 단층주택으로 51평에 10평 규모의 다락이 별도로 있다. 도심 외곽의 자연녹지지역에 있는 300평 대지에 지어 도시기반을 이용하면서도 전원 환경이 좋다. 이 집에 들어서면 가장 먼저 눈에 띄는 것이 질서 정연하게 진열해둔 수 백 점에 달하는 수석이다. 대기업에서 은퇴한 건축주가 수십 년간 취미로 수집해오며 소중하게 다루는 크고 작은 수석들이 집안 가득이다. 하나의 볼거리로 이 수석들을 인테리어 요소로 끌어들여 집 안 곳곳을 장식했다. 제대로 진열해 둘 별도의 공간도 필요했다. 그래서 택한 것이 다락이다. 보통은 잡다한 물건들을 정리해 두고 수납공간

17 완주 구억리주택

가족의 미적 감각과
취미를 설계에
반영한 황토집

| 위　　치 | 전라북도 완주군 용진읍 구억리
| 건축형태 | 한식목구조주택
| 대지면적 | 860㎡(260.15py)
| 건축면적 | 99.99㎡(30.25py)
| 건축설계 | 주신건축사사무소
| 건축시공 | 황토와나무소리

멀리 모악산까지 보이는 전망 좋은 터에 태양으로부터 받는 기(氣)와 흙으로부터 받는
지기(地氣)를 고루 받으며 건강하게 살 수 있는 황토집을 지었다.

층을 이룬 처마와 박공지붕의 짜임새가 구성지다. 벽체를 과감하게 한 단 더
높여 내부 분위기가 매우 시원스럽다.

으로 활용하는 예가 많지만, 건축주는 진기한 수석들과 직접 담은 인삼주병들을 보기 좋게 진열하여 갤러리 같이 조용한 취미 공간으로 살렸다. 처음부터
집안 곳곳에 가족의 미적 감각으로 취미생활을 위한 공간을 설계에 반영해 둔 것이다.
'건축이란 무릇 생활을 담는 그릇과 같다'는 말처럼 공간에는 사람과 자연의 이야기가 담겨야 하고 거기에 순응하며 편안함을 찾는 저마다의 공간도 필요
하다. 살림집이라면 더더욱 그렇다. 가족만의 삶의 방식, 이야기 등을 담아야 할 공간에 다른 것을 채울 순 없다. 그러나 집을 계획할 때 공간에 대한 욕심

을 내다보면 가족들과 어울리지 않는 공간이 떡 하니 들어서고, 또 생활에 전혀 필요 없는 공간이 생기기도 한다. 집안에 활용 못하는 데드스페이스가 생기는 것은 설계 시 자신이 사용할 공간에 대한 세심한 배려가 부족한 이유도 있다.

인간과 자연이 공존할 수 있는 로하스 건축

건축주는 친환경 주택을 짓고 싶었다. 사람이 자연의 일부이듯, 사람이 사는 집도 자연의 일부라고 생각했다. 그래서 궁극엔 자연으로 돌아가는 소재 황토와 나무, 돌을 선택한 것이다. 인간과 자연이 조화를 이루고 공존하는 로하스 건축이 이 집의 콘셉트이자 건축주가 추구하는 삶이기도 하다.

황토집은 자신과 가족의 육체적, 정신적, 사회적 건강의 균형을 통해서 행복하고 평안한 삶을 추구하는 참살이(Well-being)뿐만 아니라, 세상과 미래까지를 생각하는 로하스(LOHAS. Lifestyles of Health And Sustainability)를 지향하는 집짓기 방식이다. 황토집은 자연 재료인 황토와 나무, 돌로 집을 지어 주변 환경과 잘 어울리고, 건축자재의 생산, 건축과정, 건축물의 수명 등 건축의 사이클을 통해 자원의 낭비를 줄이고 에너지를 절약하며 환경오염을 최소화하는 생태건축이기도 하다.

이렇게 지은 집의 공간에는 자연의 이야기가 있다. 거기에 순응해 사는 가족들도 자연의 일부가 된다. 공간은 의식적이든 무의식적이든 그것을 사용하는 사람들에게 영향을 미치기 때문이다. 집에 대한 어떤 요소나 기억들은 평생을 따라다니며 삶에 영향을 끼친다는 것을 살아보면 안다. 집은 추억을 담는 진귀한 그릇이다.

주요 공간들 사이에 서비스 공간 계획

이 집의 설계는 침실과 거실, 식당 및 주방 등이 별도의 복도를 거치지 않

전벽돌을 높게 쌓아 올린 기단을 배경으로 조성한 미니화단에 나지막한 소나무와 자생식물을 심어 조화를 이룬 화사하고 아름다운 공간을 연출하였다.

고 유기적으로 연결되도록 했다. 주요 실들 사이에는 화장실, 드레스룸 등의 서비스 공간을 계획해 적절한 분리와 통합이 이루어지도록 설계했다.

지붕의 경사각으로 인해 자연스럽게 생긴 지붕 아래 다락을 뒀다. 건축주는 여기에 수십 년간 모아 온 다양한 수석과 인삼주병들을 질서 정연하고 보기 좋게 진열해 장식했다. 건축주의 취향과 삶의 스토리가 담겨 있는 조용한 공간이다. 서까래가 드러난 다락방의 연등천장은 건축주가 살아온 세월의 무게만큼이나 중후한 멋을 자아낸다. 오랜 직장생활을 은퇴하고 인생 후반을 위해 선택한 자연의 집 황토한옥, 건축주의 삶을 반영한 듯 깊게 스며드는 무게감이 느껴지는 집이다.

마당 한가운데를 장식한 자갈 하트, 집안에 하나의 상징물처럼 세찬 비바람이 불어도 흔들리지 않는 집주인의 마음을 대변한 사랑의 메시지다.

건축개요

대지위치	전북 완주군 용진읍 구억리	건물규모	1층 99.99㎡ (30.25평)
지역·지구	자연녹지지역	용적률	11.63%
건축구조	한식목구조주택	설계기간	2018년 5월~6월
대지면적	860.00㎡ (260.15평)	공사기간	2018년 7월~ 2019년 7월
건축면적	99.99㎡ (30.25평)	설계	주신건축사사무소
건폐율	11.63%	시공	황토와 나무소리
연면적	99.99㎡ (30.25평)		

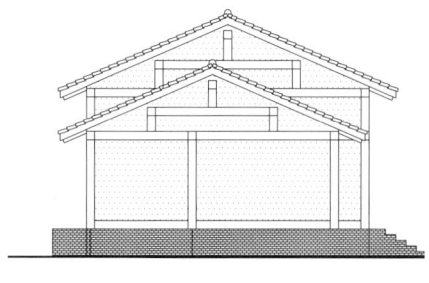

좌측면도

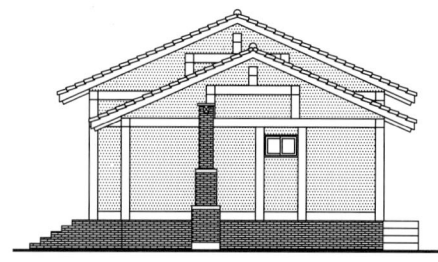

우측면도

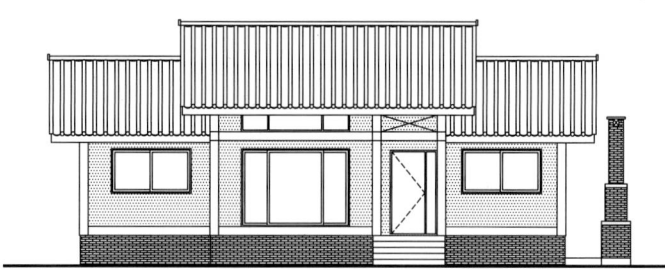

정면도

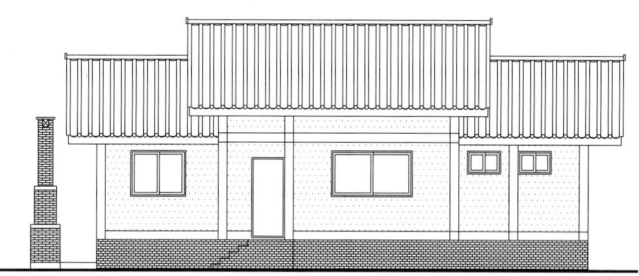

배면도

건 축 자 재

외부마감

지붕-세라믹 한식형 기와

벽-왕겨숯 단열 흙벽에 미장

데크-방부목

내부마감

천장-편백 루버

벽-편백 루버

바닥-강마루(거실, 주방·식당)
    한지 장판(침실)

단열재

지붕-왕겨숯단열벽체 시공 후 황토미장

벽-왕겨숯단열벽체 시공 후 황토미장

창호재

내측-전통 세살 목창

외측-시스템창호(LG하우시스)

현관문 빅하우스 BW5005

주방가구 자체 제작

위생기구 대림바스

조명기구 제일전기

난방기구 가스보일러(경동 나비엔)

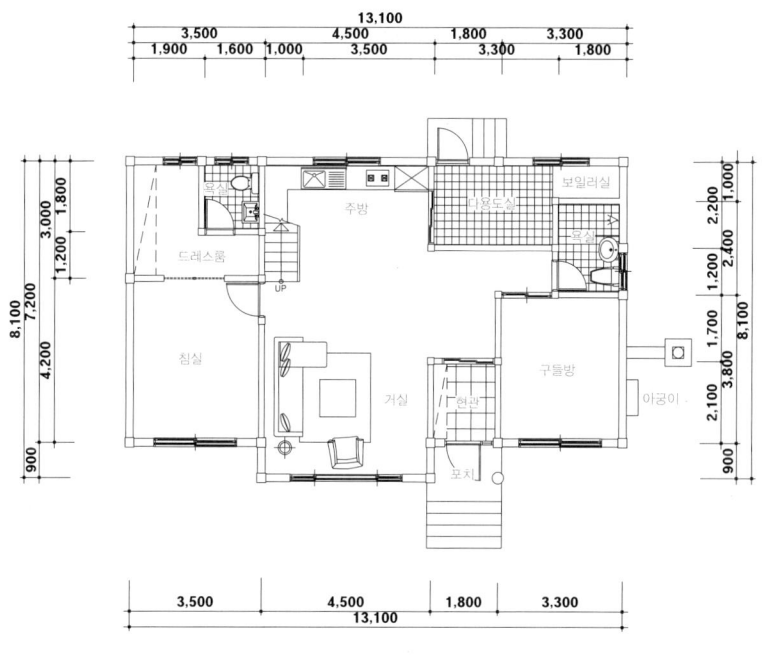

1층 평면도

01_ 한국 음식문화의 역사와 함께한 장독대와 옹기는 정감 어린 하나의 점경물로 마당이나 정원을 꾸미는 구성요소로 많이 설치한다.

02_ 맞배지붕과 목구조가 어울려 우아하고 튼실해 보이는 포치로 이루어진 현관 진입부다.

03_ 철재, 목재를 이용한 복합재 대문으로 무게감과 색감이 중목구조의 황토집 외관과 조화를 이루며 주택의 중후한 외관미를 더한다.

04_ 부식이 없는 스테인리스 골조에 현무암 판석 바닥, 단열 문제를 해결한 견고한 철강판으로 지붕을 마감한 말끔한 주차장이다.

05_ 자연석 경계를 두르고 다양한 괴석들로 꾸민 작은 화단은 수석모으기가 취미인 주인장의 취향을 고스란히 표출했다.

06_ 마당 중앙에 만든 하트 모양의 자갈밭에 전국에서 수집한 자갈을 채워 사랑의 메세지로 마당을 장식했다.

01_ 시야가 정원까지 넓게 확대되어 높고 시원스러운 개방감이 있는 거실이다.
실내가구, 장식소품 하나하나에서 집주인의 남다른 미적 감각을 엿볼 수 있다.
02_ 잘 차려입은 옷매무새처럼 한옥의 그릇에 미적 감각을 발휘하여 빈틈없이
깔끔하고 정갈하게 조화를 이룬 거실이다.
03_ 오량가 한식목구조에 왕겨숯단열황토벽체를 세우고 황토미장으로 마감한
탁 트인 거실 천장이다.

04_ 벽체와 천장을 피톤치드 효과가 좋은 편백 루버로 마감하여 숲 속의 신선함을 느낄 수 있다.

05_ 전통목가구와 세살창, 센스있게 선택한 한지펜던트등으로 꾸민 아늑하고 조용한 침실이다.

06_ 깔끔하고 아담한 화이트 톤 일자형 주방으로 식탁과 나란히 간결하게 설치하였다.

01_ 현관 옆 구들방 한 벽면을 수석 진열대로 장식했다. 돌 하나하나에 스토리가 담긴 조용하고 이색적인 공간으로 손님맞이 사랑방 역할을 한다.

02_ 샤워 부스를 별도로 두고, 수납공간이 있는 일체형 세면대 하부장을 설치하여 깔끔한 마감한 욕실이다.

03_ 아자살 3연동 슬라이딩 중문을 설치한 말끔한 현관 출입부, 거실이나 주방에서 살짝 비켜나 직접적인 시선이 닿지 않는 배치다.

04_ 주방 옆에 다락으로 오르는 계단을 설치하고 계단 밑 데드스페이스에 주방 수납공간을 만들어 활용한다.

05_ 현관을 들어서면 질서 정연하게 진열해 놓은 벽면의 수석 진열장이 제일 먼저 눈에 띄는 특색 있는 공간과 마주한다.

06_ 다락의 낮은 천장과 협소한 공간은 집중력에 도움이 된다. 약초 술 담그기와 수석 모으기에 열중인 건축주는 다락을 서재 겸 취미생활을 위한 공간으로 꾸몄다.

07_ 다락의 한쪽 면은 거실의 오픈천장으로 개방되어 있어 천장은 낮지만 답답함이 없이 밝고 시원스럽다.

지세와 전망 고려해 주방과 누마루를 연결하여 전면에 배치

교직생활 은퇴 후 가평 행현리 축령산 자락 한적한 곳, 아침고요수목원 입구에 있는 전원마을에 인생 2막을 위한 생활 터전으로 지은 집이다. 누마루를 포함해 전체 32평형 규모의 단아한 황토집이다. 지역에 특별히 많이 분포되어 있는 잣나무를 배경으로 한 힐사이드의 전망 좋은 곳이다.

주방과 식당은 집의 면적이나 취향에 따라 독립적인 공간이 될 수도 통합된 공간이 될 수도 있다. 작은 규모의 주택에서는 통합공간으로 설계하는 예가 많다. 주방은 요리하고 식사하는 곳이지만, 다른 공간으로 사용할 수 있는 유연함이 있다. 이 집은 주방과 누마루가 서로 통한다. 일반적으로 누마루를 방의

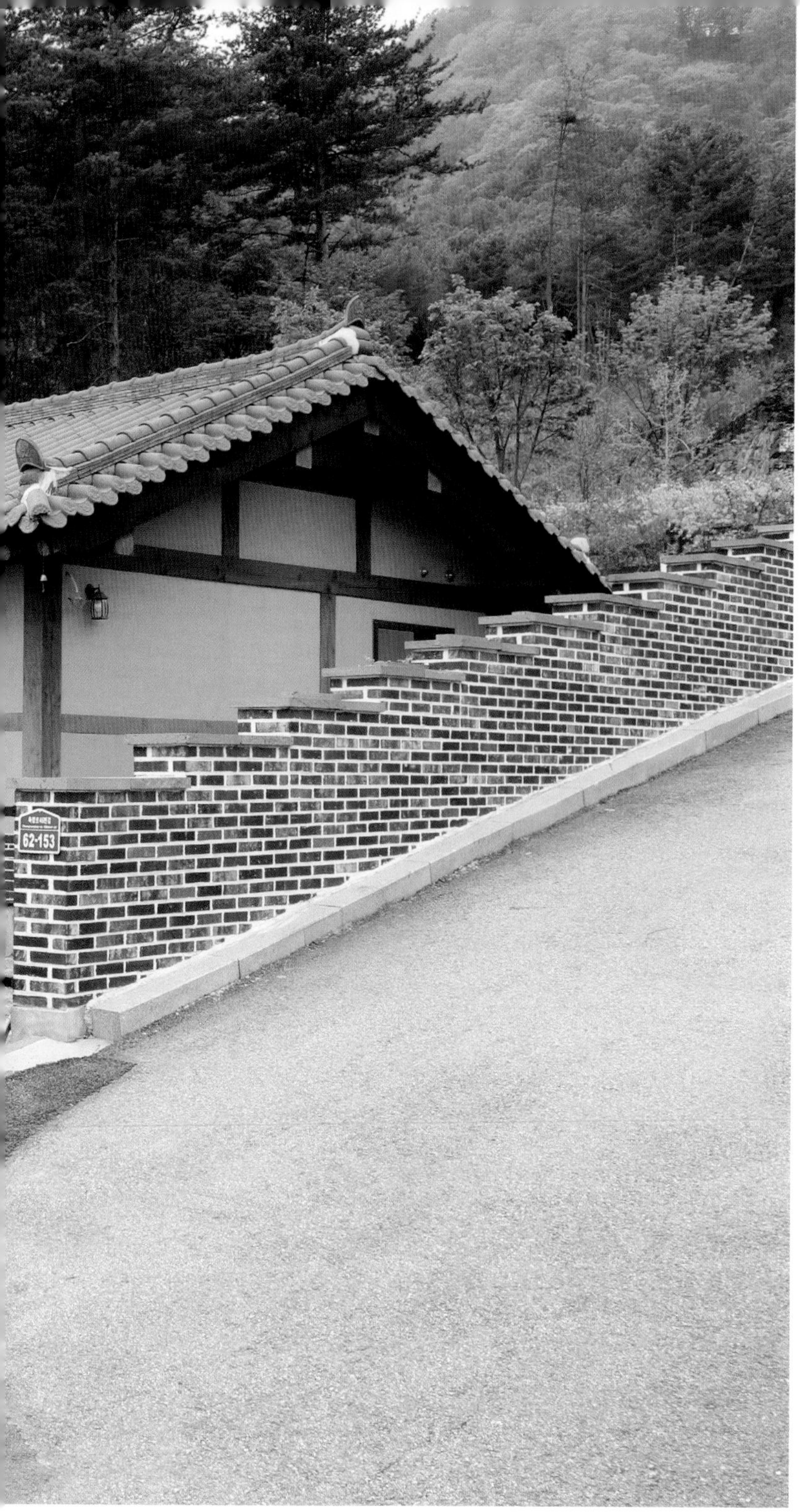

은퇴 후
인생 2막을 위해 지은
황토 한옥

위　　치	경기도 가평군 행현리
건축형태	한식목구조주택
대지면적	662㎡(200.26py)
건축면적	98.82㎡(29.89py)
건축설계	주신건축사사무소
건축시공	황토와나무소리

교직생활 은퇴 후 인생 2막을 위해 경기도 가평 늘푸른예솔마을 전원주택단지 내에 지은 30평 규모의 단아한 1층 황토한옥이다.

공간마다 집주인 내외의 정성스러운 손길이 가득한 마당, 화단과 텃밭을 적절하게 조성하여 전원생활의 즐거움을 누리고 있다.

확장 개념으로 배치하는 것과는 좀 색다른 아이디어다. 주방 앞에 바로 누마루가 있어 밖에서도 식사나 차를 즐길 수 있다. 여기서 누마루는 주방과 식당 공간의 확장인 셈이다. 햇볕이 잘 들고 통풍이 잘되며 전망 좋은 곳의 이점을 마음껏 누리고 싶다는 생각이었다. 즐거운 식사를 하거나 손님들이 오면 시원한 공기를 쐬며 담소를 나누는 공간으로는 더없이 좋은 최적의 장소가 되었다.

실내·외부에서 같이 쓸 수 있게 구성한 다용도실

누마루를 주방의 확장으로 전면에 내세우다 보니 자연스럽게 주방이 전면에 따라오게 되고, 주방 옆에는 황토방을 배치했다. 주방이 주택에서 가장 좋은 경관을 차지하게 된 것이다. 일반적인 구조에서 벗어나 주인의 취향과 개성을 반영한 평면구성이다. 이와 같이 최근 주택설계는 주방을 숨겨 놓기보다는 경관 좋은 위치를 찾아 전면에 배치하는 추세다. 주방을 전면에 배치하다 보니 다용도실이 주방과 떨어져 거실 뒤편으로 옮겨지게 됐다. 주방에 연결해 사용하는 보조주방 성격의 다용도실이라기보다는 외부에서도 진입할 수 있도록 문을 달아 외부 창고용으로 사용한다.

현관문을 열고 들어서면 거실이 있고 오른쪽은 안방, 왼쪽은 누마루가 딸린 주방과 구들방이 있다. 현관에서 바라보는 거실 뒤쪽으로 다용도실과 화장실이 있는 구조인데, 언뜻 보기에 다용도실 위치가 애매하다는 느낌이 있지만, 심사숙고한 집주인의 생각과 생활방식이 반영된 것이다.

마당에 정원과 텃밭을 만들어 가꾸어 가는 재미 쏠쏠 느껴

전원생활에서 텃밭은 일상의 무료함을 덜어내고 다양한 채소를 키워 직접 따 먹는 쏠쏠한 즐거움을 준다. 텃밭을 어떻게 디자인하고 가꾸느냐에 따라서 정원의 미적 경관을 더하기도 하고, 전원생활의 즐거움과 보람을 찾기도 한다. 땅을 밟고 사는 전원생활에서의 특권이라고 할 수 있다. 마당에 자투리땅이나 유휴지가 있다면 놀리기보다는 나만의 텃밭을 만들어 두면 좋다.

텃밭은 될 수 있는 한 실내에서 출입이 편한 가까운 곳, 햇볕이 잘 들고 바람이 잘 통하는 곳에 만드는 것이 좋다. 규모는 재배하고자 하는 채소에 맞게 결정하되 너무 작으면 활용성이 떨어지고, 재배면적이 너무 크면 관

리에 힘에 부칠 수 있다. 가족 수와 소요 채소량 등을 고려하여 적정규모로 정하는 것이 좋다.

개량한옥의 경우 상량문을 생략하거나 다른 위치에 기록하는 경우가 있으나, 이 집은 전통방식 그대로 종도리에 직접 상량문을 적어 올려 한옥 고유의 멋과 이야깃거리를 만들었다.

현관, 누마루와 연결된 기단과 계단을 비교적 넓게 내어 왕래가 편하도록 설계한 주택 전면이다.

건축 개요

대지위치	경기도 가평군 상면 행현리	건물규모	1층 98.82㎡ (29.89평)
지역·지구	계획관리지역	용적률	14.93%
건축구조	한식목구조주택	설계기간	2017년 9월~11월
대지면적	662.00㎡ (200.26평)	공사기간	2017년 12월~2018년 10월
건축면적	98.82㎡ (29.89평)	설계	주신건축사사무소
건폐율	14.93%	시공	황토와나무소리
연면적	98.82㎡ (29.89평)		

집 바로 옆에 계곡과 잣나무 숲이 맞닿아 있어 늘 푸르른 숲과 계곡 물소리에 눈과 귀를 힐링
할 수 있는 공기 맑고 쾌정한 곳이다.

좌측면도

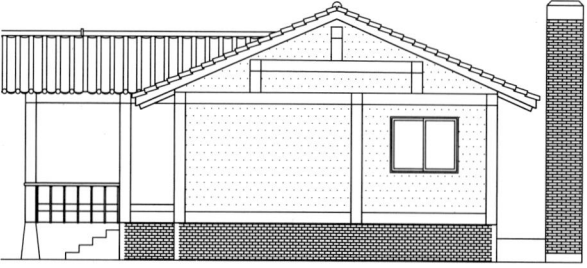

우측면도

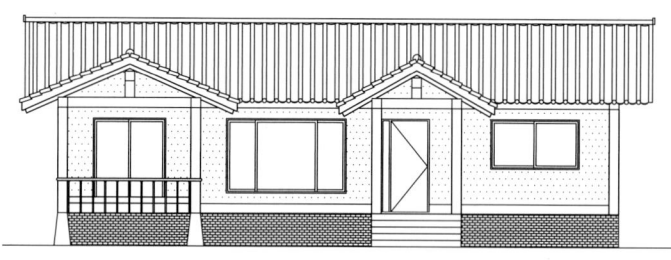

정면도

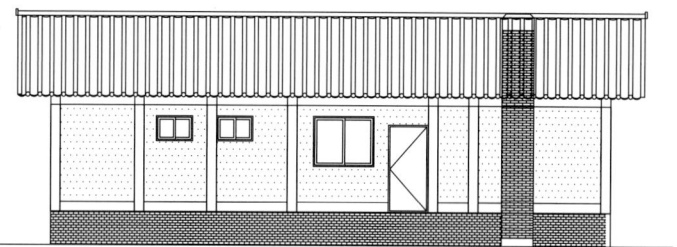

배면도

건 축 자 재

외부마감
지붕-세라믹 한식형 기와
벽-왕겨숯단열벽체에 미장
내부마감
천장-편백 루버
벽-편백 루버
바닥-강마루(거실, 주방·식당)
　　　한지 장판(침실)
단열재
지붕-왕겨숯단열벽체 시공 후 황토미장
벽-왕겨숯단열벽체 시공 후 황토미장
창호재
내측-전통 세살 목창
외측-시스템창호(LG하우시스)
현관문 빅하우스 BW5005
주방가구 자체 제작
위생기구 대림바스
조명기구 제일전기
난방기구 가스보일러(경동 나비엔)

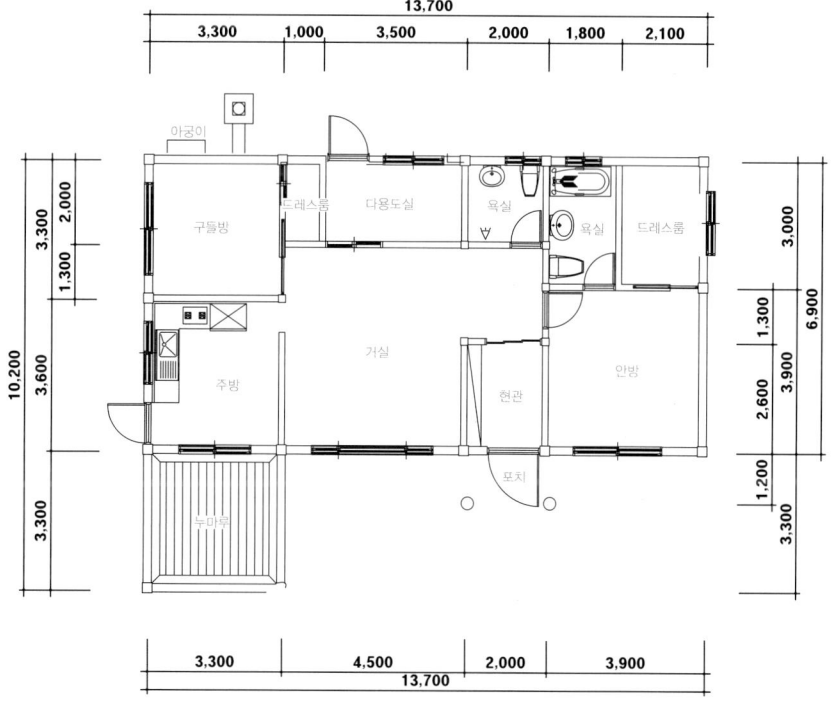

1층 평면도

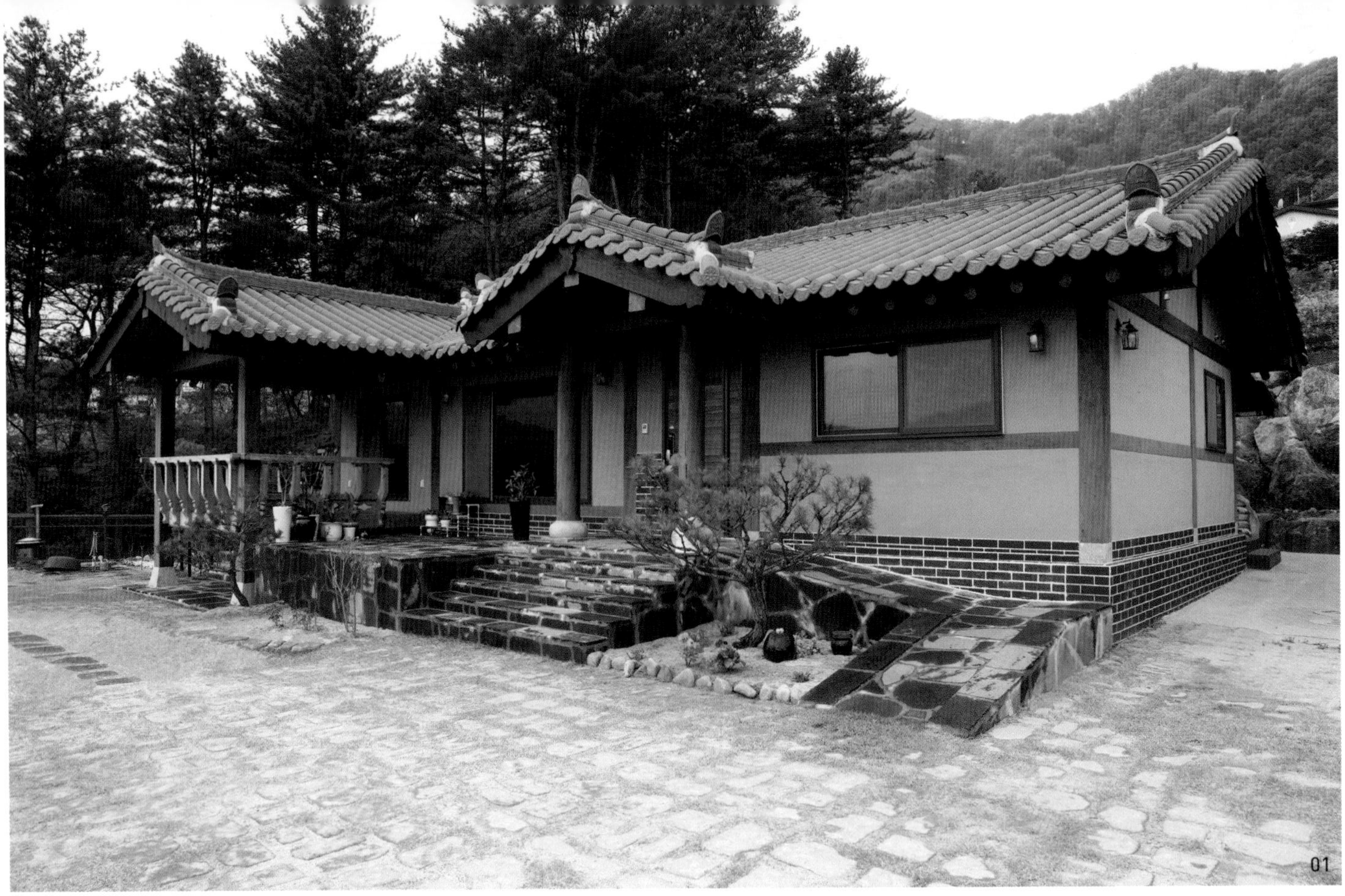

01

02

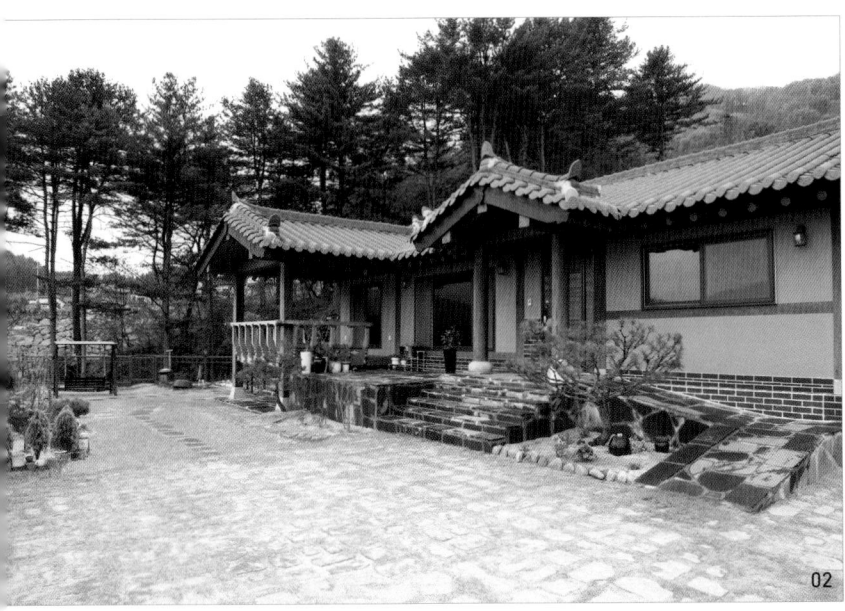

01_ 집 바로 옆에 계곡과 잣나무 숲이 맞닿아 있어 늘 푸르른 숲과 계곡 물소리에 눈과 귀를 힐링할 수 있는 공기 맑고 쾌적한 곳이다.

02_ 적재적소에 아담하고 아기자기한 화단을 만들어 한옥의 외관미를 더했다.

03_ 대개 침실 앞에 누마루를 두는 것과는 다른 구성이다. 계곡이 내려다보이는 가장 전망 좋은 방향에 주방을 앉히고 앞으로 누마루를 배치해 주방의 활용성을 강조했다.

03

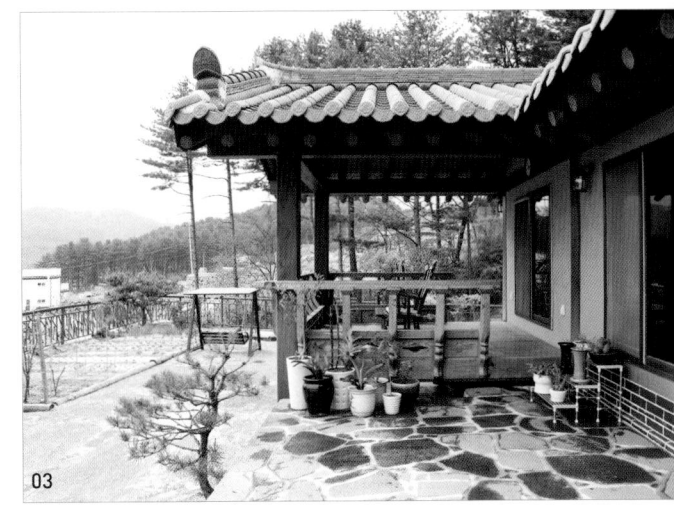

04_ 계곡과 접한 측면, 누마루를 오르내리며 손님을 접대하거나 지인들과 담소를 나누는 공간으로 마치 전원카페와 같은 아기자기한 분위기의 측정이다.

05_ 소나무와 조경 소품으로 감수성 있게 꾸민 미니 화단, 마당에 자투리 공간들을 적절하게 화단으로 활용해 집의 외관을 가꾸었다.

06_ 멀리 내다보이는 앞산의 실루엣이 그림처럼 다가오는 풍경이다. 적당한 규모의 텃밭을 조성하여 각종 채소를 키우고 가꾸며 전원생활의 즐거움을 찾는다.

01_ 은퇴 후를 위해 오래전부터 장만해 둔 집터에 건강하고 편안한 전원생활을 위해 선택한 집이 바로 자연과 함께 호흡하는 황토한옥이다.

02_ 마을 주민들의 차량이 수시로 오가는 도로가 담장은 점토벽돌로 두껍고 튼실하게 축조했다.

03_ 주방과 거실을 개방하고 중간에 거실장과 주방가구의 적절한 배치로 두 영역을 센스 있게 구분하여 공간의 효율성을 높였다.

04_ 계곡으로 내려가는 철제 계단을 설치한 측면 구성, 비가 오면 시원하게 흐르는 계곡물 소리를 들을 수 있는 곳이다.

05. 07_ 시원스러운 개방감을 부여한 거실과 주방, 실마다 시스템창호를 넓게 설치하여 실내 어디서든 풍부한 채광과 전망을 즐길 수 있다.

06_ 다락이 없는 일반적인 평면구조로 종도리 위에 상량문을 넣어 한옥의 고유한 멋을 살린 밝고 안락한 분위기의 거실이다.

01_ 계곡 전망과 누마루가 연결된 주방. 일반적으로 주방을 집의 후면에 배치하는 구조와는 색다른 평면구조를 보인다.

02_ 구들방에 장판 대신 대나무 매트를 깔았다. 계곡 전망을 즐길 수 있도록 시스템창호를 비교적 크게 내고, 창가에 앉아 차를 마실 수 있는 간이선반도 설치했다.

03_ 서까래를 그대로 노출한 침실. 안쪽에 화장실과 드레스룸이 부속되어 있다.

04_ 침실에 부속된 드레스룸으로 옷장과 수납공간으로 활용한다.
05_ 아자살과 세살문양을 이용하여 전통적인 감각으로 디자인한
미닫이 중문에서 한옥임이 더욱 더 실감난다.
06_ 거실과 연결된 화장실, 기능 위주의 기본적인 설비을 갖춘
모노톤의 차분하고 깔끔한 욕실이다.

시원하게 펼쳐진 바다 풍경의 차경(借景)이 아름다운 집

전남 여수시 화양면 바닷가 언덕에 지은 아담한 한식목구조 황토주택이다. 25평의 비교적 작은 규모에 내·외부 공간은 군더더기 없이 간결하다. 실내는 간결한 평면구조로 꼭 필요한 공간, 필요한 물건만으로 채웠다. 아내의 건강을 위해 지은 집이다. 눈에 보이는 마감자재 등에 욕심을 내지 않아 건축비를 많이 투자하지 않았다. 보급형 황토집 모델이라 할 수 있다. 대신 외부에 넓은 정원을 두었다. 정원수로 심어놓은 수백 년 된 분재형 먹감나무와 배롱나무,

집의 규모는 최소화
차경은 최대화 한
아담한 황토주택

위　　치	전라남도 여수시 화양면 이천리
건축형태	한식목구조주택
대지면적	675㎡(204.19py)
건축면적	82.86㎡(25.07py)
건축설계	주신건축사사무소
건축시공	황토와나무소리

사업 부진으로 어려움을 겪으면서 넉넉지 못한 상황에서 아내의 건강을 위해 마련한 집으로, 실용성을 중시한 보급형 황토주택 한옥이다.

도로와 접한 면에 낮은 콘크리트 옹벽을 치고 석축을 쌓아 조망권을 확보한 단아하고 아담한 일자형 집이다.

소나무 등이 눈길을 끈다. 시와 서예, 노래와 악기 등 다방면에 걸쳐 다재다능한 집주인의 성품이 정원에 고스란히 묻어나온다.

집 앞에 펼쳐진 바다 풍경이 매우 아름다운 집이다. 여수시에서 포토존으로 지정할 만큼 바다 위에 떠 있는 섬들이 한 폭의 그림으로 다가온다. 차경(借景)은 경치를 빌려온다는 뜻으로, 돈을 들이거나 인공을 가하지 않고 가장 쉽게 아름다운 경관을 내 것으로 만드는 방법이다. 그래서 전원주택을 짓고자 하는 사람들은 저마다 경관 좋은 곳을 찾아 나선다. 이 집의 차경은 집주인의 축복이다. 아무 댓가를 치르지 않고도 집 안에 앉아서 바다의 멋진 풍경을 마주하며 내 집 안으로 끌어 올 수 있기 때문이다.

비움의 미학이 깃든 옛 한옥 정원과 차경(借景)

한옥의 정원은 담백하다. 마당은 거의 비워두는 예가 많다. 나무나 화초 등은 마당 구석이나 일정한 장소에 몇 포기 심고, 마당은 흙이나 마사토, 돌 등을 깔아 놓는 것이 전부였다. 집에서 바라보는 자연의 경치가 곧 조경이라는 자연주의 사상 때문이다. 또 다른 이유는 마당에 나무나 화초가 많으면 습하다. 특히 여름 장마철에는 통풍이 잘돼야 하는데 나무나 화초가 너무 많으면 통풍이 잘되지 않는다.

우리나라 전통주택은 구조체가 나무이고 벽체는 황토를 사용하는 경우가 대부분이었다. 이런 자연 소재는 습기에 약하다. 습기에 닿지 않도록 관리해야 집을 오래도록 잘 보존할 수 있는데, 마당에 나무나 화초가 많으면 이런 점에서 불리하다. 이와 같은 이유로 마당은 되도록 비워두고 먼 곳의 들판이나 산을 차경하여 정원으로 삼았다.

꼭 필요한 공간만 들여 최대한 단순화한 실내 구조

집의 규모와 구조는 살고자 하는 사람의 목적에 따라 크게 좌우된다. 이 집은 아내의 건강을 최우선에 두고 선택한 집이다. 멋스러운 실내 인테리어를 위해 공을 많이 쏟지 않았다. 천연소재로 지은 황토집이라는 삶의 공간 그 자체가 중요했다. 그래서 생활을 단순화하기 위해 가능한 꼭 필요한 공간만을 갖추었다.

이 주택의 실내 구조는 현관과 거실, 주방 그리고 방 2개, 화장실 1개, 다용도실이 전부다. 사치라면 방 2개 중 하나를 구들방으로 하고 옷장을 만들어 넣었다는 것 정도다. 집은 아주 단출하지만, 정원은 넓게 두었다. 마당 앞에 펼쳐져 있는 바다가 모두 이 집의 정원이다.

나무 향이 좋은 편백 루버로 만든 간결한 아트월, 실내는 장식장과 거실장 등 필요한 것들만을 놓아 꾸밈 없이 수수한 모습이다.

한식목구조에 서까래가 노출된 오픈천장에 8등 상들리에 펜던트등과 실링팬을 달아 장식했다.

건 축 개 요

대지위치	전남 여수시 화양면 이천리	건물규모	1층 82.86㎡ (25.07평)
지역·지구	자연녹지지역	용적률	12.28%
건축구조	한식목구조주택	설계기간	2018년 4월~5월
대지면적	675.0㎡ (204.19평)	공사기간	2018년 7월~2019년 7월
건축면적	82.86㎡ (25.07평)	설계	주신건축사사무소
건폐율	12.28%	시공	황토와 나무소리
연면적	82.86㎡ (25.07평)		

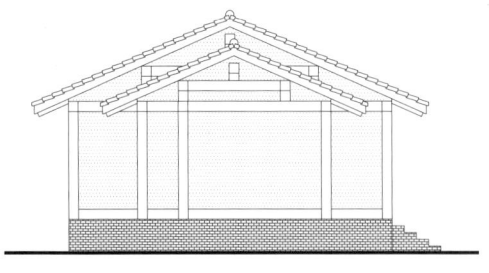

좌측면도

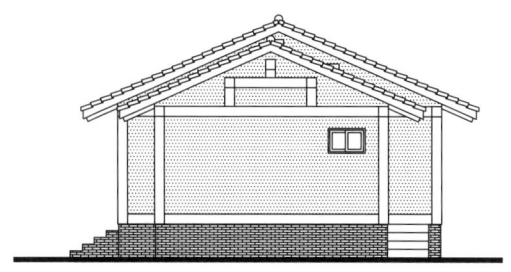

우측면도

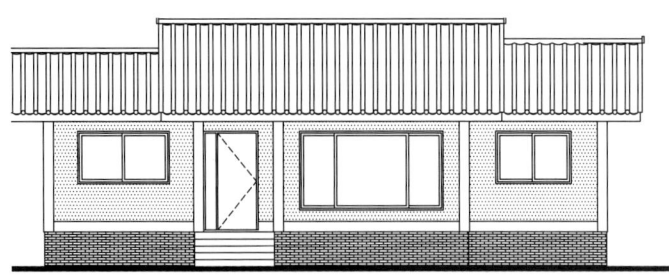

정면도

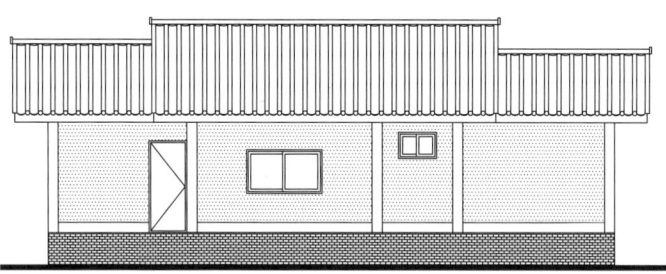

배면도

건 축 자 재

외부마감
지붕-세라믹 한식형 기와
벽-왕겨숯단열벽체에 미장

내부마감
천장-편백 루버
벽-편백 루버
바닥-강마루(거실, 주방·식당)
　　　한지 장판(침실)

단열재
지붕-왕겨숯단열벽체 시공 후 황토미장
벽-왕겨숯단열벽체 시공 후 황토미장

창호재
내측-전통 세살 목창
외측-시스템창호(LG하우시스)

현관문 빅하우스 BW5005

주방가구 자체 제작

위생기구 대림바스

조명기구 제일전기

난방기구 가스보일러(경동 나비엔)

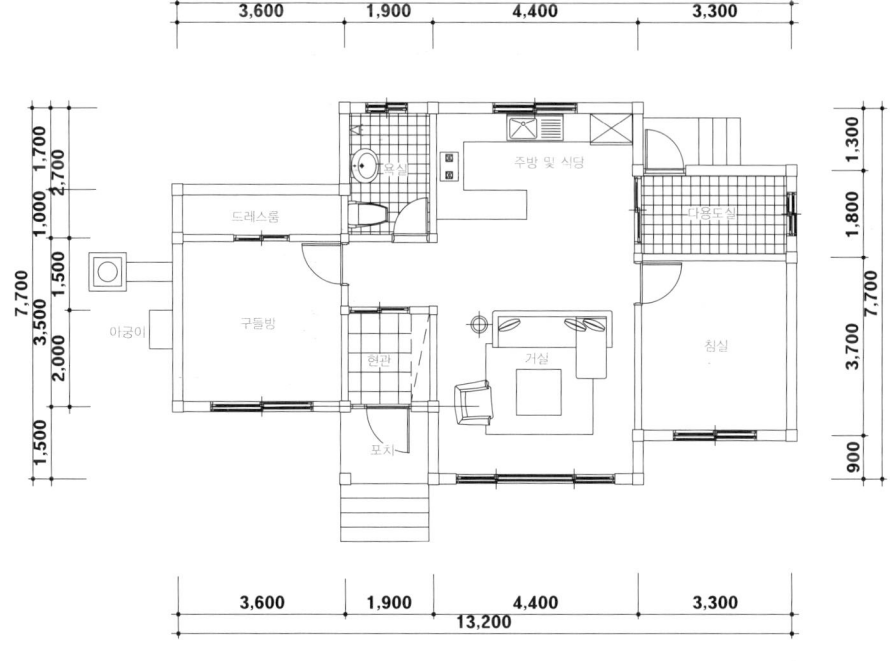

1층 평면도

01_ 여수시에서 포토존으로 지정할 만큼 집 앞에 펼쳐진 바다의 섬들이 아름다운 차경으로
다가오는 언덕 위의 집이다.

02_ 대문과 휀스는 중후하고 고급스러운 느낌으로 내구성이 좋은 철제 프레임에 단조철물
과 판재 디자인으로 통일감 있게 설치했다.

03_ 옛 사대부의 솟을대문 같은 형태의 한옥으로 군더더기 없이 간결한 외형이다.

04_ 대문에서 현관으로 이어지는 진입로 좌·우측에 조경석으로 석축 겸 화단을 꾸미고 잔디
마당에는 분재형 나무들을 군데군데 요점식재하여 여백미를 살렸다.

05_ 주변의 환경과 조화를 이룬 건물 현관부에 기둥이 튼실한 포치와 현무암 석재계단을
설치하고 안전을 위한 경사로도 만들었다.

01_ 빼어난 자연경관을 흐트리지 않도록 공간의 여백을 충분히 주어 최대한 간결한 분위기로 조성한 정원이다.

02_ 야산을 등지고 바다를 내려다보는 배산임수(背山臨水) 터에 옹기종기 모여 조화를 이룬 어촌의 평화로운 전원풍경이다.

03_ 투박한 멋을 지닌 황토한옥, 오래된 배롱나무 분재, 다양한 조경석의 어울림이 마치 오랜 친구들이 한자리에서 만난 듯 보는 이의 감수성을 자극한다.

04_ 자연에 동화되고 싶은 마음에 친환경 황토집을 짓고 정원을 만들어 자연과 함께하는 삶을 실천하고 있다.

05_ 조경업을 하면서 취급했던 수백 년 된 분재형 배롱나무와 소나무를 석축 위의 마당에 요점식재하여 한 그루 한 그루 바라보며 감상하는 재미가 있다.

06_ 시원스러운 바다 풍경이 눈 앞에 펼쳐진 아름다운 곳이다. 마당 앞에는 여수시에서 설치한 포토존이 자리하고 있다.

07_ 분재형으로 키운 먹감나무 뒤로 전축굴뚝과 함실아궁이, 처마 밑에는 쌓아둔 장작더미가 황토집의 정감 어린 측면 풍경을 이룬다.

01_ 전면창의 문얼굴을 통해 바다 풍경이 한 폭의 그림처럼 다가오는 차경이 빼어나게 아름다운 거실이다.

02_ 거실과 한 공간으로 시원하게 튼 간결한 일자형 주방이다.

03_ 연등천장으로 개방감이 돋보이는 안방. 겨울철 찬 바닷바람을 고려해 창호는 단열성과 기밀성이 뛰어난 시스템창호를 설치했다. 침대에 누워서도 멀리까지 바다 풍경을 감상할 수 있는 전망 좋은 침실이다.

04_ 미닫이 아자살 중문을 설치해 밝은 분위기가 감도는 현관 출입부 복도다.

05_ 천장은 편백 루버, 벽은 포세린타일, 바닥은 논슬립 타일, 전체적으로 화이트 톤으로 매치하여 좁은 공간을 넓게 보이는 효과를 준 욕실이다.

06_ 대들보, 종보가 보이고 중도리와 종도리가 보이는 5량가 구조로 한옥에서 가장 많이 사용하는 가구 형식이다.

작지만 필요한 공간만 알차게 계획한 보급형 황토집

전남 여수시 화양면에 있는 이 집은 규모는 작지만, 꼭 필요한 공간만을 알차게 계획해 지었다. 실용성을 강조한 소박한 보급형 단층 한옥이다. 오랜 공무원 생활을 마치고 은퇴한 집주인이 목가적 전원풍경이 있는 아름다운 고향으로 귀농해 나지막한 산자락에 기대어 살아갈 생활 터전을 마련한 것이다.

전면 지붕 중앙을 합각으로 모양을 내 간결한 맞배지붕 외관에 변화를 주었다. 아담한 규모로 지은 밋밋한 형태의 한옥이라 외관의 모양을 좀 더 살리기 위해 택한 방법이다. 작지만 알차고 실용적인 ㅁ자 장방형 평면구조다. 현관 앞의 작은 포치도 단단하고 야무지다.

20 여수 창무리주택

아파트 구조와 유사한 H자형 평면의 보급형 실용한옥

위 치	전라남도 여수시 화양면 창무리
건축형태	한식목구조주택
대지면적	918㎡(277.7py)
건축면적	76.37㎡(23.1py)
건축설계	주신건축사사무소
건축시공	황토와나무소리

목가적인 시골 풍경이 내려다보이는 고즈넉한 고향의 나지막한 산자락에 기대어 건강한 삶을 위한 터전을 마련하였다.

한옥에 대한 관심이 높아지면서 우리의 전통건축방식인 천연소재로 집을 지으려는 사람이 많아지고 곳곳에 다양한 한옥 사례도 점점 늘어나고 있다.

H자형 평면 구조로 아파트처럼 편리한 생활

내부는 현대 생활에 편리하도록 아파트 평면 구조를 따랐다. H자형 평면으로 현관을 집의 측면에 두고 현관 양쪽에 방과 화장실을 배치하여 거실과 주방 공간을 제대로 확보했다. 집 가운데 거실과 주방, 그 양쪽 날개에 방을 배치하고 거실 전면에 넓은 창을 내 개방감을 높였다. 전체적으로 아파트의 거실

중심적 생활방식을 반영한 평면구조와 유사하다.

전원주택 하면 대개 미국이나 유럽풍 스타일로 지은 언덕 위의 하얀 집이나 푸른 숲 속에 묵직하게 지은 통나무집 등을 떠올린다. 그러나 최근 들어 건강한 삶을 위한 참살이, 웰빙(Well-being)을 추구하는 사람들이 늘면서 서양의 건축방식보다는 우리의 전통건축방식이 더 수준 높다는 인식을 하는 사람들이 많아졌다. 이는 한옥에 대한 관심으로 이어지고 따라서 한옥을 지으려는 사람들도 많아졌다. 현대 건축기술과 자재의 발달로 과거 우리 전통한옥에서 인식됐던 불편한 점들은 대부분 해결하여 이제는 살기 편한 현대한옥으로 거듭났다. 이 집과 같이 숯단열벽체로 짓는 실용한옥이 그 좋은 예다. 한옥은 우리가 지켜나가야 할 수준 높은 우리의 주거문화다. 주거공간으로써 분만 아니라, 그 안에 오랜 역사를 이어온 우리 선조들의 정신과 문화가 깃들어 있는 정신적인 주택이기에 더욱 의미가 있는 것이다.

구조적으로 안전하고 단열성도 우수한 숯단열흙벽

전통한옥은 기둥과 기둥 사이에 심벽 방식으로 흙을 쳐 벽체를 구성하다 보니 나무와 흙이 수축하면 기둥 사이에 생긴 틈으로 밖이 내다보일 정도로 단열 문제가 심각했다. 한옥이 현대인의 살림집으로서 위상을 확보하기 위해서는 이런 단점들을 보완하여 현대인의 라이프스타일에 맞는 한옥으로 진화해야 한다.

캐드 프로그램을 이용해 도면을 그리고, 도면에 따라 사전에 프리컷(Pre-cut)시스템으로 목재를 가공해 뼈대를 세운다. 여기에 숯단열벽체로 성능을 높이고 시공을 간편하게 해서 단열 문제와 구조적인 문제를 해결한다. 숯단열벽체는 한옥 벽체 방식의 하나인 외엮기 방식을 진화시킨 것이다. 흙벽에 수직, 수평, 좌굴하중에 대응하는 대나무, 목재 등 보강재를 사

용하여 지지틀(프레임)을 만들고 지지틀 내부에 왕겨숯 등 단열재를 채운 후 양쪽에 외(椳)를 부착한다. 구조적으로 각종 하중에 안전하고 단열성능도 우수하여 현대한옥의 보급에 적합한 자재이다.

현관을 집의 측면에 두고 포치를 설치해 작지만 단단하고 야무진 구조를 취하고 있다.

주변의 경관을 해치지 않고 자연 그대로의 경사지 터에 소박하게 자리 잡은 한옥이다.

건 축 개 요			
대지위치	전남 여수시 화양면 창무리	건물규모	1층 76.37㎡ (23.10평)
지역·지구	자연녹지지역	용적률	8.32%
건축구조	한식목구조주택	설계기간	2018년 3월~4월
대지면적	918.00㎡ (277.70평)	공사기간	2018년 5월~2019년 5월
건축면적	76.37㎡ (23.10평)	설계	주신건축사사무소
건폐율	8.32%	시공	황토와나무소리
연면적	76.37㎡ (23.10평)		

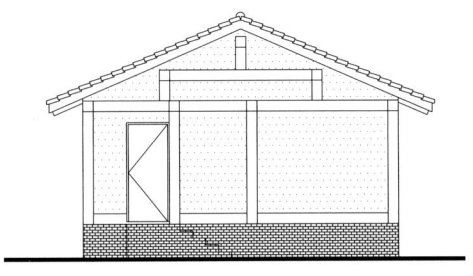

좌측면도

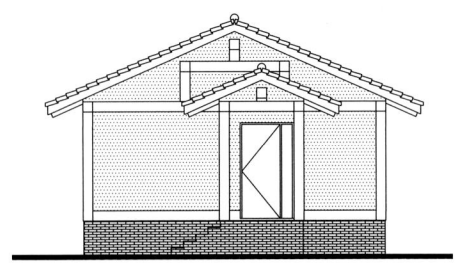

우측면도

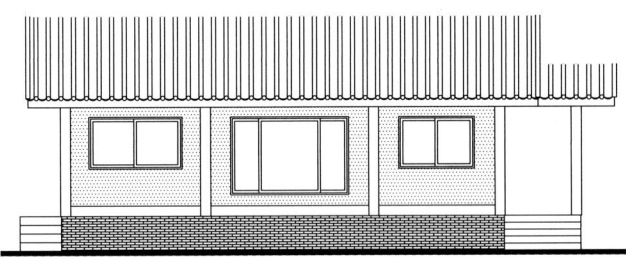

정면도

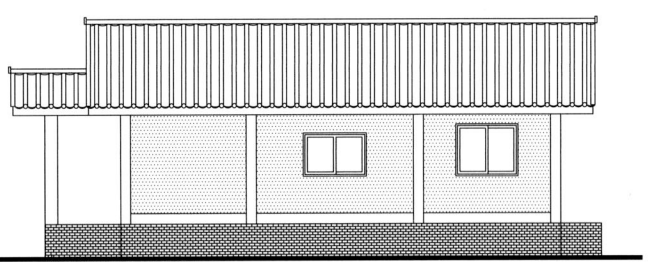

배면도

건 축 자 재

외부마감
지붕-세라믹 한식형 기와
벽-왕겨숯단열벽체에 미장
내부마감
천장-편백 루버
벽-편백 루버
바닥-강마루(거실, 주방·식당)
　　　한지 장판(침실)
단열재
지붕-왕겨숯단열벽체 시공 후 황토미장
벽-왕겨숯단열벽체 시공 후 황토미장
창호재
내측-전통 세살 목창
외측-시스템창호 (LG하우시스)
현관문 빅하우스 BW5005
주방가구 자체 제작
위생기구 대림바스
조명기구 제일전기
난방기구 가스보일러 (경동 나비엔)

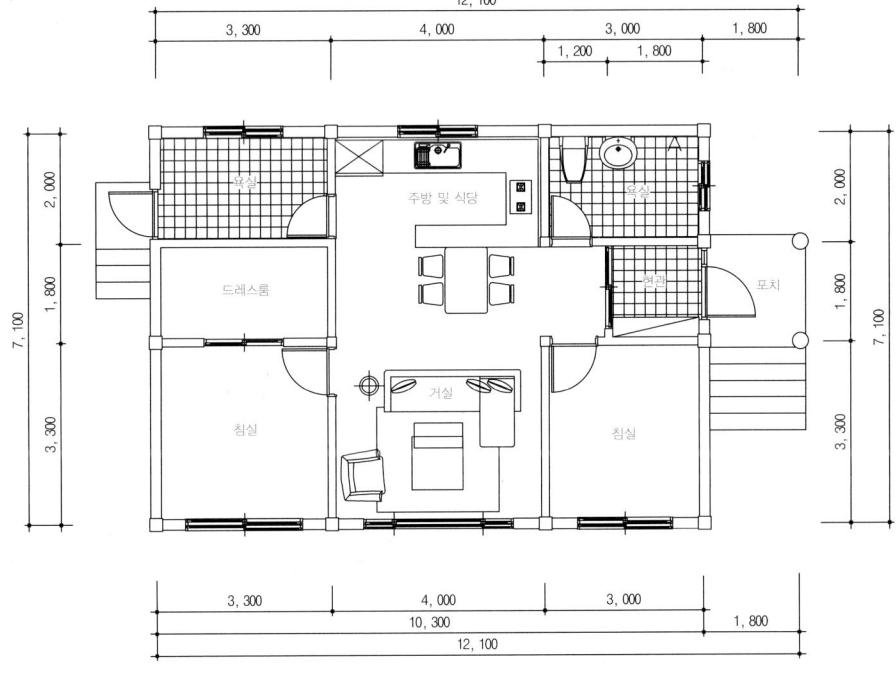

1층 평면도

01_ ㅁ자 평면에 현관부 포치가 유일하게 돌출된 단층 한옥으로 필요 공간만 구성한 보급형 실속 한옥이다.

02_ 철제 문주에 광두정과 단환의 전통적인 요소를 넣어 파도 물결 모양을 낸 간결하면서 리드미컬한 목재 대문이다.

03_ 지붕 중앙에 합각을 넣어 밋밋한 맞배지붕에 변화를 주어 외관미를 더했다.

04_ 오랜 공무원 생활에서 은퇴하여 나고 자랐던 고향으로 돌아와 귀농생활을 이어가고 있다.

05_ 한옥 우측에서 바라본 현관부의 모습으로 맞배지붕의 중첩으로 간결한 입면에 입체감을 부여했다. 본채는 오량가이고 포치는 삼량가로 구성하였다.

06_ 한옥 벽체 방식의 하나인 외엮기 방식으로 내부에 왕겨, 숯 등 단열재를 채운 후 양쪽에 외(椳)를 부착하여 구조적으로 안전하고 단열성도 좋은 숯단열벽체에 황토미장으로 깔끔하게 마감하였다.

01_ 전면에 시스템창호를 넓게 설치하여 채광이 풍부한 아담한 거실이다.

02_ 집의 내부는 H(工)자형 평면으로 현대 생활에 편리한 아파트의 평면 구조를 취했다.

03_ 동선 단축 면에서 효율성이 높은 ㄱ자형 주방에 아일랜드 테이블을 적용한 그레이 톤의 주방으로 백스플래쉬(Backsplash)와 색감을 통일시켜 더욱더 넓어 보이는 깔끔한 주방이다.

04_ 가운데 연등천장이 시원스럽게 오픈된 거실. 아담하지만, 개방감만큼은 넓은 집 못지 않은 알차고 실속 있는 공간구성이다.

05_ 천장을 따로 가설하지 않고 서까래를 그대로 노출한 연등천장으로 서까래 사이를 앙토한 겉에 생석회를 바르는 대신 삼나무 루버로 마감한 천장이다.

01_ 현관부에 아자살 중문을 설치해 외부로부터의 직접적인 시선을 차단하고 미닫이문으로 공간의 효율성을 높였다.

02_ 주방 옆으로 넓은 다용도실을 배치하고 바로 밖으로 나갈 수 있게 출입문을 달았다. 소규모 공간이지만, 요모조모 필요한 공간은 다 갖추고 있는 알찬 공간 구성이다.

03_ 지붕선을 그대로 노출한 연등천장으로 개방감을 높이고 시스템창호로 단열 문제를 해결했다. 편백 루버 징두리판벽, 한지, 만살 불발기창 드레스룸 등 자연소재로 마감하여 편안하고 아늑한 침실이다.

04_ 현관 가까이 방을 배치해 평소에는 서재로 쓰다 손님이 오면 게스트룸으로 이용한다.

05_ 한쪽 면에는 붙박이장을 설치하고 바닥을 두 가지 톤으로 구성한 현관부. 좁은 공간이지만, 고급스럽고 중후한 무게감이 느껴진다.

06_ 편백 루버 천장, 포세린타일 바닥, 넓은 타일 벽으로 마감해 공간을 더 넓게 보이는 효과를 준 욕실이다.

볼거리를 제공한 한식목구조 2층 한옥카페

경남 창원 바닷가 전망 좋은 배산임수 터에 지은 주상복합 한옥이다. 1층에서 카페를 운영하고, 2층은 주거생활을 할 수 있도록 층별로 공간을 분리했다.
한옥의 목구조로도 얼마든지 손색없는 훌륭한 분위기의 주상복합 건물을 지을 수 있다는 것을 잘 보여준 좋은 사례이다.
2층 한옥으로 연결되는 부분의 기둥은 고주를 활용해 구조적인 안정성을 확보했다. 1층 카페는 실내에서도 바닷가 조망을 오롯이 담기 위해 사면에 통유

1층은 카페로
2층은 주거공간으로,
주상복합 한옥카페

위　　치	경상남도 창원시 마산합포구 구산면 옥계리 460
건축형태	한식목구조주택
대지면적	684㎡(206.91py)
건축면적	198.07㎡(59.92py)
건축설계	주신건축사사무소
건축시공	황토와나무소리

1층은 카페, 2층은 주택으로 사용하는 주상복합 건물로, 웅장한 한식목구조 황토집 그 자체가 볼거리를 제공한다.

한옥은 공간의 '차별성'과 '독창성'을 지니고 있어 전원카페로서 성공을 위한 경쟁력 있는 건물로 인식되고 있는 추세다.

리와 시스템창호를 넓게 설치하여 단열 문제도 해결했다. 이 한옥은 담장도 울타리도 없다. 바닷가를 찾아오는 사람이라면 누구든 마음 편히 들려 쉬어 갈 수 있도록 안팎을 사면으로 활짝 열어 두었다. 눈앞의 쪽빛 바다와 황토한옥 그리고 푸른 산, 삼박자가 조화를 이룬 아름다운 곳에 한옥 자체로 볼거리를 제공한 한식목구조 2층 한옥카페다.

한옥 중목구조가 드러난 홀의 웅장함이
카페의 이색적인 볼거리

기분 전환을 위해 혹은 새로운 활력을 얻고자 경치 좋은 곳을 찾아 떠나고, 연인을 위해 근사한 장소를 물색하는 것은 그 공간에서 얻는 특별함과 아름다운 추억을 간직하고 싶기 때문일 것이다. 잡지나 TV 등에 등장하는 아름다운 공간, 분위기 좋은 찻집이라도 발견하면 가까운 지인들에게 알려 함께 공유하고 싶은 것도 그 공간에서 얻는 마음의 위로와 편안함이 있기 때문일 것이다. 이곳 한옥 카페도 그런 곳 중 하나다. 북적이는 도심을 벗어나 차로 멀리 떨어진 한적한 바닷가임에도 많은 사람들이 찾아온다. 특별한 공간에서 아름다운 추억을 쌓고 싶은 감성 때문일 것이다.

요즘 카페의 흐름은 대형화·고급화·차별화가 대세를 이룬다. 먹고 마시는 것 외에 볼거리와 즐길 거리가 풍부한 것이 특징이다. 카페 공간으로만 존재하기보다는 예술성을 가미한 다양한 테마를 개발하여 볼거리를 제공함으로써 손님들의 인기를 끌고 있다. 도심 카페와 달리 전원카페는 말 그대로 전원에서 자연을 마음껏 즐길 수 있다. 산들거리는 바람과 신선한 공기를 느끼며 차 한 잔을 음미하는 맛은 도시에서 쉽게 느낄 수 없는 경험이다. 사람이 즐기기에 알맞도록 자연환경을 개선해 특별한 소통의 공간으로 진화하고 있다. 이런 관점에서 황토한옥으로 지은 백령 카페는 차별성과 독창성을 함께 지니고 있어 카페로서의 성공 가능성을 확보한 셈이다.

주방은 1, 2층에서 함께 공용할 수 있는 구조로

이곳 황토 건물은 한옥 카페로 특별한 멋과 분위기를 연출할 수 있다는 것을 잘 보여준다. 1층은 넓은 홀과 한쪽에 주방을 겸한 카운터를 배치하고, 카운터 앞 홀 건너 좌식 객실로 넓은 방 하나, 그리고 화장실이 전부인 단순한 평면구성이다. 2층은 주택으로 주방에서 계단을 통해 진입하면 바

로 현관이다. 현관에서 분리된 공간은 한쪽에 거실과 방이 있고, 다른 한쪽에는 손님이 묵을 수 있는 방, 그리고 욕실이 있다. 주방은 1층 카페 주방을 1,2층에서 함께 공용하는 구조다.

2층으로 지은 한옥의 입면이 특별히 웅장해 보인다. 1층의 출입구 부분과 객실을 돌출시켜 입면의 입체감과 건축미를 한 층 높였다. 기초는 바닥에서 1m 이상 올려 쌓아 1층이 지면에서 높게 위치해 있다. 지붕의 기와는 층별로 마감하여 전체적인 외관이 마치 전통사찰을 보는 듯한 웅장함과 중후한 멋이 느껴지는 한옥카페다.

천혜의 자연 풍경, 산과 바다가 조화를 이룬 한옥카페는 통유리를 통해 안과 밖이 일체가 된 활짝 열린 공간이다.

건축개요

대지위치	경남 창원시 마산합포구 구산면 옥계리	연면적	198.07㎡ (59.92평)
		건물규모	1층 131.91㎡ (39.90평)
지역·지구	계획관리지역, 제한보호구역		2층 66.16㎡ (20.01평)
건축구조	한식목구조주택	용적률	28.96%
대지면적	684.00㎡ (206.91평)	설계기간	2019년 3월~4월
건축면적	131.91㎡ (39.90평)	공사기간	2019년 5월~2020년 5월
건폐율	19.29%	설계	주신건축사사무소
		시공	황토와나무소리

건축자재

외부마감
지붕-세라믹 한식형 기와
벽-왕겨숯단열벽체에 미장
내부마감(2층 기준)
천장-편백 루버
벽-편백 루버
바닥-강마루(거실, 주방·식당)
　　한지 장판(침실)
　　실버 메탈 포세린타일(홀)

단열재
지붕-왕겨숯단열벽체 시공 후 황토미장
벽-왕겨숯단열벽체 시공 후 황토미장
창호재, 현관문 자체 제작
주방가구 맞춤 제작
위생기구 대림바스
조명기구 건축주 지정 구매
난방기구 기름보일러

금주산 자락 동쪽 경사지에 조망권 확보를 위해 콘크리트 옹벽을 높이 쌓고 터를 다져 지은 전망 좋은 한옥카페다.

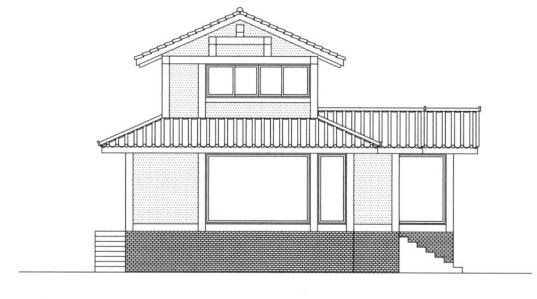

좌측면도

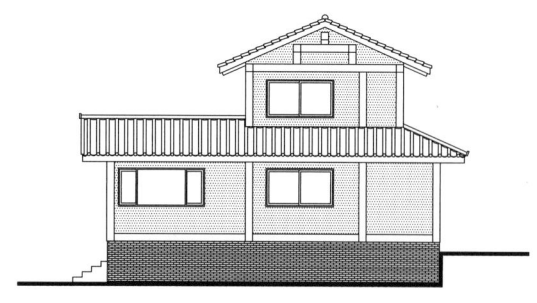

우측면도

정면도

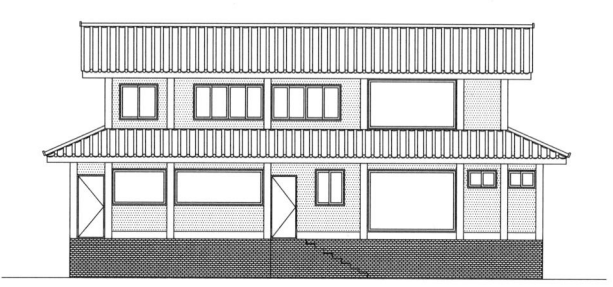

배면도

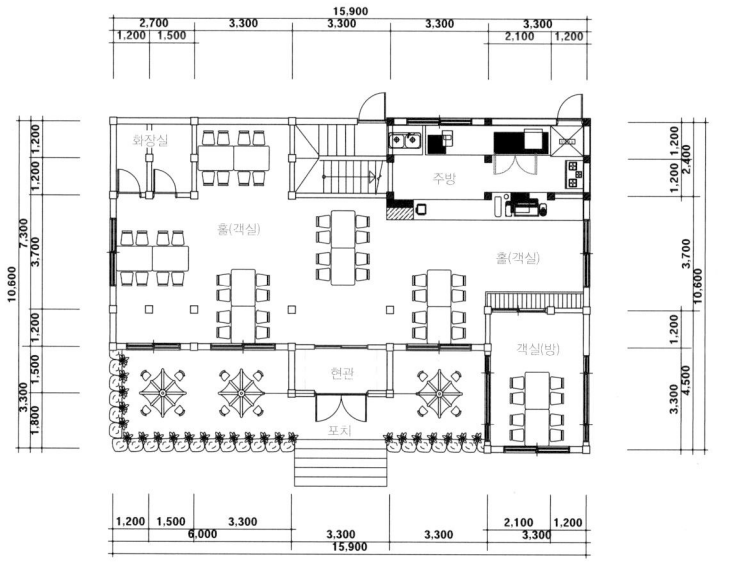

1층 평면도

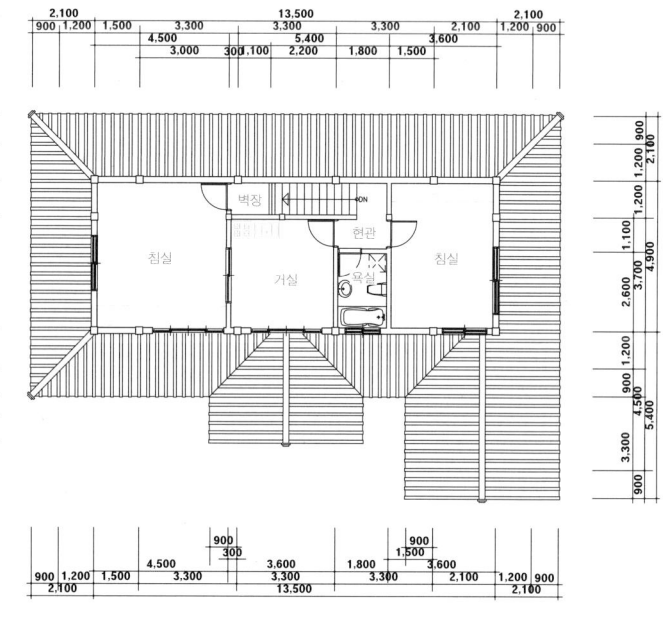

2층 평면도

01_ 카페 외부에서도 편안하게 오가며 바다 풍경을 즐길 수 있도록 잔디마당을 조성하고 그네, 야외 테이블 등을 비치해 두었다.

02_ 기초를 바닥에서 1m 이상 올려 쌓고, 천장을 높인 복층구조 팔작지붕에 층마다 기와를 얹어 입면의 웅장함이 느껴진다.

03_ 벽체에 통유리를 설치해 카페 내부가 훤히 들여다보이는 배면, 한식 창호와 통유리를 이중으로 설치하여 시원스러운 바다 조망을 즐길 수 있다.

04_ 광창을 낀 삼량가 맞배지붕에 전통 장석으로 치장하여 한옥 대문과 같은 느낌의 카페 현관 출입문이다.

05_ 1층 출입구와 객실을 돌출한 구조로 설계하여 입면에 깊이있는 입체감을 더했다.

06_ 넓은 주차장이 있는 뒷마당으로 멀리 펼쳐진 바다 풍광과 함께 한옥의 용마루, 처마선이 더욱더 선명한 건축미를 자랑한다.

주변의 산세가 아름답고 바다 풍광이 빼어난 곳, 자연에 기대어 자연의 재료로 자연에 거스름 없이 지은 자연의 집, 주변 자연풍경과 어우러진 한옥 카페이다.

한옥은 구조(Structure)와 수장재(Infill)의 개념으로 해석할 수 있다. 집의 내·외부에서 목구조가 지닌 구조적 아름다움을 드러낸 카페의 넓은 홀이다.

요즘 카페는 사람들에게 위로와 편안함을 주는 특별한 소통의 공간으로 진화하고 있다. 이런 추세에 따라 자연과 절묘하게 어우러진 복합 문화공간으로써
자리 잡은 전통 한옥카페가 늘고 있다. 카페 백령도 그런 곳 중 하나다.

01_ 넓은 시스템창호를 설치해 단열성을 높임과 동시에 바닷가에 자리 잡고 있는 입지의 특성을 살려 조망감을 최대한 끌어올렸다.

02_ 1층의 주방을 겸한 카운터, 통유리를 통한 시각적인 확장감과 한옥의 독특한 실내 분위기가 하나의 볼거리가 된 카페 내부다.

03_ 카페 홀은 한식목구조에 전통창호, 귀한 통영자개 테이블 놓아 고급스럽고 우아한 분위기를 꾸미고, 실버 메탈 포세린 스페인 자기질타일로 바닥을 마감하여 분위기와 조화를 이루었다.

04_ 별도로 인테리어를 하지 않아도 구조재와 창호의 조합만으로 객실의 분위기는 최고다. 장인의 솜씨가 깃든 보기 드문 자개테이블 등 전통 방의 우아함이 실감 나는 객실이다.

05_ 홀과 독립한 손님방, 6짝 분합문을 활짝 열면 그림 같은 바다 풍경이 눈 앞에 펼쳐지며, 특별한 분위기에서 특별한 대접을 받는 특별한 사람이 된 듯한 기분이 드는 공간이다.

01_ 2층은 주거공간으로 홀에서 계단을 통해 올라간다. 2층 한옥으로 연결되는 부분의 기둥은 고주를 활용해 집의 구조적 안정성을 확보했다.

02_ 홀 위의 천장은 보를 걸쳐 만든 고미반자를 이루고 그 위를 주거공간으로 활용한다.

03_ 실내 한쪽에 화장실을 두 개 배치하고 완자살에 팔각 문양의 불발기문을 설치했다.
04_ 화장실은 바닥과 같은 스페인 자기질타일로 깔끔하고 고급스럽게 벽과 바닥을 통일감 있게 마감했다.
05_ 세로 판재에 국화정으로 전통미를 살려 디자인한 후면의 시스템 출입문이다.

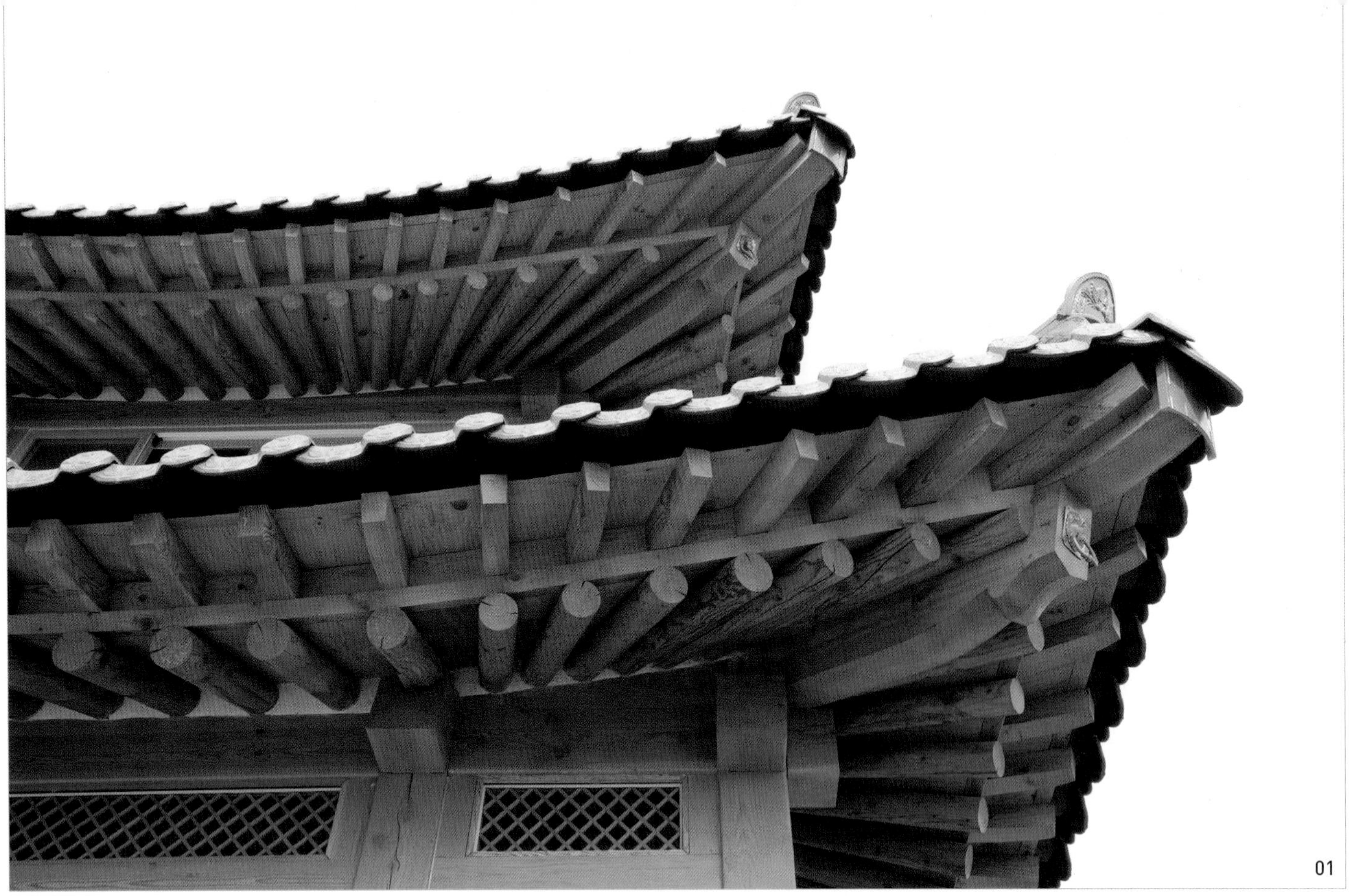

01

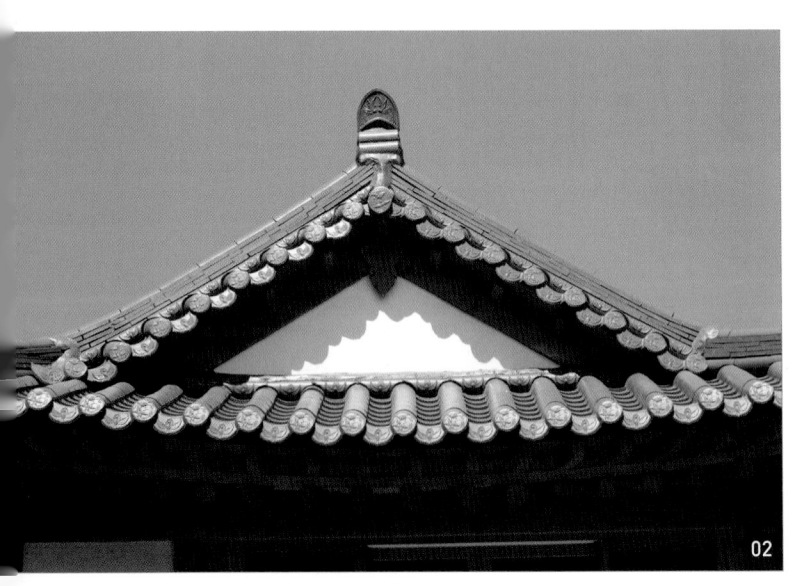

01_ 서까래와 부연, 추녀와 사래로 구성한 깊이 있는 처마 선으로 2층 한옥의 깊은 멋이 더욱더 살아났다.

02_ 팔작지붕 옆면에 박공이 인(人)자 모양의 삼각형을 이루는 합각을 회벽으로 깔끔하게 마무리하였다.

03_ 단연이 원형인 서까래와 역사다리꼴 모양을 하고 있어 부연은 소매걷이를 하고 끝동부리 부분을 비스듬히 잘라 시각적인 무게감과 함께 착시현상을 잡아준다.

04_ 삼량가 맞배지붕 대들보에 바다의 여신을 상징하는 장석으로 치장하여 멋을 냈다.

03

02

04

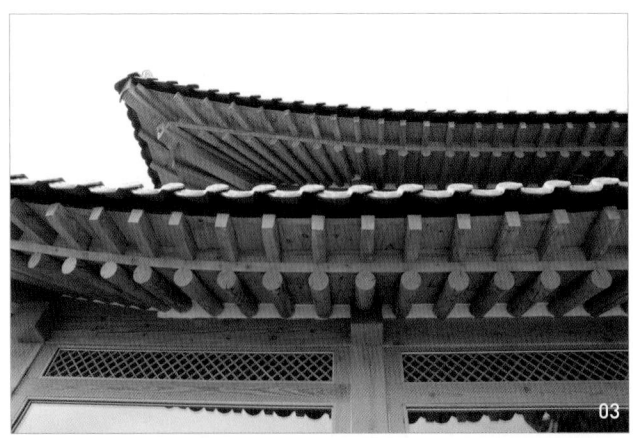

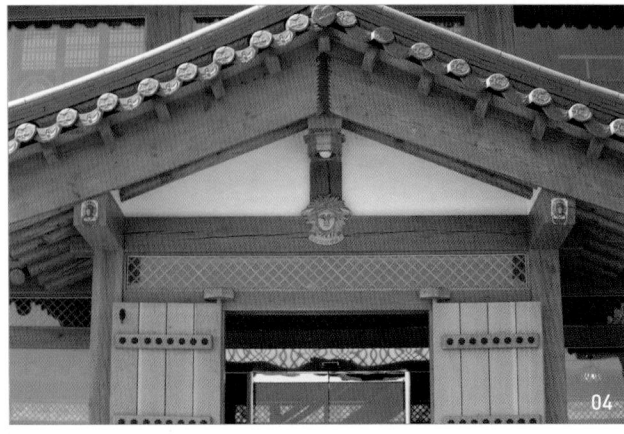

05_ 구조를 제외한 수장재는 창호, 벽체 등 내부의 기능과 외부의 환경을 연결하는 매개체로 작동하며 자연스럽게 입면을 형성한다.

06_ 노을 무렵 경관등을 밝힌 카페 야경, 조명 빛으로 안팎의 구조재가 훤히 나타나며 한옥의 멋이 더욱 화려하게 살아났다.

어둠이 깔린 저녁 경관조명으로 불야성이 된 한옥 카페. 한옥의 독특한 건축미가 불빛 사이로 더욱더 돋보이는 측면의 야간 전경이다.